U0360501

全栈开发 数据分析

夏正东 ◎ 编著

清華大學出版社
北京

内容简介

Python全栈开发系列包括4册书，分别为《Python全栈开发——基础入门》《Python全栈开发——高阶编程》《Python全栈开发——数据分析》和《Python全栈开发——Web编程》。

本书是Python全栈开发系列的第3册，共分为7章，重点讲解数据分析的相关知识，即数据搜集、数据清洗、数据分析和数据可视化，并搭配近400个示例代码，理论知识与实战开发并重，可以帮助读者快速、深入地理解和应用相关技术。

本书可以作为广大计算机软件技术人员的参考用书，也可以作为高等院校计算机科学与技术、自动化、软件工程、网络工程、人工智能和信息管理与信息系统等专业的教学参考用书。

图书在版编目(CIP)数据

Python全栈开发：数据分析/夏正东编著. —北京：清华大学出版社，2023.1(2025.3重印)
(清华开发者书库. Python)
ISBN 978-7-302-62500-1

Ⅰ. ①P… Ⅱ. ①夏… Ⅲ. ①软件工具－程序设计 Ⅳ. ①TP311.561

中国国家版本馆CIP数据核字(2023)第021985号

责任编辑：赵佳霓
封面设计：刘 键
责任校对：徐俊伟
责任印制：刘 菲

出版发行：清华大学出版社
网　　址：https://www.tup.com.cn，https://www.wqxuetang.com
地　　址：北京清华大学学研大厦A座　　**邮　　编**：100084
社 总 机：010-83470000　　**邮　　购**：010-62786544
投稿与读者服务：010-62776969，c-service@tup.tsinghua.edu.cn
质量反馈：010-62772015，zhiliang@tup.tsinghua.edu.cn
课件下载：https://www.tup.com.cn，010-83470236
印 装 者：小森印刷霸州有限公司
经　　销：全国新华书店
开　　本：185mm×260mm　　**印　　张**：19.25　　**字　　数**：481千字
版　　次：2023年2月第1版　　**印　　次**：2025年3月第2次印刷
印　　数：2001～2500
定　　价：79.00元

产品编号：093015-01

序

FOREWORD

Python的产生已有30多年的历史,近几年更成为热门的编程语言。在多数知名技术交流网站的排名中长期稳定在前3名,说明了Python的巨大市场需求和良好的发展前景,也使更多人希望学习和掌握Python编程技术,以便提升自身的竞争力,乃至获得更好的求职机会。

Python语言的流行得益于自身的特点和能力。首先,作为一种通用语言,Python具有简单、易学、免费、开源、可移植、可扩展、可嵌入和面向对象等诸多优点,能帮你轻松完成编程工作;其次,Python被广泛应用于GUI设计、游戏编程、Web开发、运维自动化、科学计算、数据可视化、数据挖掘及人工智能等多行业和领域。有专业调查显示,Python正在成为越来越多开发者的语言选择。目前,国内外很多大企业在应用Python完成各种各样的任务。

时至今日,Python几乎可以应用于任何领域和场合。

从近几年相关领域招聘岗位的需求来看,Python工程师的岗位需求量巨大,并且这种需求量还在呈现不断上升的趋势。截至目前,根据知名招聘网站的数据显示,全国Python岗位的需求量接近10万个,平均薪资水平约在13000元。可见,用"炙手可热"来描述Python工程师并不为过。

众所周知,数据分析过程中所涉及的知识点异常繁杂,并且不易掌握,而本书的一大特点就是同时汇集了数据搜集、数据清洗、数据分析和数据可视化的相关技术,这在市面上是非常稀缺的,且本书对数据分析中的每个过程均进行了详尽、深入讲解,并搭配多个实用性极强的示例代码,生动地阐述了每项技术的核心奥秘。此外,作者在本书的编排上也颇为用心,书中各章节衔接紧密,并且内容精练不拖沓,读者只需按照作者的编排思路循序渐进地学习,相信可以在较短的时间内轻松掌握数据分析的全过程。

本书另一个值得推荐的理由是来自作者的工程素养。与一般的高阶技术书籍不同,本书在讲述语法和编程知识的同时,更认真、细致地介绍了与工程相关的规范,并且这种规范贯穿了示例代码的始终。对于实际的软件开发工作来讲,它们既是必须掌握的知识,更是在实际编程实践中应具备的良好素养。

衷心希望本书能够为想提升Python编程能力的广大读者提供帮助,并快速掌握数据分析的相关技术,体会到运用Python解决工作中的实际问题所带来的乐趣和成就感。同时,也希望作者能够再接再厉,为广大读者奉献更多的优质书籍。

牛连强

2022年7月于沈阳工业大学

前言
PREFACE

随着互联网时代的快速崛起，众多编程语言走进了大众的视野。尤其是目前的大数据、人工智能(AI)等技术领域更是火遍大江南北，几乎每天可以从各种新闻报道中看到它们的身影，相关工作岗位所需要的技术人才更是一度出现供不应求的现象，而 Python 正是实现上述技术领域的最佳编程语言。

Python 横跨多个互联网核心技术领域，并且以其简单高效的特点，被广泛应用于各种应用场景，包括 GUI 开发、游戏开发、Web 开发、运维自动化、科学计算、数据可视化、数据挖掘及人工智能等。

此外，随着国家对未来的人工智能等技术领域的重视和布局，更是凸显 Python 的重要地位。从 2018 年起，浙江省信息技术教材已启用 Python，放弃 VB，这一改动也意味着 Python 将成为浙江高考内容之一。更有前瞻性的是，山东省最新出版的小学信息技术教材，在六年级课本中也加入了 Python 的相关内容——终于，小学生也开始学习 Python 了！

而本书正是在这样的背景下应运而生。本书是 Python 全栈开发系列的第 3 册，共 7 章。第 1 章网络爬虫，主要包括网络爬虫简介、HTTP 的基础知识、Python 网络请求库、网页数据解析、模拟浏览器、多进程爬虫和多线程爬虫、移动端 App 数据爬取、Scrapy 框架和分布式爬虫等知识点；第 2 章 NumPy，主要包括 NumPy 简介、数组对象的创建、数组对象的数据类型、数组对象的属性和方法、数组对象的访问、数组对象的算术运算、数组对象的广播、NumPy 的通用函数、NumPy 的线性代数函数和数组对象的保存和读取等知识点；第 3 章 Pandas，主要包括 Pandas 简介、Series、DataFrame、数据形式、索引对象、算术运算、统计学方法、函数应用、排序、去重和文件的读写等知识点；第 4 章 Matplotlib，主要包括 Matplotlib 简介、图表的组成、rc 参数、图表的保存、绘制折线图、绘制柱状图、绘制条形图、绘制饼图、绘制散点图、绘制直方图、绘制面积图、绘制箱形图、绘制小提琴图、绘制热力图和绘制子图等知识点；第 5 章 Seaborn，主要包括 Seaborn 简介、图表的背景、图表的边框、绘制折线图、绘制柱状图、绘制直方图、绘制散点图、绘制分布散点图、绘制分簇散点图、绘制箱形图、绘制小提琴图、绘制核密度图、绘制热力图、绘制聚类热图和绘制线性回归图等知识点；第 6 章 pyecharts，主要包括 pyecharts 简介、pyecharts 的安装、图表的组成、options 模块、链式调用、绘制折线图、绘制柱状图、绘制饼图、绘制箱形图、绘制涟漪散点图、绘制水球图、绘制仪表盘图、绘制 K 线图和绘制地图等知识点；第 7 章项目实战，主要包括项目概述和程序编写等知识点。

著名的华人经济学家张五常曾经说过，“即使世界上 99%的经济学论文没有发表，世界依然会发展成现在这样子”，而互联网时代的发展同样具有其必然性，所以要想成功，我们就必须顺势而为，真正站稳在时代的风口上！

勘误

在本书的编写过程中，笔者始终本着科学、严谨的态度，力求精益求精，但书中难免存在疏漏之处，恳请广大读者批评指正，以使本书更加完善。

衷心致谢

首先，感谢每位读者，感谢您在茫茫书海中选择了本书，笔者衷心地祝愿各位读者能够借助本书学有所成，并最终顺利地完成自己的学习目标、学业考试和职业选择！

其次，感谢笔者的导师、同事、学生和朋友，感谢他们不断地鼓励和帮助笔者，非常荣幸能够和这些聪明、勤奋、努力、踏实的人一起学习、工作和交流。

最后，感谢笔者的父母，是他们给予了我所需要的一切，没有他们无私的爱，就没有笔者今天的事业，更不能达成我的人生目标！

此外，本书在编写和出版过程中得到了沈阳工业大学的牛连强教授、大连东软信息学院的张明宝副教授、大连华天软件有限公司的陈秋男先生、51CTO学堂的曹亚莉女士、印孚瑟斯技术(中国)有限公司的崔巍先生和清华大学出版社的赵佳霓编辑的大力支持和帮助，在此表示衷心的感谢。

夏正东

于辽宁省大连市

2022年10月1日

目　录

CONTENTS

本书源代码

第1章 网络爬虫

1.1 网络爬虫简介

网络爬虫,又称为网络蜘蛛或网络机器人等,是一种按照一定规则自动爬取万维网信息的程序或者脚本,通俗地讲就是通过程序去获取 Web 页面上所需要的数据,也就是自动爬取数据。

例如搜索引擎就是一个大型的网络爬虫,百度搜索引擎的爬虫叫作 Baiduspider,360 搜索引擎的爬虫叫 360Spider,搜狗搜索引擎的爬虫叫 Sogouspider,必应搜索引擎的爬虫叫 Bingbot 等。

据权威网站统计调查,世界上近 80%的网络爬虫是基于 Python 开发的,而学习网络爬虫则可以为后续的数据分析、数据挖掘和机器学习等技术提供重要的数据源。

此外,通过网络爬虫可以爬取任何能通过浏览器访问的数据,包括文字、图片、声频、视频和应用程序等,进而可以从中获取所需要的数据资源,例如电影封面图片、证券交易数据、金融信息数据、天气数据和网站用户数据等。

网络爬虫按照实现的技术和结构可以进一步分为通用网络爬虫和聚焦网络爬虫。

1. 通用网络爬虫

通用网络爬虫是搜索引擎抓取系统的重要组成部分,主要目的是将互联网上的网页下载到本地,形成一个互联网内容的镜像备份。

2. 聚焦网络爬虫

聚焦网络爬虫是面向特定需求的一种网络爬虫程序,其目的是在实施网页抓取时,对内容进行筛选和处理,尽量保证只抓取与需求相关的网页信息。聚焦网络爬虫又可以细分为积累网络爬虫、增量网络爬虫和深度网络爬虫,而在实际的使用过程中,通常将这几类网络爬虫组合使用。

1.2 HTTP 的基础知识

在正式学习网络爬虫之前,首先需要了解 HTTP 的基础知识,以便于更快速、更全面地掌握网络爬虫的相关技术。

超文本传输协议(HyperText Transfer Protocol,HTTP)是因特网上应用最广泛的一种网络传输协议，所有 WWW 文件都必须遵守这个标准。

HTTP 是基于 TCP/IP 协议传送数据的，并且允许传送任意类型的数据对象，包括 HTML 文件、普通文本数据和二进制数据等。

HTTP 主要工作于 B/S 架构上，浏览器作为 HTTP 客户端通过 URL 向 HTTP 服务器发送所有请求，服务器则根据接收的请求，向客户端发送对应的响应信息。

1.2.1 HTTP 的特点

1. HTTP 连接是一次性的

HTTP 限制每次连接只能处理一个请求，当服务器返回本次请求的响应信息后，便立即关闭连接，下一次请求时再重新建立连接。HTTP 的一次性连接主要考虑到服务器面对的是成千上万个 Internet 用户，所以只能提供有限个连接，并且服务器不会让一个连接处于等待状态，因为及时地释放连接可以大幅提升服务器的执行效率。

2. HTTP 是一种无状态协议

无状态是指协议对于事务的处理没有任何记忆能力，这就极大地减轻了服务器的负担，从而可以保持较快的响应速度。

3. HTTP 支持持久连接

在 HTTP 1.1 中，引入了管道机制，即允许客户端不用等待上一次请求的响应信息返回，就可以发出下一次请求，但服务器必须按照接收到客户端请求的先后顺序，依次返回响应信息，以保证客户端能够区分出每次请求的响应信息，这样就能显著地减少整个下载过程所需要的时间。

1.2.2 HTTP 请求和响应

1. HTTP 请求

HTTP 请求是由客户端向服务器发送的相关数据，其可以分为 4 部分内容，即请求方法(Request Method)、请求网址(Request URL)、请求头(Request Headers)和请求体(Request Body)。

1) 请求方法

当在浏览器中输入 URL 并按 Enter 键时，便会以某种请求方法发起一个 HTTP 请求，常用的请求方法如表 1-1 所示。

表 1-1 常用的请求方法

请求方法	描 述
GET	请求指定的页面信息，并返回实体主体
HEAD	类似于 GET 请求，只不过返回的响应中没有具体的内容，用于获取报头
POST	向指定资源提交数据进行处理请求(例如提交表单或上传文件)，数据被包含在请求体中
PUT	从客户端向服务器传送的数据取代指定文档中的内容
DELETE	请求服务器删除指定的页面
CONNECT	HTTP 1.1 协议中预留给能够将连接改为管道方式的代理服务器
OPTIONS	允许客户端查看服务器的性能
TRACE	回显服务器收到的请求，主要用于测试或诊断
PATCH	PUT 方法的补充，用来对已知资源进行局部更新

2）请求网址

请求网址，即统一资源定位符 URL，通过请求网址可以唯一确定所请求的资源。

URL 通常由 4 部分组成，即协议、主机、端口和路径，其一般的语法格式如下：

```
protocol://hostname[:port]/path/[;parameters][?query]#fragment
```

其中，protocol 表示协议；hostname 表示主机名；port 表示端口号；path 表示路径；parameters 表示参数；query 表示查询；fragment 表示信息片断。

3）请求头

由于 HTTP 是一种无状态协议，所以需要在请求头中添加相关的首部字段，使服务器明确客户端的目的，其常用的首部字段包括 Accept、Accept-Charset、Accept-Encoding、Accept-Language、Authorization、Cookie、Expect、From、Host、Proxy-Authorization、Referer 和 User-Agent 等。

4）请求体

请求体的内容一般通过请求方法 POST 所提交的数据获得。

2. HTTP 响应

HTTP 响应是由服务器返回客户端的相关数据，其可以分为 3 部分内容，即响应状态码(Status Code)、响应头(Response Headers)和响应体(Response Body)。

1）响应状态码

响应状态码如表 1-2 所示，共分为 5 种：1xx，表示临时响应，并需要客户端继续执行操作；2xx，表示服务器成功处理了请求；3xx，表示重定向，需要进一步操作以完成请求；4xx，表示客户端的请求可能出错，影响了服务器的处理；5xx，表示服务器在尝试处理客户端的请求时发生了内部错误，而这些错误可能是服务器本身的错误，并不是客户端的请求出错。

表 1-2 响应状态码

状态码	状态码英文	描述
100	Continue	当前一切正常，客户端应该继续请求，如果已完成请求则忽略
101	Switching Protocols	服务器应客户端升级协议的请求正在切换协议
200	OK	服务器已成功处理了请求
201	Created	服务器已成功处理了请求，并且创建了新的资源
202	Accepted	已经收到请求消息，但是尚未进行处理
203	Non-Authoritative Information	请求已经成功被响应，但是获得的负载与源头服务器的状态码为 200 的响应相比，经过了拥有转换功能的代理服务器的修改
204	No Content	请求已经成功了，但是客户端的客户不需要离开当前页面
205	Reset Content	服务器已成功处理了请求，并通知客户端重置文档视图
206	Partial Content	请求已经成功，并且主体包含所请求的数据区间
300	Multiple Choices	该请求拥有多种可能的响应
301	Moved Permanently	请求的资源已经被移动到了由 Location 首部字段指定的 URL 上，并且是固定不变的

续表

状态码	状态码英文	描　述
302	Found	请求的资源被暂时移动到了由 Location 首部字段指定的 URL 上
303	See Other	重定向链接指向的不是新上传的资源，而是另外一个页面
304	Not Modified	无须再次传输请求的内容
307	Temporary Redirect	请求的资源被暂时移动到了由 Location 首部字段指定的 URL 上。需要注意的是，响应状态码 307 与 302 的区别在于，307 可以确保请求方法和消息主体不会发生变化；302 则会在一些旧客户端中错误地将请求方法转换为 GET
308	Permanent Redirect	请求的资源已经被永久地移动到了由 Location 首部字段指定的 URL 上
400	Bad Request	由于语法无效，服务器无法理解该请求
401	Unauthorized	缺乏目标资源要求的身份验证凭证，发送的请求未得到满足
403	Forbidden	服务器有能力处理该请求，但是拒绝授权访问
404	Not Found	服务器无法找到所请求的资源
405	Method Not Allowed	服务器禁止了使用当前 HTTP 方法的请求
406	Not Acceptable	服务器无法提供与 Accept-Charset 及 Accept-Language 首部字段相匹配的响应
407	Proxy Authentication Required	由于缺乏位于浏览器与可以访问所请求资源的服务器之间的代理服务器所要求的身份验证凭证，发送的请求尚未得到满足
408	Request Time-out	服务器将关闭空闲的连接
409	Conflict	请求与服务器目标资源的当前状态相冲突
410	Gone	请求的目标资源在原服务器上不存在了，并且是永久性的丢失
411	Length Required	由于缺少确定的 Content-Length 首部字段，服务器拒绝客户端的请求
412	Precondition Failed	目标资源的访问请求被拒绝
413	Request Entity Too Large	请求主体的大小超过了服务器愿意或有能力处理的限度，服务器可能会关闭连接以防止客户端继续发送该请求
414	Request-URI Too Large	客户端所请求的 URI 超过了服务器允许的范围
415	Unsupported Media Type	服务器由于不支持其有效载荷的格式，从而拒绝接受客户端的请求
416	Requested range not satisfiable	服务器无法处理所请求的数据区间
417	Expectation Failed	服务器无法满足 Expect 首部字段中的期望条件
422	Unprocessable Entity	服务器理解请求实体的内容类型，并且请求实体的语法是正确的，但是服务器无法处理所包含的指令
426	Upgrade Required	服务器拒绝处理客户端使用当前协议发送的请求，但是可以接受其使用升级后的协议发送的请求
429	Too Many Requests	在一定的时间内用户发送了过多的请求，即超出了“频次限制”
431	Request Header Fields Too Large	请求中的首部字段的值过大，服务器拒绝接受客户端的请求

续表

状态码	状态码英文	描　述
451	Unavailable For Legal Reasons	服务器由于法律原因,无法提供客户端请求的资源
500	Internal Server Error	所请求的服务器遇到意外的情况,并阻止其执行请求
501	Not Implemented	请求的方法不被服务器支持,因此无法被处理
502	Bad Gateway	作为网关或代理角色的服务器,从上游服务器中接收的响应是无效的
503	Service Unavailable	服务器尚未处于可以接受请求的状态
504	Gateway Time-out	网关或者代理的服务器无法在规定的时间内获得需要的响应
505	HTTP Version not supported	服务器不支持请求所使用的 HTTP 版本
511	Network Authentication Required	客户端需要通过验证才能使用该网络

2）响应头

响应头包含了服务器对客户端请求的应答信息,其常用的首部字段包括 Age、Expires、ETag、Last-Modified、Location、Server、Set-Cookie、Transfer-Encoding 和 X-Content-Type-Options 等。

3）响应体

根据所选择资源的类型,服务器返回客户端的相关数据全部在响应体中。正因为如此,在编写网络爬虫时,主要通过响应体获取网页的源代码或 JSON 数据,并可以进一步从中提取所需要的内容。

3. HTTP 请求和响应的过程

下面通过访问一个网站来具体了解 HTTP 请求和响应的过程。

首先打开 Chrome 浏览器,右击并选择"检查"即可打开浏览器的开发者工具面板,然后在网址栏输入 URL"http://www.oldxia.com"并按 Enter 键,此时就可以看到该 URL 所对应的网站页面了,而在这个过程中,浏览器向网站所在的服务器发送了一个请求,服务器接收到这个请求后进行相应处理,并返回响应的结果,包括 HTML、图片、声频或视频等,最后浏览器再进行解析,这样就可以将网页的内容展现出来了。

单击开发者工具面板中的 Network 选项,该选项由 5 部分组成,如图 1-1 所示,一是 Controls(控制器),用于控制 Network 选项的外观和功能；二是 Filters(过滤器),用于控制 Requests Table(请求列表)的具体显示内容；三是 Overview(概览),用于显示 HTTP 请求和响应的时间轴信息；四是 Requests Table(请求列表),用于按资源获取的先后顺序显示所有获取的资源信息；五是 Summary(概要),用于显示总的请求数、数据传输量和加载时间等信息。

而 Requests Table(请求列表)中的每条资源信息都表示进行了一次 HTTP 请求和响应。

下面再来详细了解 Requests Table(请求列表)中每列的具体含义,如表 1-3 所示。

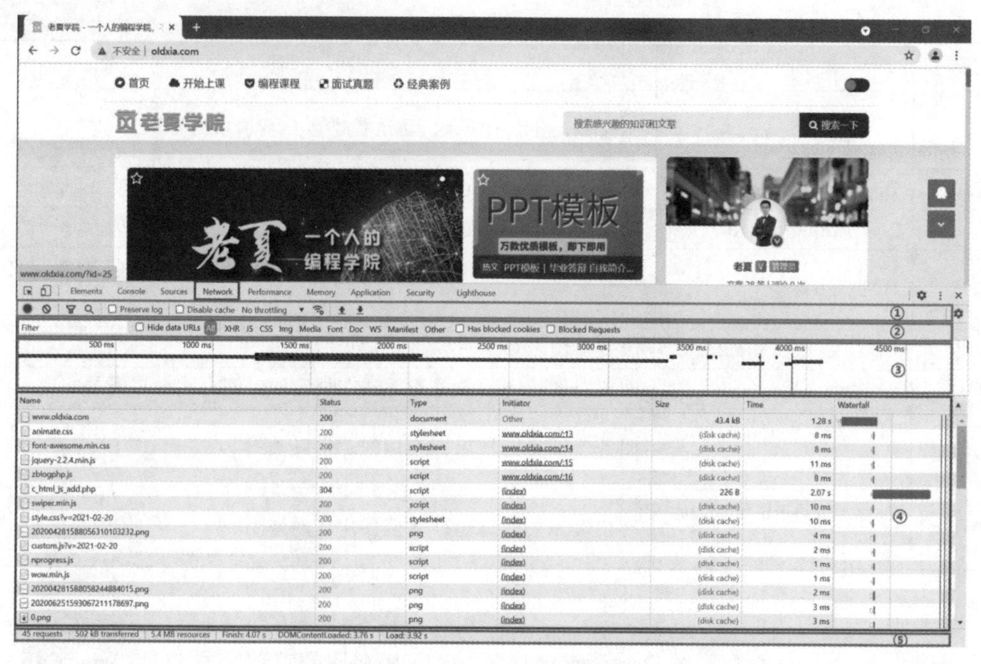

图 1-1 Network 选项

表 1-3 Requests Table 中列的含义

列	描 述
Name	资源名称，单击该资源可以查看资源的详细情况
Status	响应状态码
Type	请求资源的 MIME 类型
Initiator	请求源，标记请求是由哪个对象或进程发起的
Size	从服务器下载的文件和请求的资源大小
Time	从发起请求到获取响应所用的总时间
Waterfall	网络请求的可视化瀑布流

此时，单击第 1 条资源 www.oldxia.com，进而可以查看该资源的详细情况，其由 6 部分组成，如图 1-2 所示。

1）Headers

该部分表示资源的 HTTP 头信息，其包含 6 部分内容，具体如下：

（1）General，该信息表示 HTTP 请求和响应过程中的基本信息，具体如表 1-4 所示。

表 1-4 General

信 息	描 述
Request URL	请求 URL
Request Method	请求方法
Status Code	服务器的响应状态码
Remote Address	服务器的地址和端口
Referrer Policy	来源协议

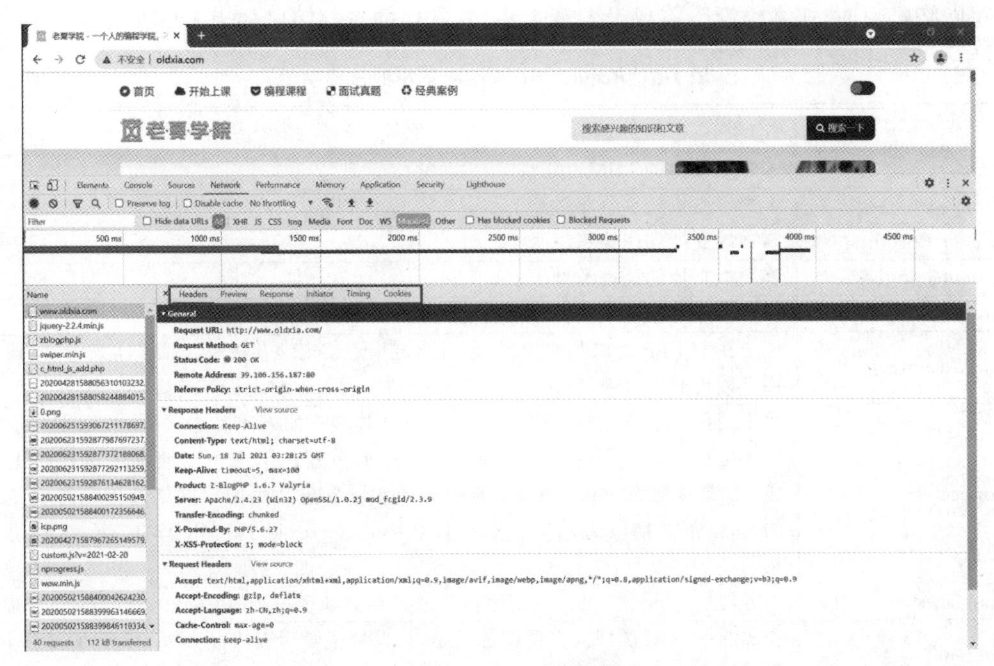

图 1-2　资源的详细情况

（2）Response Headers，该信息表示响应头，其常用的首部字段如表 1-5 所示。

表 1-5　Response Headers 中常用的首部字段

首部字段	描　述
Age	实体在缓存代理中存储的时长，以秒为单位
Connection	决定当前的事务完成后，是否会关闭网络连接。如果该值是 keep-alive，则表示网络连接是持久的，不会关闭，使对同一个服务器的请求可以继续在该连接上完成；如果该值为 close，则表示客户端或服务器想要关闭该网络连接。需要注意的是，该首部字段为通用首部字段（General Header），可用于响应头部或请求头部
Content-Type	资源的 MIME 类型。需要注意的是，该首部字段为实体报头（Entity Header），可用于响应头部或请求头部
Date	创建报文的日期和时间。需要注意的是，该首部字段为通用首部字段（General Header），可用于响应头部或请求头部
Expires	响应的过期时间
ETag	资源的特定版本的标识符
Last-Modified	源头服务器认定的资源做出修改的日期及时间
Location	页面重新定向至的地址
Server	处理请求的源头服务器所用到的软件相关信息
Set-Cookie	由服务器向客户端发送 Cookie
Transfer-Encoding	将实体安全传递给用户所采用的编码形式
X-Content-Type-Options	服务器用于提示客户端一定要遵循在 Content-Type 首部字段中对 MIME 类型的设定，而不能对其进行修改

（3）Request Headers，该信息表示请求头。请求头是 HTTP 请求的重要组成部分，在

编写网络爬虫时,多数情况下需要设置请求头,其常用的首部字段如表1-6所示。

表1-6 Request Headers中常用的首部字段

首部字段	描　述
Accept	客户端支持的MIME类型
Accept-Charset	客户端支持的字符集类型
Accept-Encoding	客户端支持的压缩算法
Accept-Language	客户端支持的语言类型
Authorization	服务器用于验证用户代理身份的凭证
Cache-Control	用于在HTTP请求和响应中,通过指定指令实现缓存机制。需要注意的是,该首部字段为通用首部字段(General Header),可用于响应头部或请求头部
Connection	决定当前的事务完成后,是否会关闭网络连接。如果该值是keep-alive,则表示网络连接是持久的,不会关闭,使对同一个服务器的请求可以继续在该连接上完成;如果该值为close,则表示客户端或服务器想要关闭该网络连接。需要注意的是,该首部字段为通用首部字段(General Header),可用于响应头部或请求头部
Cookie	服务器通过Set-Cookie首部字段投放并存储到客户端的Cookies
Content-Type	资源的MIME类型。需要注意的是,该首部字段为实体报头(Entity Header),可用于响应头部或请求头部
Date	创建报文的日期和时间。需要注意的是,该首部字段为通用首部字段(General Header),可用于响应头部或请求头部
Expect	期望条件,并且服务器在满足该期望条件的情况下才能妥善地处理请求
From	电子邮箱地址,并且该电子邮箱地址属于发送请求的用户代理的实际掌控者的用户
Host	请求将要发送到的服务器的主机名和端口号
Proxy-Authorization	用户代理提供给代理服务器的用于身份验证的凭证
Referer	当前请求页面的来源页面的网址,即表示当前页面是通过此来源页面里的链接进入的
User-Agent	一个特征字符串,用于让网络协议的对端识别发起请求的用户代理软件的应用类型、操作系统、软件开发商及版本号等信息。在编写网络爬虫时加上此信息,可以伪装成浏览器,如果不加,则很可能会被识别为网络爬虫

(4) Query String Parameters,该信息表示发起GET请求时所传递的参数。

(5) Form Data,该信息表示发起POST请求时所传递的参数。

(6) Request Payload,该信息表示发起POST请求时所传递的参数,数据格式为JSON。

这里需要注意的是,Form Data和Request Payload中的数据就是请求体(Request Body)。

2) Preview

根据所选择资源的类型显示相对应的预览信息。

3) Response

根据所选择资源的类型显示相对应的响应内容。该响应内容就是响应体(Response Body),也是解析的目标。

4）Initiator

显示请求的依赖关系，以及发出请求的原因。

5）Timing

显示资源在整个请求生命周期中各部分所花费的时间。

6）Cookies

显示所选择资源请求和响应过程中存在的 Cookie 信息。

4. HTTP 请求和响应过程中的 Cookie

单击开发者工具面板中的 Application 选项，然后单击该选项左侧 Storage 中的 Cookies，即可查看客户端中的 Cookie，如图 1-3 所示。

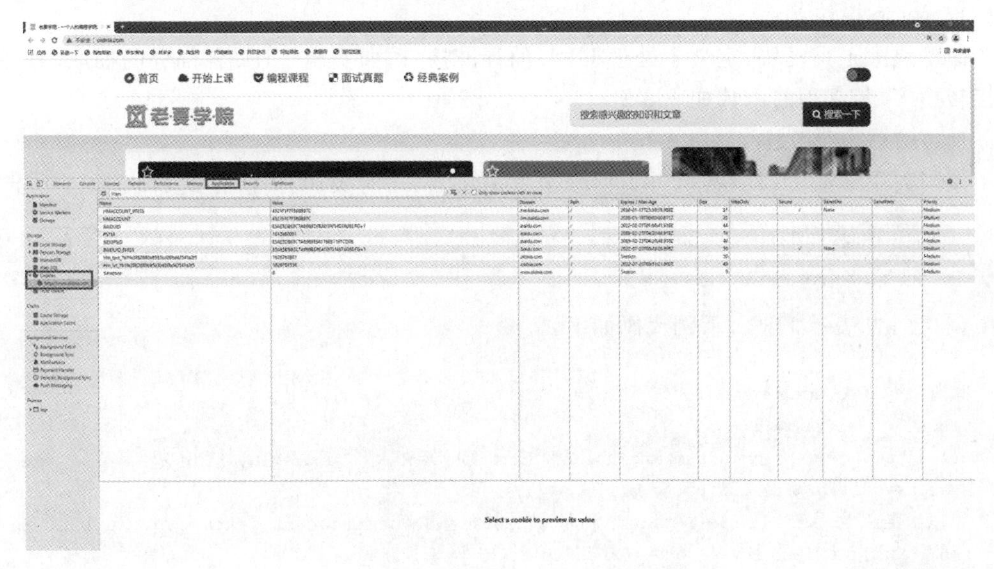

图 1-3　Application 选项

表 1-7 中的每条信息表示 1 条 Cookie，其所对应每列的具体含义如表 1-7 所示。

表 1-7　Cookie 中列的含义

属　性	描　述
Name	Cookie 的名称，并且一旦创建，该名称不可更改
Value	Cookie 的值
Domain	可以访问该 Cookie 的域名
Max-Age	Cookie 失效的时间，单位为秒
Path	Cookie 的使用路径
Size	Cookie 的大小
Http	Cookie 的 httponly 属性
Secure	Cookie 是否仅被使用安全协议传输
SameSite	设置 Cookie，以便在何种场景下会被发送，从而屏蔽跨站时发送 Cookie，用于阻止跨站请求伪造攻击（CSRF）

1.3 Python 网络请求库

在 Python 中，有许多优秀的网络请求库可以用于实现 HTTP 请求，从而获取所需要的数据。

1.3.1 urllib 库

urllib 库是 Python 内置的网络请求库，无须安装即可使用，urllib 库包含了 4 个模块，即 parse 模块、request 模块、error 模块和 robotparser 模块。

1. parse 模块

该模块为工具模块，定义了处理 URL 的标准接口，如实现 URL 各部分的抽取、合并及链接转换等，其常用的函数如下。

1) urlparse()函数

该函数用于 URL 的识别，并返回一个 ParseResult 对象，其语法格式如下：

```
urlparse(url)
```

其中，参数 url 表示 URL，示例代码如下：

```
#资源包\Code\chapter1\1.3\0101.py
import urllib.parse
url = 'http://www.oldxia.com/xzd/upload/forum.php?mod = forumdisplay&fid = 2'
result = urllib.parse.urlparse(url)
#输出结果为 ParseResult(scheme = 'http', netloc = 'www.oldxia.com', path = '/xzd/upload/forum.
php', params = '', query = 'mod = forumdisplay&fid = 2', fragment = '')
print(result)
#可以通过 ParseResult 对象的下标或属性名进行访问
#输出结果为 http www.oldxia.com
print(result[0],result.netloc)
```

这里需要注意的是，ParseResult 对象包含 6 个属性，分别为属性 scheme(协议)、属性 netloc(域名)、属性 path(访问路径)、属性 params(参数)、属性 query(查询条件)和属性 fragment(锚点)。

2) urlunparse()函数

该函数用于将协议、域名、访问路径、参数、查询条件及锚点拼接成 URL，其语法格式如下：

```
urlunparse(components)
```

其中，参数 components 表示协议、域名、访问路径、参数、查询条件及锚点所组成的序列，示例代码如下：

```
#资源包\Code\chapter1\1.3\0102.py
import urllib.parse
data = ['http', 'www.oldxia.com', '/xzd/upload/forum.php', 'oldxia', 'wd = python', 'python']
result = urllib.parse.urlunparse(data)
#输出结果为
http://www.oldxia.com/xzd/upload/forum.php;oldxia?wd = python#python
print(result)
```

3）urlsplit()函数

该函数用于 URL 的识别，并返回一个 SplitResult 对象，其语法格式如下：

```
urlsplit(url)
```

其中，参数 url 表示 URL，示例代码如下：

```
#资源包\Code\chapter1\1.3\0103.py
import urllib.parse
url = 'http://www.oldxia.com/xzd/upload/forum.php?mod = forumdisplay&fid = 2'
result = urllib.parse.urlsplit(url)
#输出结果为 SplitResult(scheme = 'http', netloc = 'www.oldxia.com', path = '/xzd/upload/forum.
php', query = 'mod = forumdisplay&fid = 2', fragment = '')
print(result)
#可以通过 ParseResult 对象的下标或属性名进行访
#输出结果为 http www.oldxia.com
print(result[0], result.netloc)
```

这里需要注意的是，SplitResult 对象包含 5 个属性，分别为属性 scheme(协议)、属性 netloc(域名)、属性 path(访问路径和参数)、属性 query(查询条件)和属性 fragment(锚点)。

4）urlunsplit()函数

该函数用于对协议、域名、访问路径和参数、查询条件及锚点拼接成 URL，其语法格式如下：

```
urlunsplit(components)
```

其中，参数 components 表示协议、域名、访问路径和参数、查询条件及锚点所组成的序列，示例代码如下：

```
#资源包\Code\chapter1\1.3\0104.py
import urllib.parse
data = ['http', 'www.oldxia.com', '/xzd/upload/forum.php;oldxia', 'wd = python', 'python']
result = urllib.parse.urlunsplit(data)
#输出结果为
http://www.oldxia.com/xzd/upload/forum.php;oldxia?wd = python#python
print(result)
```

5）urljoin()函数

该函数用于将基本路径和相对路径连接成绝对路径，其语法格式如下：

```
urljoin(base, url)
```

其中，参数 base 表示基本路径；参数 url 表示相对路径，示例代码如下：

```
#资源包\Code\chapter1\1.3\0105.py
import urllib.parse
result = urllib.parse.urljoin("http://www.oldxia.com", "/index.html")
#输出结果为 http://www.oldxia.com/index.html
print(result)
```

6）urlencode()函数

该函数用于对字典类型的请求参数进行编码，其语法格式如下：

```
urlencode(query)
```

其中，参数 query 表示字典类型的请求参数，示例代码如下：

```
#资源包\Code\chapter1\1.3\0106.py
import urllib.parse
data = {'name': '夏正东', 'age': 35}
url_parse = urllib.parse.urlencode(data)
#输出结果为 name = %E5%A4%8F%E6%AD%A3%E4%B8%9C&age = 35
print(url_parse)
```

7）parse_qs()函数

该函数用于将字符串类型的请求参数转换为字典类型的请求参数，其语法格式如下：

```
parse_qs(qs)
```

其中，参数 qs 表示字符串类型的请求参数，示例代码如下：

```
#资源包\Code\chapter1\1.3\0107.py
import urllib.parse
qs = 'name = 夏正东 &age = 35'
result = urllib.parse.parse_qs(qs)
#输出结果为{'name': ['夏正东'], 'age': ['35']}
print(result)
```

8）parse_qsl()函数

该函数用于将字符串类型的请求参数转换为元组组成的列表类型的请求参数，其语法格式如下：

```
parse_qsl(qs)
```

其中，参数 qs 表示字符串类型的请求参数，示例代码如下：

```
#资源包\Code\chapter1\1.3\0108.py
import urllib.parse
qs = 'name = 夏正东 &age = 35'
result = urllib.parse.parse_qsl(qs)
#输出结果为[('name', '夏正东'), ('age', '35')]
print(result)
```

9）quote()函数

该函数用于对字符串进行编码，其语法格式如下：

```
quote(string)
```

其中，参数 string 表示字符串，示例代码如下：

```
#资源包\Code\chapter1\1.3\0109.py
import urllib.parse
keyword = '夏正东'
result = 'http://www.oldxia.com/' + urllib.parse.quote(keyword)
#输出结果为 http://www.oldxia.com/ %E5 %A4 %8F %E6 %AD %A3 %E4 %B8 %9C
print(result)
```

10）unquote()函数

该函数用于对编码后的字符串进行解码，其语法格式如下：

```
unquote(string)
```

其中，参数 string 表示编码后的字符串，示例代码如下：

```
#资源包\Code\chapter1\1.3\0110.py
import urllib.parse
url = 'http://www.oldxia.com/ %E5 %A4 %8F %E6 %AD %A3 %E4 %B8 %9C'
result = urllib.parse.unquote(url)
#输出结果为 http://www.oldxia.com/夏正东
print(result)
```

2. request 模块

该模块是最基本的 HTTP 请求模块，用来模拟发送 HTTP 请求。

1）发送 HTTP 请求

可以通过 urlopen()函数发送 HTTP 请求，并返回 HTTPResponse 对象，其语法格式如下：

```
urlopen(url,data, timeout)
```

其中，参数 url 表示字符串类型的 URL 网址，也可以是一个 Request 对象（该内容将在后续为读者详细讲解）；参数 data 为可选参数，表示 Bytes 类型的数据，如果省略该参数，则表示使用 GET 方法发送 HTTP 请求，否则表示使用 POST 方法发送 HTTP 请求；参数 timeout 为可选参数，表示网站的访问超时时间。

此外，通过 HTTPResponse 对象的相关属性和方法可以获取 HTTP 请求过程中的相关信息，具体如表 1-8 所示。

表 1-8 HTTPResponse 对象的相关属性和方法

属性	描述	方法	描述
status	响应状态码	read()	字节类型的响应内容
version	版本信息	getheader()	响应头中的指定信息
msg	是否访问成功	getheaders()	响应头中的全部信息
reason	状态信息	fileno()	文件描述符
Debuglevel	调试等级	geturl()	响应的 URL
closed	HTTPResponse 对象是否关闭	info()	响应头中的全部信息
		getcode()	响应状态码

以下为发送 HTTP 请求的相关示例代码。

(1) 爬取百度首页的相关数据，示例代码如下：

```
#资源包\Code\chapter1\1.3\0111.py
import urllib.request
url = "http://www.baidu.com/"
#使用 GET 方法发送请求
response = urllib.request.urlopen(url)
print(response.getheader('Server'))
print('====================')
print(response.getheaders())
print('====================')
print(response.fileno())
print('====================')
print(response.geturl())
print('====================')
print(response.info())
print('====================')
print(response.getcode())
print('====================')
print(response.status)
print('====================')
print(response.version)
print('====================')
print(response.msg)
print('====================')
print(response.reason)
print('====================')
print(response.Debuglevel)
print('====================')
response.close()
print('====================')
```

```
res = response.read().decode("utf-8")
with open("baidu.html", "w", encoding = "utf-8") as f:
    f.write(res)
```

(2) 访问老夏学院的 HTTP 请求测试页面，示例代码如下：

```
#资源包\Code\chapter1\1.3\0112.py
import urllib.request
import urllib.parse
#构造 POST 方法的请求参数
data = Bytes(urllib.parse.urlencode({'name': '夏正东', 'age': 35}), encoding = 'utf-8')
#使用 POST 方法发送请求
response = urllib.request.urlopen('http://www.oldxia.com/http_test/post.php', data = data)
print(response.read().decode('utf-8'))
```

2) 构造 HTTP 请求对象

为了防止反爬虫技术阻止网络爬虫爬取数据，通常在使用网络爬虫向服务器发送 HTTP 请求时，需要构造 HTTP 请求对象，以便于在其内部设置请求头等相关信息，达到模拟浏览器进行 HTTP 请求的目的。

可以通过 Request()函数构造请求对象，其语法格式如下：

```
Request(url, data, headers)
```

其中，参数 url 表示 URL；参数 data 为可选参数，表示 Bytes 类型的数据，如果省略该参数，则表示使用 GET 方法发送 HTTP 请求，否则表示使用 POST 方法发送 HTTP 请求；参数 headers 表示传递的请求头数据，其类型为字典。

以下为构造 HTTP 请求对象的相关示例代码。

(1) 访问老夏学院的 HTTP 请求测试页面，示例代码如下：

```
#资源包\Code\chapter1\1.3\0113.py
import urllib.request
import urllib.parse
url = 'http://www.oldxia.com/http_test/get.php?name = xzd&age = 35'
headers = {"User-Agent": "Mozilla/5.0 (Windows NT 10.0; WOW64)
AppleWebKit/537.36 (KHTML, like Gecko) Chrome/70.0.3538.25 Safari/537.36
Core/1.70.3868.400 QQBrowser/10.8.4394.400"}
#使用 GET 方法发送请求
req = urllib.request.Request(url = url, headers = headers)
response = urllib.request.urlopen(req)
print(response.read().decode('utf-8'))
```

(2) 爬取百度首页的源代码，示例代码如下：

```
#资源包\Code\chapter1\1.3\0114.py
import urllib.request
url = "http://www.baidu.com/"
headers = {"User-Agent": "Mozilla/5.0 (Windows NT 10.0; WOW64)
AppleWebKit/537.36 (KHTML, like Gecko) Chrome/70.0.3538.25 Safari/537.36
Core/1.70.3868.400 QQBrowser/10.8.4394.400"}
```

```
#使用 GET 方法发送请求
req = urllib.request.Request(url = url, headers = headers)
response = urllib.request.urlopen(req)
res = response.read().decode("utf-8")
with open("baidu.html", "w", encoding = "utf-8") as f:
    f.write(res)
```

(3) 爬取豆瓣电影分类排行榜中动作片的封面图片,并将相关信息保存至 JSON 文件中,示例代码如下:

```
#资源包\Code\chapter1\1.3\0115.py
from urllib import request, parse
import json
#请求 URL,如图 1-4 所示
url = "https://movie.douban.com/j/chart/top_list?type = 5&interval_id = 100 % 3A90&action = &"
headers = {"User-Agent": "Mozilla/5.0 (Windows NT 10.0; WOW64)
AppleWebKit/537.36 (KHTML, like Gecko) Chrome/70.0.3538.25 Safari/537.36
Core/1.70.3741.400 QQBrowser/10.5.3863.400"}
start = input("请输入开始采集的位置:")
limit = input("请输入要采集的数量:")
#GET 方法的请求参数,如图 1-5 所示
form = {"start": start, "limit": limit}
url_parse = parse.urlencode(form)
#HTTP 请求的 URL
full_url = url + url_parse
#使用 GET 方法发送请求
req = request.Request(url = full_url, headers = headers)
response = request.urlopen(req)
res = response.read().decode("utf-8")
results = json.loads(res)
items = []
for result in results:
    dict = {}
    #获取电影名称
    title = result["title"]
    #获取电影评分
    score = result["score"]
    #获取电影封面图片 URL
    img_link = result["cover_url"]
    dict["title"] = title
    dict["score"] = score
    dict["img_link"] = img_link
    items.append(dict)
    print(f"正在下载:{title}...")
    request.urlretrieve(img_link, f"data/{title}.jpg")
    print(f"{title}下载完毕!")
json.dump(items, open("douban.json", "w", encoding = "utf-8"), ensure_ascii = False, indent = 4)
```

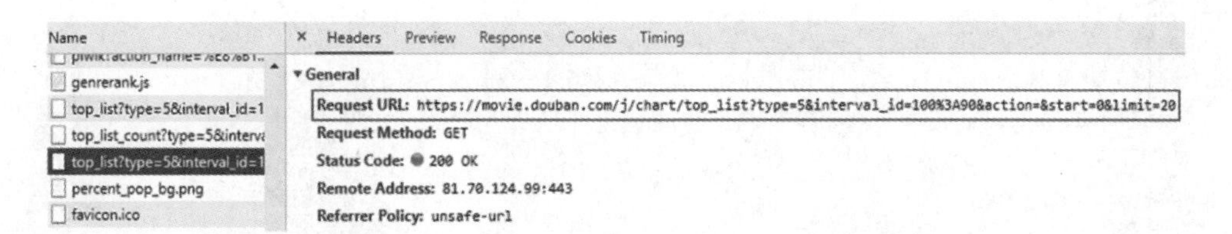

图 1-4 请求 URL

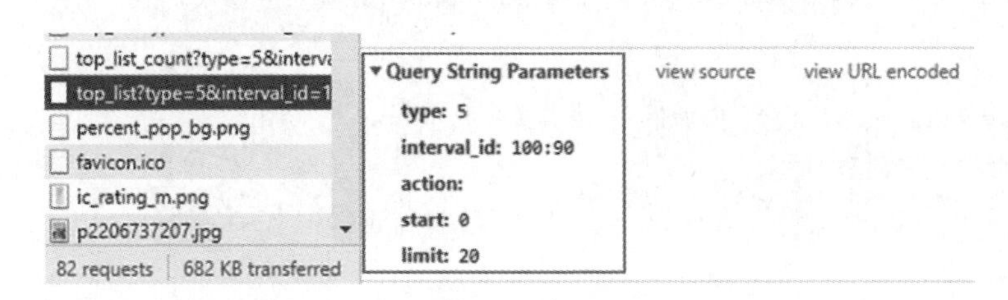

图 1-5 GET 方法的请求参数

(4) 访问老夏学院的 HTTP 请求测试页面，示例代码如下：

```
#资源包\Code\chapter1\1.3\0116.py
import urllib.request
import urllib.parse
import json
url = 'http://www.oldxia.com/http_test/post.php'
headers = {"User-Agent": "Mozilla/5.0 (Windows NT 10.0; WOW64)
AppleWebKit/537.36 (KHTML, like Gecko) Chrome/70.0.3538.25 Safari/537.36
Core/1.70.3868.400 QQBrowser/10.8.4394.400"}
data  = Bytes(urllib.parse.urlencode({'name': '夏正东', 'age': 35}), encoding = 'utf-8')
#使用 POST 方法发送请求
req = urllib.request.Request(url = url, data = data, headers = headers)
response = urllib.request.urlopen(req)
print(response.read().decode('utf-8'))
print('========================== ')
#JSON 数据
json_str = {'name': '于萍', 'age': 65}
#使用 POST 方法发送请求
req = urllib.request.Request(url = url, data = Bytes(json.dumps(json_str), 'utf8'), headers =
headers)
response = urllib.request.urlopen(req)
print(response.read().decode('utf-8'))
```

(5) 百度翻译 API，示例代码如下：

```
#资源包\Code\chapter1\1.3\0117.py
import urllib.request
import urllib.parse
import json
#请求 URL,如图 1-6 所示
url = "https://fanyi.baidu.com/sug"
word = input("请输入要翻译的单词:")
```

```
headers = {"User-Agent": "Mozilla/5.0 (Windows NT 10.0; WOW64)
AppleWebKit/537.36 (KHTML, like Gecko) Chrome/70.0.3538.25 Safari/537.36
Core/1.70.3868.400 QQBrowser/10.8.4394.400"}
#POST方法的请求参数,如图1-7所示
data = {"kw": word}
#使用POST方法发送请求
data  = Bytes(urllib.parse.urlencode(data), encoding = 'utf-8')
req = urllib.request.Request(url = url, headers = headers, data = data)
response = urllib.request.urlopen(req)
res = response.read().decode("utf-8")
#百度翻译返回的数据格式为JSON格式,需要进行转换
result = json.loads(res)
print(result["data"][0]['v'])
```

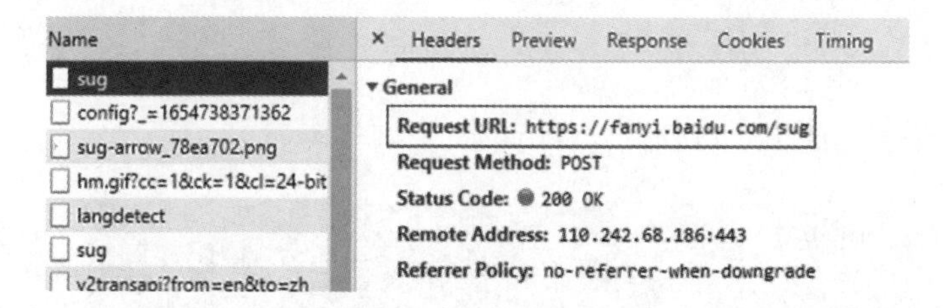

图1-6　请求URL

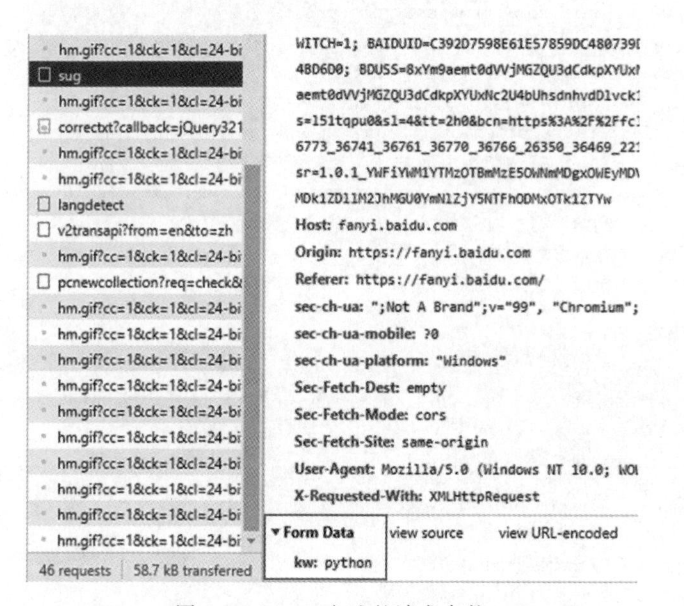

图1-7　POST方法的请求参数

3）模拟登录

在访问网站的过程中,经常会遇到需要登录的情况,这就给编写网络爬虫增加了一定的难度,即某些需要爬取的页面必须在登录网站后才能正常爬取,而此时,就可以使用模拟登录技术,进而获取指定页面的内容。

在学习模拟登录的相关技术之前,首先了解一下什么是会话。

会话指的是客户端与服务器之间的一系列交互动作。理论上，一个用户的所有请求操作都应该属于同一个会话，而另一个用户的所有请求操作则应该属于另一个会话，二者不能混淆。例如，用户 A 在超市购买的任何商品都应该放在用户 A 的购物车内，并且无论用户 A 在何时购买的商品，也都应该放入用户 A 的购物车内，而不能放入其他用户的购物车内，因为这都属于用户 A 的购物行为。

那么，如何使多个会话不发生混淆呢？这就需要进行会话跟踪。

但是，通过之前的学习得知 HTTP 是一种无状态协议，一旦数据交换完毕，客户端与服务器的连接就会关闭，再次交换数据则需要建立新的连接，也就是说服务器无法保存客户端的状态，这就意味着服务器无法从连接上进行会话跟踪。例如，用户 A 在超市购买了 1 件商品并放入购物车内后，当用户 A 再次购买商品时，超市就已经无法判断该购物行为是否属于用户 A。

所以进行会话跟踪必须引入一种特殊的机制，而 Cookie 和 Session 就是用来进行会话跟踪的特殊机制。

(1) Cookie 是一种客户端会话跟踪的机制。是由服务器发给客户端的特殊信息，而这些信息以文本文件的方式存放在客户端，然后客户端每次向服务器发送请求时都会带上这些特殊的信息，即当用户使用浏览器访问一个支持 Cookie 的网站时，用户会提供包括用户名在内的相关信息，并提交至服务器，然后，如果服务器需要记录该用户的状态，则在向客户端返回相应数据的同时也会返回这些信息，但是这些信息并不是存放在响应体中，而是存放于响应头的首部字段 Set-Cookie 中，表示在客户端建立一个 Cookie；最后，当客户端接收到来自服务器的响应后，客户端会将这些信息存放于一个统一的位置；自此，客户端再向服务器发送请求时，都会将相应的 Cookie 再次发送至服务器，而此次的 Cookie 信息则存放于请求头的首部字段 Cookie 中。

有了 Cookie 这样的技术，服务器在接收到来自客户端的请求后，就能通过分析存放于请求头中的 Cookie 获得客户端的特有信息，从而动态地生成与该客户端相对应的内容，以此来辨认用户的状态，进而可以轻松实现登录等需要会话跟踪的页面。

(2) 随着网络技术的不断发展，Session 应运而生。Session 是一种服务器会话跟踪机制，其在使用上比 Cookie 更简单，并且安全性较 Cookie 也有很大的提升，但是相应地也增加了服务器的存储压力。

Session 是服务器为客户端所开辟的内存空间，其中保存的信息用于会话跟踪。当客户端访问服务器时，会在服务器开辟一块内存，这块内存就叫作 Session；与此同时，服务器会为该 Session 生成唯一的 sessionID，而这个 sessionID 将在本次响应中返回客户端，并可以通过 3 种方式进行保存，一是借助 Cookie 机制，即把 sessionID 放在 Cookie 中，其名称类似于 SESSIONID，二是 URL 重写，三是表单隐藏字段；最后，当客户端再次发送请求时，会将 sessionID 一并发送，服务器在接收到该请求后，会根据 sessionID 找到相应的 Session，从而再次使用。

下面通过一个例子，以使读者深入了解 Cookie 和 Session 之间的区别与联系。

当顾客去超市购物时，一般情况下，超市会提供会员卡，即当顾客购买商品时出示会员卡就会获得相应的优惠待遇，接下来就以此为例具体分析一下：

一是该超市的收银员很厉害，能记住每位办过会员卡的顾客，每当顾客结账时，收银员凭借其记忆就可以知道该顾客是否为会员，进而判断该顾客是否可以享受相应的优惠待遇。这种方式就是协议本身支持会话跟踪。

二是该超市发给顾客一张实体的会员卡，并且该实体会员卡一般还会具有有效期限，而超市并不掌握所有发放的实体会员卡的明细，所以顾客在每次结账时，必须携带该实体会员卡，并需要出示实体会员卡，这样才可以享受相应的优惠待遇。这种方式就是客户端会话跟踪的机制，即 Cookie。

三是该超市发给顾客一张实体的会员卡，并且超市掌握所有发放的实体会员卡的明细，所以顾客在每次结账时，不必携带该实体会员卡，而是只需告知收银员实体会员卡的卡号，便可以享受相应的优惠待遇。这种做法就是服务器会话跟踪的机制，即 Session。

此外，关于 Session 还有一种误解，即"只要关闭浏览器，Session 就会消失"。其实经过之前的学习，这个误解已经很好解释了，读者完全可以从上述的例子中得出答案，即除非顾客主动向超市提出注销实体会员卡，否则超市绝对不会轻易删除顾客的实体会员卡信息。对于 Session 来讲也是一样的，除非客户端通知服务器删除一个 Session，否则服务器会一直保留该 Session，然而，客户端的浏览器从不会主动地在关闭之前通知服务器其将要关闭，因此服务器根本没有机会得知客户端的浏览器已经关闭，所以服务器也就不会删除 Session，但之所以会有这种误解，是因为大部分 Session 是借助 Cookie 机制来保存 sessionID 的，即关闭客户端的浏览器后，随着 Cookie 的消失，导致 sessionID 被删除，所以当再次连接服务器时，也就无法找到原来的 Session，而如果服务器在客户端所建立的 Cookie 被保存到硬盘上，或者使用某种方式改写客户端发出的请求头，将原来的 sessionID 发送给服务器，则再次打开客户端的浏览器时，仍然可以找到原来的 Session。此外，由于关闭客户端的浏览器并不会导致服务器的 Session 被删除，所以服务器会为 Session 设置一个失效时间，即当距离客户端上次使用 Session 的时间超过该失效时间时，服务器就可以认为客户端已经停止了活动，从而会删除该 Session，以达到节省存储空间的目的。

在学习完会话、会话跟踪等知识点后，接着来学习一下如何进行模拟登录。

模拟登录可以分为两种方式，即手动添加 Cookie 和自动保存 Cookie。

(1) 手动添加 Cookie，该方法的应用过程很简单。首先，需要在登录页面手动输入正确的登录账号和登录密码，然后，获取登录成功后待爬取页面的 Cookie 并手动保存；最后，将该 Cookie 添加至网络爬虫程序请求头的首部字段 Cookie 中，这样便可以在不输入登录账号和登录密码的情况下，再次访问需要爬取的页面。

下面以爬取快代理的账户管理页面为例，讲解如何通过手动添加 Cookie 的方式进行模拟登录。

当在不使用 Cookie 的情况下，使用网络爬虫爬取快代理的账户管理页面(https://www.kuaidaili.com/usercenter/)时，会被强制跳转至登录页面，因为该页面只有在正常登录后才可以访问。此时，就可以通过手动添加 Cookie 的方式进行模拟登录，以爬取账户管理页面的内容，其步骤如下：

第 1 步，进入快代理的登录页面，如图 1-8 所示，输入正确的登录账号和登录密码，并单击"登录"按钮。

第 2 步，成功登录后，在当前页面打开开发者工具，如图 1-9 所示，并单击右上角的账户名，即可进入账户管理页面。

快代理 kuaidaili.com　免费代理　购买代理　产品列表　文档中心

登录快代理

账号　13309861086

密码　忘记密码了

7天内自动登录

登 录

其他登录方式　微信　手机短信

还没有快代理账号？立即注册

图 1-8　登录页面

图 1-9　成功登录后的界面

第 3 步，进入账户管理页面后，在开发者工具中手动保存当前页面的 Cookie，如图 1-10 所示。

第 4 步，将该 Cookie 添加到网络爬虫请求头的首部字段 Cookie 中即可。

示例代码如下：

```
#资源包\Code\chapter1\1.3\0118.py
import urllib.request
#请求 URL
url = "https://www.kuaidaili.com/usercenter/overview"
headers = {
    "User - Agent": "Mozilla/5.0 (Windows NT 10.0; WOW64) AppleWebKit/537.36 (KHTML, like
Gecko) Chrome/70.0.3538.25 Safari/537.36 Core/1.70.3741.400 QQBrowser/10.5.3863.400",
    #Cookie,如图 1 - 26 所示
    "Cookie": "channelid = bdtg_a10_a10a1; sid = 1654743338035518; _gcl_au = 1.1.662463456.
1654743338; _ga = GA1.2.228310457.1654743339; _gid = GA1.2.541324931.1654743339; Hm_lvt_
7ed65b1cc4b810e9fd37959c9bb51b31 = 1654743339, 1654754105; sessionid =
c29d392cbcdeddaa8bf12e3940514a51; Hm_lpvt_7ed65b1cc4b810e9fd37959c9bb51b31 = 1654754192"
```

```
}
req = urllib.request.Request(url = url, headers = headers)
response = urllib.request.urlopen(req)
html_code = response.read().decode('utf-8')
with open("kuaidaili.html", "w", encoding = "utf-8") as f:
    f.write(html_code)
```

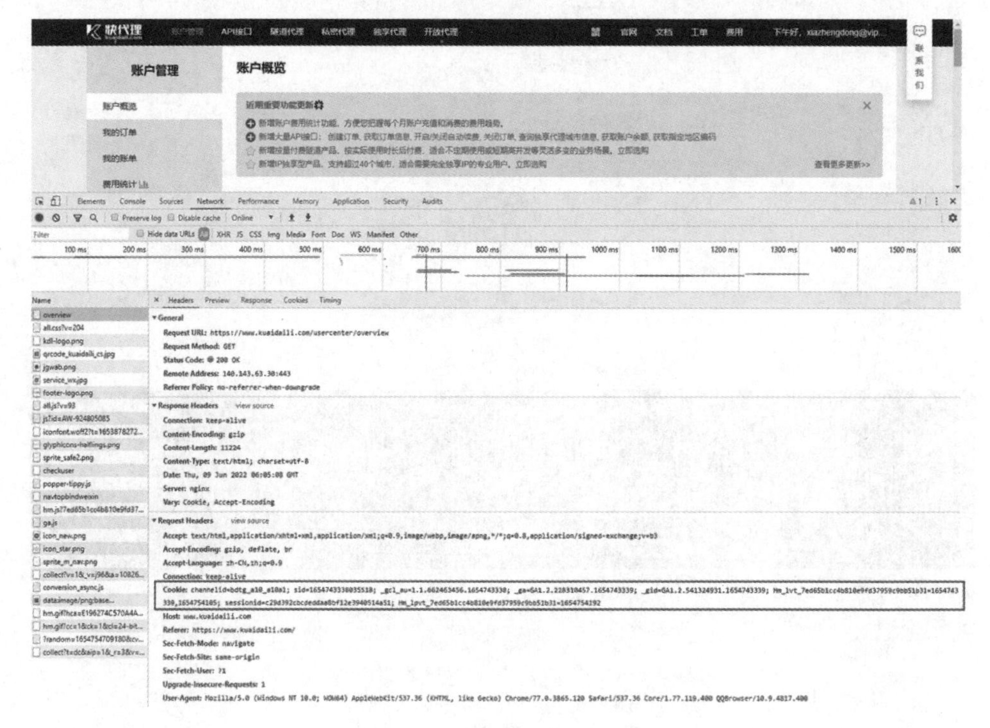

图 1-10　当前页面的 Cookie

(2) 自动保存 Cookie,该方法的应用过程与手动添加 Cookie 登录相比更加复杂,因为该过程需要应用 Handler 处理器。

下面就以爬取快代理的账户管理页面为例,讲解一下如何通过自动保存 Cookie 的方式进行模拟登录。

当在不使用 Cookie 的情况下,使用网络爬虫爬取快代理的账户管理页面(https://www.kuaidaili.com/usercenter/)时,会被强制跳转至登录页面,因为该页面只有在正常登录后才可以访问。此时,就可以通过自动保存 Cookie 的方式进行模拟登录,以爬取账户管理页面的内容,其步骤如下:

第 1 步,使用 http.cookiejar 模块中的 CookieJar()方法自动保存在登录页面登录成功后的 Cookie。

第 2 步,使用 BaseHandler 类的子类 HTTPCookieProcessor 创建 HTTPCookieProcessor 对象。

第 3 步,使用 request 模块中的 build_opener()方法创建 opener 对象,因为该对象可以自动保存 Cookie,并且可以实现会话保持。

第 4 步，对需要爬取的页面发送包含上述已经自动保存 Cookie 的请求头的 HTTP 请求，这里需要注意的是，不能直接使用 urlopen()方法进行发送，而是需要使用 opener 对象的 open()方法进行发送。

示例代码如下：

```
#资源包\Code\chapter1\1.3\0119.py
from urllib import request, parse
import http.cookiejar
#用于自动存储成功登录后页面的 Cookie
Cookie = http.cookiejar.cookieJar()
#使用 Cookie 对象来创建 handler 对象
http_handler = request.HTTPCookieProcessor(Cookie)
#使用 handler 对象创建 opener 对象
opener = request.build_opener(http_handler)
url = "https://www.kuaidaili.com/login/"
#POST 方法的请求参数
forms = {
    "username": "13309861086",
    "passwd": "www.oldxia.com",
}
headers = {
    "User - Agent": "Mozilla/5.0 (Windows NT 6.1; WOW64) AppleWebKit/537.36 (KHTML, like
Gecko) Chrome/70.0.3538.25 Safari/537.36 Core/1.70.3741.400 QQBrowser/10.5.3863.400",
}
data = parse.urlencode(forms)
req = request.Request(url = url, headers = headers, data = Bytes(data, encoding = "utf - 8"))
#对登录地址发起 POST 请求,进行模拟登录,第 1 次发起请求的目的是保存登录成功的 Cookie
#登录成功后,Cookie 值会自动保存到 Cookie 对象中,然后使用 opener()方法发起第 2 次请求即可
#成功登录
res = opener.open(req)
#登录成功后的页面 URL
new_url = "https://www.kuaidaili.com/usercenter/overview"
new_req = request.Request(url = new_url, headers = headers)
#发送 HTTP 请求时,opener 对象中已经存储了登录成功时的 Cookie
new_res = opener.open(new_req)
html_code = new_res.read().decode('utf - 8')
with open("kuaidaili.html", "w", encoding = "utf - 8") as f:
    f.write(html_code)
```

4）使用代理 IP

在运行网络爬虫时，经常会遇到这样的情况，即刚开始网络爬虫运行一切正常，并且可以正常抓取所需要的数据，然而随着时间的推移就会出现错误，例如“403 Forbidden”，而出现这种错误的原因就是爬取的网站采取了一些反爬虫措施，即网站会检测访问 IP 在单位时间内的请求次数，如果超出了网站设定的阈值，就会拒绝为该请求提供服务，并返回相关的错误信息，而这种情况常常称为“封禁 IP”。

为了应对该种反爬虫措施，需要将 IP 进行伪装，即需要使用代理 IP，其根据匿名程度，可以分为以下 3 种：

(1) 高匿名代理 IP,该代理 IP 会将数据包原封不动地进行转发,这样服务器就会认为其是一个普通的客户端在进行访问,但其记录的 IP 是代理服务器的 IP。

(2) 普通匿名代理 IP,该代理 IP 会在数据包上进行一定的改动,因此服务器有可能发现其使用的是代理服务器,也有一定概率追查到客户端的真实 IP。

(3) 透明代理 IP,该代理 IP 不但改动了数据包,而且会告知服务器其客户端的真实 IP,所以这种代理 IP 除了能用缓存技术提高浏览速度,以及使用内容过滤提高安全性之外,并无其他显著作用。

再来学习一下设置代理 IP 的 3 种常用的方式,其包括以下 3 种:

(1) 使用免费代理服务,该方式提供的代理 IP 质量整体较差,建议从中选取高匿名代理 IP,但是由于该种方式是免费的,所以实际上其所提供的可用高匿名代理 IP 并不多,并且稳定性不佳,使用前需要进行筛选。

(2) 使用付费代理服务,该方式提供的代理 IP 质量较免费代理服务要高出很多,并且种类繁多,便于用户根据具体的项目需求进行选择。

(3) ADSL 拨号,该种方式应用了 ADSL 拨号的特性,即拨一次号,其 IP 也随之更换,其特点就是稳定性较高。

下面就以使用百度查询当前 IP 为例,讲解一下如何使用代理 IP。

由于网络中可用的高质量免费代理 IP 不多,并且其稳定性较差,所以本例使用快代理提供的收费代理 IP 进行访问,其步骤如下:

第 1 步,登录快代理,并购买"私密代理"服务。

第 2 步,进入"我的私密代理",如图 1-11 所示,并单击"提取代理"。

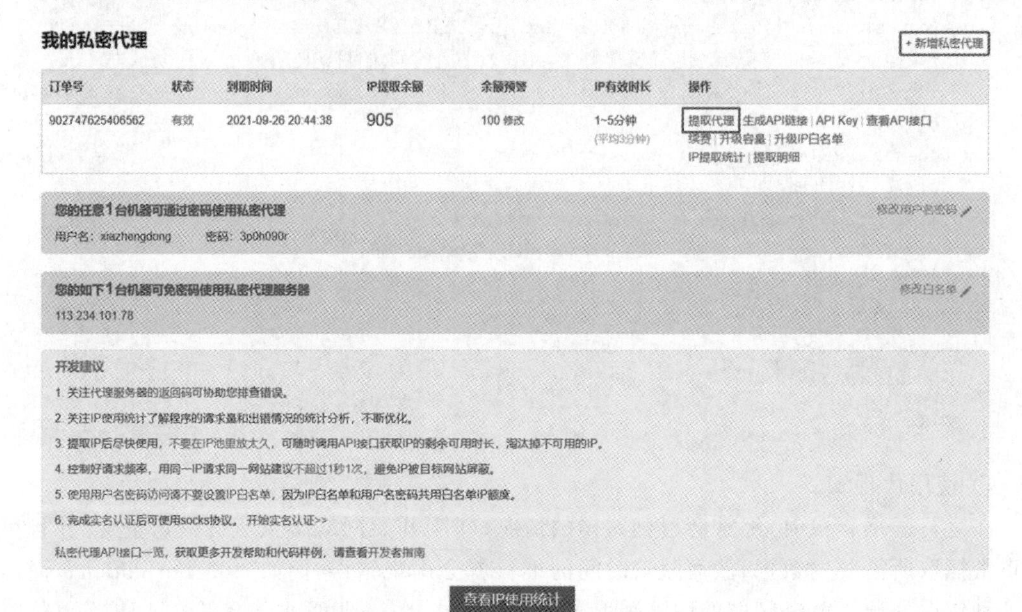

图 1-11 我的私密代理

第 3 步,在"提取私密代理"页面(如图 1-12 所示)中单击"立即提取",这样就可以看到所提取出来的代理 IP,如图 1-13 所示。

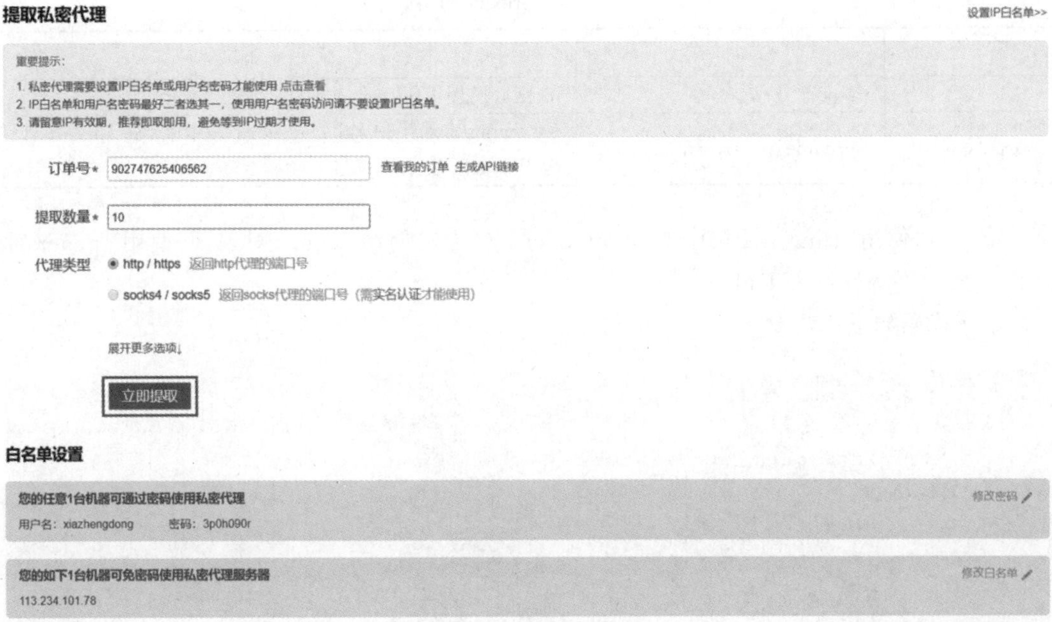

图 1-12 提取私密代理

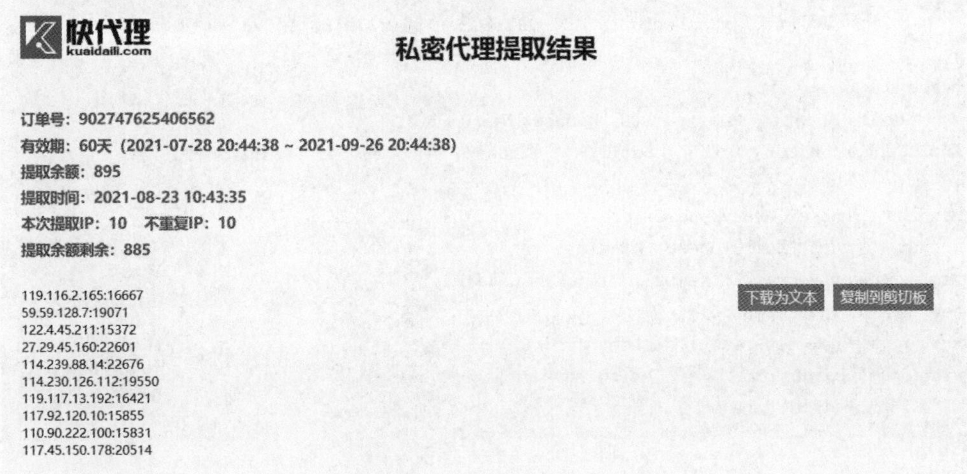

图 1-13 私密代理提取结果

第 4 步，使用 BaseHandler 类的子类 ProxyHandler 创建 ProxyHandler 对象，其语法格式如下：

```
ProxyHandler(proxies)
```

其中，参数 proxies 表示代理 IP，其可分为两种，即免费代理 IP 和收费代理 IP，具体格式如表 1-9 所示。

表 1-9 参数 proxies 的格式

类 型	格 式	描 述
免费代理 IP	ip：port	ip 表示代理 IP；port 表示端口号
收费代理 IP	username:password@ip:port	username 表示用户名；password 表示密码；ip 表示代理 IP；port 表示端口号

第 5 步，使用 request 模块中的 build_opener()方法创建 opener 对象，并使用 opener 对象的 open()方法发送 HTTP 请求即可。

示例代码如下：

```
#资源包\Code\chapter1\1.3\0120.py
from urllib import request
url = 'https://www.baidu.com/s?wd = ip'
#免费代理 IP
#proxy = {
#"http":"http://42.56.238.40:3000",
#"https":"http://42.56.238.40:3000"
#}
#收费代理 IP
proxy = {
    "http": "http://xiazhengdong:3p0h090r@27.158.237.186:19674",
    "https": "http://xiazhengdong:3p0h090r@27.158.237.186:19674"
}
headers = {
    "User - Agent": "Mozilla/5.0 (Windows NT 10.0; Win64; x64)
AppleWebKit/537.36 (KHTML, like Gecko) Chrome/74.0.3729.169 Safari/537.36",
}
handler = request.ProxyHandler(proxies = proxy)
opener = request.build_opener(handler)
req = request.Request(url = url, headers = headers)
new_res = opener.open(req)
html_code = new_res.read().decode('utf - 8')
with open("baidu.html", "w", encoding = "utf - 8") as f:
    f.write(html_code)
```

此时，运行 baidu.html 文件，其显示的 IP 为“27.158.237.186 福建省漳州市 电信”，如图 1-14 所示，而笔者的真实 IP 为“113.234.4.216 辽宁省大连市甘井子区 联通”，如图 1-15 所示。

3. error 模块

该模块为异常处理模块，主要用于处理由 request 模块产生的异常。

该模块中常用的类如下。

1）URLError 类

该类继承于 OSError 类，request 模块产生的所有异常都可以由该类进行处理。

该类的实例对象具有 1 个属性，即属性 reason，用于表示产生异常的原因，示例代码如下：

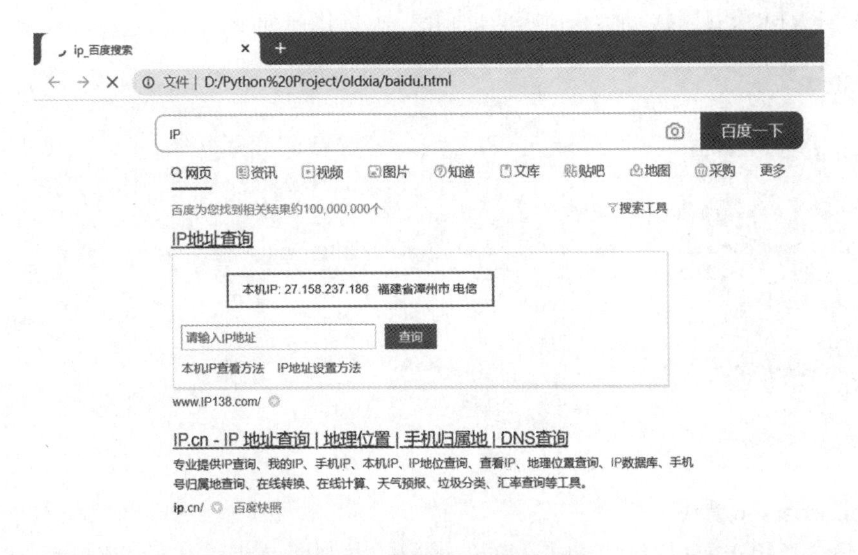

图 1-14 使用代理 IP 后所查询到的 IP

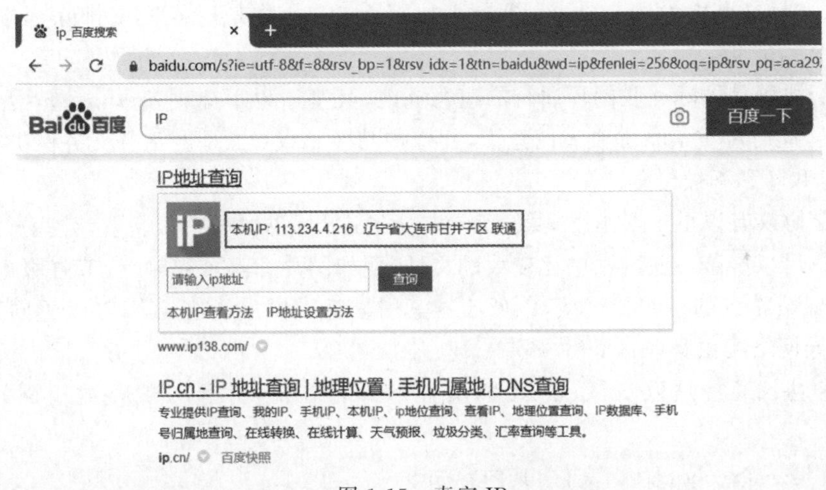

图 1-15 真实 IP

```
#资源包\Code\chapter1\1.3\0121.py
import urllib.error
import urllib.request
try:
#请求一个不存在的 URL
    responses = urllib.request.urlopen('http://www.oldxia.com/python')
except urllib.error.urlError as e:
    print(type(e))
    print(e.reason)
```

2）HTTPError 类

该类继承于 URLError 类，专门用于处理 HTTP 请求的异常。

该类的实例对象具有 3 个属性，即属性 reason、属性 code 和属性 headers，分别用于表示产生异常的原因、响应状态码和请求头的信息，示例代码如下：

```
#资源包\Code\chapter1\1.3\0122.py
import urllib.error
import urllib.request
try:
#请求一个不存在的URL
    responses = urllib.request.urlopen('http://www.oldxia.com/python')
except urllib.error.HTTPError as e:
    print(f'异常原因:{e.reason}')
    print(f'响应状态码:{e.code}')
    print(f'请求头:\n{e.headers}')
except urllib.error.urlError as e:
    print(e.reason)
```

4. robotparser 模块

该模块主要用于实现网站 Robots 协议的分析，并判断网站是否可以被爬取。

在正式开始学习 robotparser 模块之前，先来了解一下 Robots 协议。

Robots 协议（也称为爬虫协议、机器人协议等）的全称是网络爬虫排除标准（Robots Exclusion Protocol）。

Robots 协议是国际互联网界通行的道德规范，其基于以下原则建立：一是搜索技术应服务于人类，同时尊重信息提供者的意愿，并维护其隐私权；二是网站有义务保护其使用者的个人信息和隐私不被侵犯。

Robots 协议有以下 4 点作用：第一，告知搜索引擎哪些页面可以爬取，哪些页面不可以爬取；第二，可以屏蔽一些网站中比较大的文件，例如图片、音乐、视频等，节省服务器带宽；第三，可以屏蔽站点的一些死链接，以便于搜索引擎抓取网站内容；第四，设置网站地图链接，方便引导网络爬虫爬取页面。

Robots 协议通常是以 robots.txt 的文件形式存在的，并且一般存放于网站的根目录下。

以下就是一个 robots.txt 文件，其内容如下：

```
User-agent: *
Allow: /xzd/upload/
Disallow: /
```

其中，User-agent 表示对 Robots 协议有效的搜索引擎；Disallow 表示不允许爬取的目录；Allow 表示允许爬取的目录，一般与 Disallow 一起使用。

可以通过 robotparser 模块中的 RobotFileParser 类对 robots.txt 文件进行解析，其常用的方法如下。

1) set_url()方法

该方法用于设置 robots.txt 文件的 URL，其语法格式如下：

```
set_url(url)
```

其中，参数 url 表示 URL。

2）read()方法

该方法用于读取 robots.txt 文件，其语法格式如下：

```
read()
```

3）can_fetch()方法

该方法用于获取搜索引擎是否可以爬取指定的 URL，其语法格式如下：

```
can_fetch(useragent, url)
```

其中，参数 ueseragent 表示搜索引擎；参数 url 表示 URL。

4）mtime()方法

该方法用于获取上次爬取和分析 Robots 协议的时间，其语法格式如下：

```
mtime()
```

示例代码如下：

```
#资源包\Code\chapter1\1.3\0123.py
import urllib.robotparser
import datetime
rfp = urllib.robotparser.RobotFileParser()
rfp.set_url('http://www.oldxia.com/robotparser/robots.txt')
rfp.read()
res1 = rfp.can_fetch('*', 'http://www.oldxia.com/xzd/upload/')
#True
print(res1)
res2 = rfp.can_fetch('*', 'http://www.oldxia.com/xzd/upload/index.html')
#True
print(res2)
res3 = rfp.can_fetch('*', 'http://www.oldxia.com/xzd/')
#False
print(res3)
print(f'上次爬取和分析 Robots 协议的时间为{datetime.date.fromtimestamp(rfp.mtime())}')
```

1.3.2　requests 库

requests 库是一个功能更加强大的网络请求库，其在模拟登录、使用代理 IP 等方面均比 urllib 库更加方便，进而可以节约大量的工作时间，帮助程序员更加方便地对所需要的网页信息进行爬取。

由于 requests 库属于 Python 的第三方库，所以需要进行安装，只需在命令提示符中输入命令 pip install requests。

1. 发送 HTTP 请求

可以通过 requests 库中的 get()函数和 post()函数发送 HTTP 请求。

1) get()函数

该函数表示使用 GET 方法发起 HTTP 请求，并返回 Response 对象，其语法格式如下：

```
get(url, params, headers)
```

其中，参数 url 表示请求 URL；参数 params 表示 GET 方法的请求参数；参数 headers 表示请求头的信息。

此外，通过 Response 对象的相关属性和方法可以获取所需的数据，具体如表 1-10 所示。

表 1-10　Response 对象的相关属性和方法

属　　性	描　　述	方　　法	描　　述
text	字符串类型的响应内容	json()	将响应内容解析为 JSON 格式
content	字节类型的响应内容		
url	响应的 URL		
status_code	响应状态码		
headers	响应头中的全部信息		
encoding	设置编码格式		

以下为 get()函数的相关示例代码。

(1) 爬取百度首页的源代码，示例代码如下：

```
#资源包\Code\chapter1\1.3\0124.py
import requests
url = "http://www.baidu.com"
response = requests.get(url = url)
response.encoding = "utf - 8"
print(response.url)
print(response.status_code)
print(response.headers)
res = response.text
with open("baidu.html", "w", encoding = "utf - 8") as f:
    f.write(res)
```

(2) 爬取老夏学院的 Logo 图片，示例代码如下：

```
#资源包\Code\chapter1\1.3\0125.py
import requests
url = "http://www.oldxia.com/xzd/upload/static/image/common/logo.png"
response = requests.get(url = url)
#返回二进制的数据
res = response.content
with open("logo.png", "wb") as f:
    f.write(res)
```

(3) 爬取 360 搜索首页的源代码，示例代码如下：

```
#资源包\Code\chapter1\1.3\0126.py
import requests
```

```
url = "http://www.so.com"
headers = {
    "User - Agent": "Mozilla/5.0 (Windows NT 10.0; Win64; x64) AppleWebKit/537.36 (KHTML, like Gecko) Chrome/74.0.3729.169 Safari/537.36",
}
response = requests.get(url = url, headers = headers)
response.encoding = "utf - 8"
res = response.text
with open("360.html", "w", encoding = "utf - 8") as f:
    f.write(res)
```

2) post()函数

该函数表示使用 POST 方法发起 HTTP 请求,并返回 Response 对象,其语法格式如下:

```
post(url, data, headers)
```

其中,参数 url 表示请求 URL;参数 data 表示 POST 方法的请求参数;参数 headers 表示请求头的信息。

以下为 post()函数的相关示例代码。

(1) 访问老夏学院的 HTTP 请求测试页面,示例代码如下:

```
#资源包\Code\chapter1\1.3\0127.py
import requests
url = "http://www.oldxia.com/http_test/post.php"
data = {'name': '夏正东', 'age': 35}
response = requests.post(url = url, data = data)
res = response.text
print(res)
```

(2) 百度翻译 API,示例代码如下:

```
#资源包\Code\chapter1\1.3\0128.py
import requests
url = "https://fanyi.baidu.com/sug"
name = input("请输入要查询的单词:")
headers = {
    "User - Agent": "Mozilla/5.0 (Windows NT 10.0; Win64; x64) AppleWebKit/537.36 (KHTML, like Gecko) Chrome/74.0.3729.169 Safari/537.36",
}
data = {
    "kw": name
}
response = requests.post(url = url, headers = headers, data = data)
#响应头中的 Content - Type 为 application/json
res = response.json()
print(res["data"][0]["v"])
```

2. 模拟登录

使用 requests 库进行模拟登录与 urllib 库一样,可以分为两种方式,即手动添加 Cookie 和自动保存 Cookie。

1) 手动添加 Cookie

该方式的应用过程与 urllib 库中手动添加 Cookie 的方式一致,示例代码如下:

```
#资源包\Code\chapter1\1.3\0129.py
import requests
url = "https://www.kuaidaili.com/usercenter/"
headers = {
    "User-Agent": "Mozilla/5.0 (Windows NT 10.0; Win64; x64) AppleWebKit/537.36 (KHTML, like Gecko) Chrome/74.0.3729.169 Safari/537.36",
    "Cookie": " channelid = 0; sid = 1629544743008400; _gcl_au = 1.1.1908873876.1629544864; _ga = GA1.2.810344698.1629544865; _gid = GA1.2.2144128861.1629544865; Hm_lvt_7ed65b1cc4b810e9fd37959c9bb51b31 = 1629544865, 1629599040; Hm_lpvt_7ed65b1cc4b810e9fd37959c9bb51b31 = 1629599043; sessionid = 5465c0121d88e755b9ecad8b82109136"
}
response = requests.get(url = url, headers = headers)
response.encoding = "utf-8"
res = response.text
with open("kuaidaili.html", "w", encoding = "utf-8") as f:
    f.write(res)
```

2) 自动保存 Cookie

该方式的应用过程与 urllib 库中自动保存 Cookie 的方式有所区别。在 requests 库中,首先,需要通过 Session 类创建 session 对象,该对象可以自动保存 Cookie,并且可以实现会话保持,然后,通过 session 对象的 get()方法或 post()方法发起 HTTP 请求即可,示例代码如下:

```
#资源包\Code\chapter1\1.3\0130.py
import requests
#创建 session 对象,该对象会自动保存 Cookie,并且可以实现会话保持
session = requests.Session()
url = "https://www.kuaidaili.com/login/"
#POST 方法的请求参数
data = {
    "username": "13309861086",
    "passwd": "www.oldxia.com"
}
headers = {
    "User-Agent": "Mozilla/5.0 (Windows NT 10.0; Win64; x64) AppleWebKit/537.36 (KHTML, like Gecko) Chrome/74.0.3729.169 Safari/537.36",
}
#向登录页面发起 HTTP 请求,目的是获取成功登录后的 Cookie,然后保存到 session 对象中
response = session.post(url = url, data = data, headers = headers)
new_url = "https://www.kuaidaili.com/usercenter/"
```

```
#使用已经自动保存 Cookie 的 session 对象向账户管理页面发起 HTTP 请求
new_response = session.get(url = new_url, headers = headers)
res = new_response.text
with open("kuaidaili.html", "w", encoding = "utf-8") as f:
    f.write(res)
```

3. 使用代理 IP

在 requests 库中，使用代理 IP 的应用过程较 urllib 库要简单许多，只需在 get()函数或 post()函数中添加参数 proxies，该参数表示代理 IP，并且同样可以分为两种，即免费代理 IP 和收费代理 IP，其格式与 urllib 库中所使用的格式一致，示例代码如下：

```
#资源包\Code\chapter1\1.3\0131.py
import requests
url = 'https://www.so.com/s?q = ip'
#免费代理 IP
#proxy = {
#"http":"http://42.56.238.40:3000",
#"https":"http://42.56.238.40:3000"
#}
#收费代理 IP
proxy = {
    "http": "http://xiazhengdong:3p0h090r@110.85.202.232:18937",
    "https": "http://xiazhengdong:3p0h090r@110.85.202.232:18937"
}
headers = {
    "User-Agent": "Mozilla/5.0 (Windows NT 10.0; Win64; x64) AppleWebKit/537.36 (KHTML, like Gecko) Chrome/74.0.3729.169 Safari/537.36",
}
response = requests.get(url = url, headers = headers, proxies = proxy)
res = response.text
with open("so.html", "w", encoding = "utf-8") as f:
    f.write(res)
```

此时，运行 so.html 文件，其显示的 IP 为“223.11.213.168 中国 山西省 太原市 中国电信”，如图 1-16 所示，而笔者的真实 IP 为“113.234.106.225 中国 辽宁省 大连市 中国联通”，如图 1-17 所示。

4. 验证码登录

目前，互联网上绝大多数的网站采取了各式各样的措施来反网络爬虫技术，其中一个常用的措施便是要求输入验证码。早期的验证码是由纯数字随机组合而成的，后来加入了英文字母和混淆曲线等，并且随着技术的不断发展，验证码的种类也愈发繁多，包括有任意特殊字符的验证码、计算题类型的验证码、问答题类型的验证码和坐标类型的验证码等。

Python 网络爬虫实现验证码登录的基本原理很简单。首先，需要将网站登录页面中的验证码图片保存下来，然后获取该图片中验证码的信息，并统一封装，最后使用 POST 方法发送给服务器，进而实现验证码登录。

虽然基本原理非常简单，但是需要注意的是，在获取验证码和登录时，必须使用 session

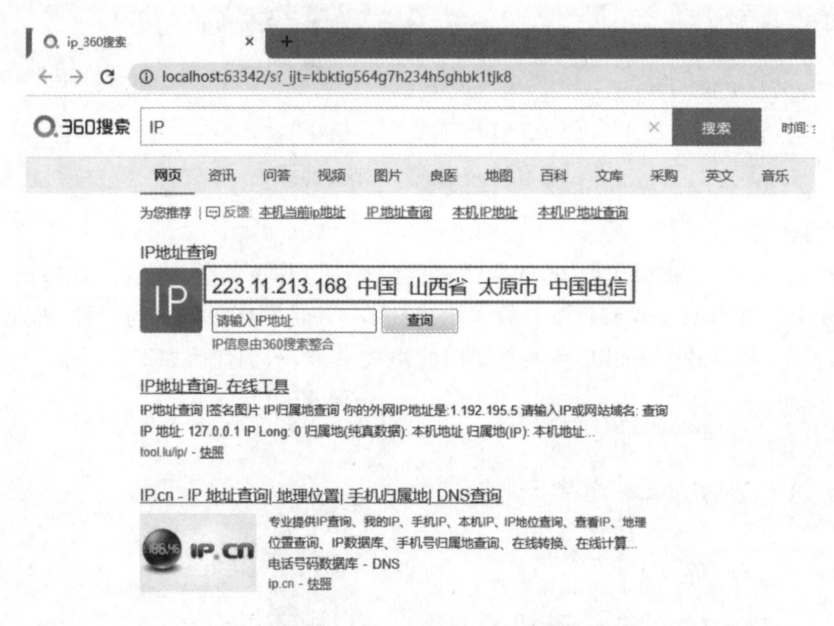

图 1-16 使用代理 IP 后所查询到的 IP

图 1-17 真实 IP

对象来保持同一个会话,以保证获取验证码和登录时的 Cookie 一致,否则无法成功登录。

而关于获取验证码中信息的方法,本书推荐读者使用第三方识别平台,如超级鹰等,因为个人开发的验证码识别 API,其所能识别的验证码种类较少,并且识别率不高,相比来讲,虽然第三方平台需要付费使用，但是费用相对较低，并且识别验证码的种类非常全面，识别成功率也极高，可以帮助读者极大地节省开发时间。

下面就以登录超级鹰的用户中心页面为例，讲解一下如何使用验证码登录。

在本例中，推荐读者使用第三方验证码识别平台超级鹰，其验证码识别 API 提供了一个模块 chaojiying，通过该模块中的 Chaojiying_Client 类可以完成识别验证码的任务，其语法格式如下：

```
Chaojiying_Client(username, password, soft_id)
```

其中，参数 username 表示登录账号；参数 password 表示登录密码；参数 soft_id 表示验证码类型，具体类型可查阅 http://www.chaojiying.com/price.html，示例代码如下：

```
#资源包\Code\chapter1\1.3\01\0132.py
from chaojiying import Chaojiying_Client
import requests
session = requests.Session()
headers = {
    "User-Agent": "Mozilla/5.0 (Windows NT 6.1; WOW64) AppleWebKit/537.36 (KHTML, like Gecko) Chrome/70.0.3538.25 Safari/537.36 Core/1.70.3741.400 QQBrowser/10.5.3863.400",
}
#超级鹰登录页面的 URL
url = "http://www.chaojiying.com/user/login"
#保持会话，以保证获取验证码和登录用户中心页面时的 Cookie 一致
response = session.get(url = url, headers = headers)
#验证码的 URL，如图 1-18 所示
url_img = "http://www.chaojiying.com/include/code/code.php?u = 1"
url_response = session.get(url_img)
img  = url_response.content
#获取验证码图片
with open("code.jpg", 'wb') as f:
    f.write(img)
#使用超级鹰识别验证码
chaojiying2 = Chaojiying_Client(username = '13309861086', password = 'www.oldxia.com', soft_id = '920310')
im = open("code.jpg", 'rb').read()
code = chaojiying2.PostPic(im, 1902)["pic_str"]
#获取验证码图片中的信息
print(code)
#POST 方法的请求参数，如图 1-19 所示
data = {
    "user": "13309861086",
    "pass": "www.oldxia.com",
    "imgtxt": code,
    "act": 1
}
new_resposne = session.post(url = url, data = data, headers = headers)
#登录超级鹰的用户中心页面
new_url = "http://www.chaojiying.com/user/"
```

```
final_response = session.get(url = new_url, headers = headers)
res = final_response.text
with open("chaojiying.html", "w", encoding = "utf - 8") as f:
    f.write(res)
```

```
▼<div class="content_login">
   <h2>登录超级鹰用户中心</h2>
   <!--<div id="bp_pass_login_form" class="tang-pass-login"></div>-->
  ▼<div class="login_form">
    ▼<form name="fm2" method="post" action>
      ▶<p class="login_form_item">…</p>
      ▶<p class="login_form_pass">…</p>
      ▼<div style="margin-bottom:5px; margin-left:-1px; width:240px;">
         <img src="/include/code/code.php?u=1" onclick="this.src='/include/code/code.php?u=1&t='+Math.random()">
       </div>
      ▶<p class="login_form_pass">…</p>
      ▶<p>…</p>
       <input name="act" type="hidden" id="act" value="1">
     </form>
```

图 1-18　验证码的 URL

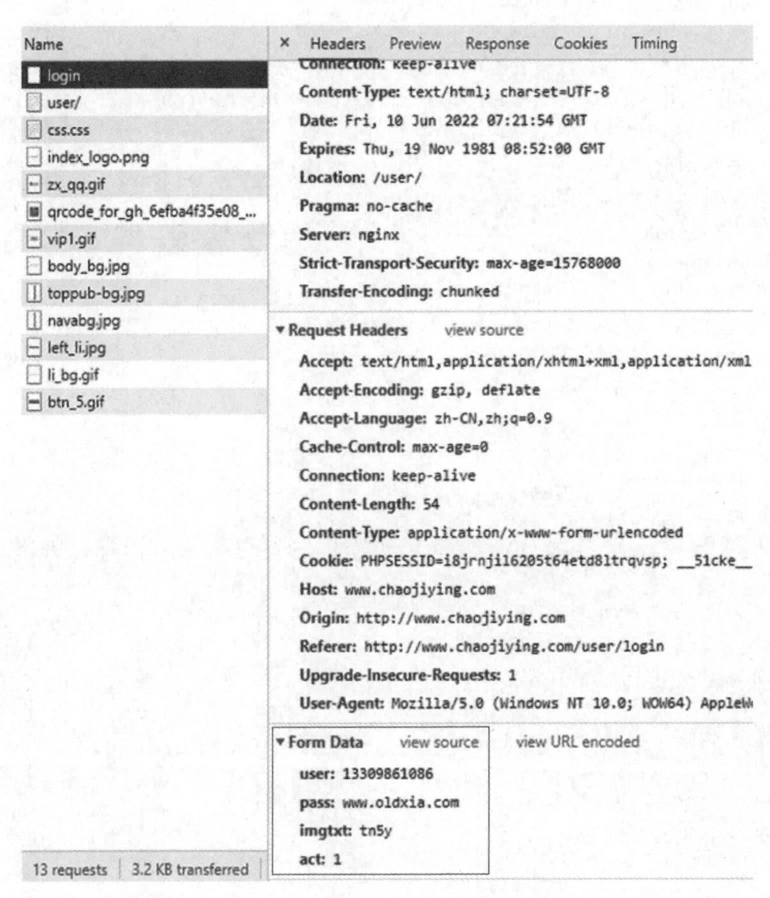

图 1-19　POST 方法的请求参数

1.4 网页数据解析

在之前的几节中，学习了如何爬取所需的网页，而从本节起将进一步学习从网页中获取指定的数据，其包括两种方式，即正则表达式和网页数据解析库。

1.4.1 正则表达式

关于正则表达式的相关语法，在《Python 全栈开发——基础入门》一书中已经详细讲解过，这里不再过多赘述。

下面就以爬取百度贴吧(校花吧)中帖子内的完整图片为例，讲解一下如何使用正则表达式进行网页数据解析。

经过对页面源代码的分析，可以得出 img 标签中的属性 src 所对应的属性值是缩略图的 URL，而属性 bpic 所对应的属性值(如图 1-20 所示)，才是完整图片的 URL，所以获取完整图片 URL 的正则表达式如下：

```
<img.*?bpic="(.*?)"
```

```
▼<li>
  ▼<a rel="noopener" class="thumbnail vpic_wrap">
     <img src="https://imgsa.baidu.com/forum/wh%3D90%2C120%3Bcrop%3D0%2C0%2C90%2C90/…dcc4524…/a71fdab….jpg" attr="68760" data-original="https://
     imgsa.baidu.com/forum/wh%3D90%2C120%3Bcrop%3D0%2C0%2C90%2C90/sign=72d7dcc4524e9258a6618ee7acaee06a/a71fdab44aed2e73f020b28c8301a18b86d6fa2e.jpg"
     bpic="https://imgsa.baidu.com/forum/pic/item/a71fdab44aed2e73f020b28c8301a18b86d6fa2e.jpg" class="threadlist_pic j_m_pic " style="display: inline;">
   </a>
   <div class="threadlist_pic_highlight j_m_pic_light"></div>
 </li>
```

图 1-20　完整图片的 URL

示例代码如下：

```
#资源包\Code\chapter1\1.4\0133.py
import requests
import re
url = "http://tieba.baidu.com/f?kw=%E6%A0%A1%E8%8A%B1"
headers = {
    "User-Agent": "Mozilla/5.0 (iPad; U; CPU OS 4_2_1 like Mac OS X) AppleWebKit/533.17.9
(KHTML, like Gecko) Version/4.0.2 Mobile/8C148 Safari/6533.18.5",
}
response = requests.get(url=url, headers=headers)
html = response.text
#需要爬取图片的 URL
img_links = re.findall(r'<img.*?bpic="(.*?)"', html)
for link in img_links:
    #截取图片的 URL
    pic_name = link.split("/")[-1][0:]
    print(f'{pic_name}正在下载...')
    response = requests.get(url=link)
    pic = response.content
    with open(f'./baidutieba/{pic_name}', 'wb') as f:
        f.write(pic)
```

1.4.2 网页数据解析库

由于HTML文档本身就是结构化的文本，并且具有一定的规则，所以通过解析该结构就可以提取指定的数据，于是就有了lxml、Beautiful Soup和PyQuery等网页信息解析库，其中，lxml库具有很高的解析效率，并且支持XPath语法；Beautiful Soup库翻译成中文就是“美丽的汤”，这个奇特的名字源自于《爱丽丝梦游仙境》，可以用于从HTML或XML文件中提取数据；PyQuery库则得名于jQuery，可以使用类似jQuery的语法对网页中指定的数据进行解析。

1. lxml库

lxml库是一款高性能的HTML和XML解析器，其主要功能是解析和提取HTML或XML中的数据，并且lxml库支持XPath语法，可以快速定位特定的元素及节点信息。关于XPath的基础语法在《Python全栈开发——基础入门》一书中已经详细讲解过，这里不再赘述。

可以通过lxml.etree模块中的HTML()方法对HTML字符串进行解析，其语法格式如下：

```
HTML(text)
```

其中，参数text表示HTML字符串。

此外，HTML()方法会返回一个_Element对象，该对象具有一个xpath()方法，用于快速定位特定的元素及节点信息。

下面就以爬取百度贴吧(Python吧)中帖子的点赞次数、标题和作者名称为例，讲解如何使用lxml库进行网页数据解析，示例代码如下：

```
#资源包\Code\chapter1\1.4\0134.py
from lxml import etree
import requests
import re
import json
url = "http://tieba.baidu.com/f?kw = python"
headers = {"User - Agent": "Mozilla/5.0 (iPad; U; CPU OS 4_2_1 like Mac OS X) AppleWebKit/533.
17.9 (KHTML, like Gecko) Version/4.0.2 Mobile/8C148 Safari/6533.18.5", }
response = requests.get(url = url, headers = headers)
res = response.text
#由于爬取的HTML代码中包含注释,将导致无法获取该网页中指定的数据,所以需要对HTML代码中
#的注释进行解注释处理
res = re.sub("<!-- ", "", res)
with open("tieba.html", "w", encoding = "utf - 8") as f:
    f.write(res)
html = etree.html(res)
div_list = html.xpath('//ul[@id = "thread_list"]/li')
items = []
for div in div_list:
    item = {}
```

```
        #点赞次数,如图 1-21 所示
        num = div.xpath('.//div[@class = "col2_left j_threadlist_li_left"]/span/text()')[0]
        #文章标题,如图 1-21 所示
        title = div.xpath('.//div[contains(@class,"threadlist_title")]/a/text()')[0]
        #作者名称,如图 1-21 所示
        author = div.xpath('.//span[@class = "frs - author - name - wrap"]/a/text()')[0]
        item["num"] = num
        item["title"] = title
        item["author"] = author
        items.append(item)
    json.dump(items, open("baidutieba.json", "w", encoding = "utf - 8"), ensure_ascii = False,
    indent = 4)
```

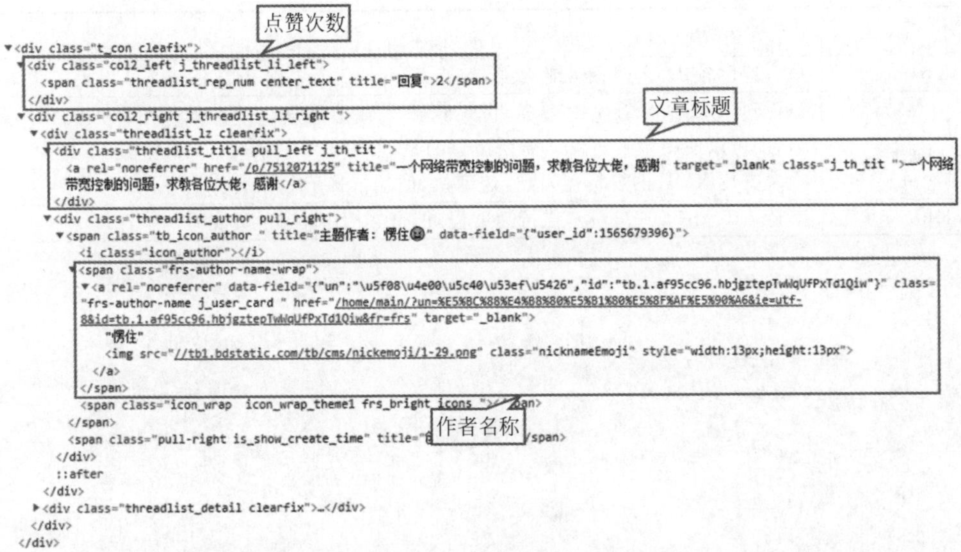

```
▼<div class="t_con cleafix">
  ▼<div class="col2_left j_threadlist_li_left">
     <span class="threadlist_rep_num center_text" title="回复">2</span>
   </div>
  ▼<div class="col2_right j_threadlist_li_right ">
    ▼<div class="threadlist_lz clearfix">
      ▼<div class="threadlist_title pull_left j_th_tit ">
         <a rel="noreferrer" href="/p/7512071125" title="一个网络带宽控制的问题，求教各位大佬，感谢" target="_blank" class="j_th_tit ">一个网络带宽控制的问题，求教各位大佬，感谢</a>
       </div>
      ▼<div class="threadlist_author pull_right">
        ▼<span class="tb_icon_author " title="主题作者: 愣住" data-field="{"user_id":1565679396}">
           <i class="icon_author"></i>
          ▼<span class="frs-author-name-wrap">
            ▼<a rel="noreferrer" data-field="{"un":"\u5f08\u4e00\u5c40\u53ef\u5426","id":"tb.1.af95cc96.hbjgztepTwWqUfPxTd1Qiw"}" class="frs-author-name j_user_card " href="/home/main/?un=%E5%BC%88%E4%B8%80%E5%B1%80%E5%8F%AF%E5%90%A6&ie=utf-8&id=tb.1.af95cc96.hbjgztepTwWqUfPxTd1Qiw&fr=frs" target="_blank">
               "愣住"
               <img src="//tb1.bdstatic.com/tb/cms/nickemoji/1-29.png" class="nicknameEmoji" style="width:13px;height:13px">
             </a>
           </span>
           <span class="icon_wrap  icon_wrap_theme1 frs_bright_icons "></span>
         </span>
         <span class="pull-right is_show_create_time" title="</span>
       </div>
       ::after
     </div>
    ▶<div class="threadlist_detail clearfix">…</div>
  </div>
</div>
```

图 1-21　点赞次数、文章标题和作者名称

2. Beautiful Soup 库

Beautiful Soup 是一个高效的网页解析库,可以从 HTML 或 XML 文件中提取数据。其最大的特点是简单易用,不必像正则表达式和 XPath 一样需要记住很多特定的语法,尽管那样效率会更高更直接,但是对于大多数初学网络爬虫的读者来讲,好用比高效更重要,因为爬取所需的数据才是最终的目的。

Beautiful Soup 属于 Python 的第三方库,所以需要进行安装,只需在命令提示符中输入命令 pip install beautifulsoup4。

在完成安装后,需要引入该包才可以正常使用 Beautiful Soup 进行编程,需要注意的是,引入的包名是 bs4,而不是 beautifulsoup4,示例代码如下:

```
#资源包\Code\chapter1\1.4\0135.py
import bs4
```

Beautiful Soup 会将 HTML 文档转换成一个复杂的树形结构,而其中的每个节点都是

一个 Python 对象，该对象可分为 4 种，即 BeautifulSoup 对象、Tag 对象、NavigableString 对象和 Comment 对象。

1）BeautifulSoup 对象

该对象表示 HTML 文档的全部内容，可以通过 BeautifulSoup 类创建 BeautifulSoup 对象，其语法格式如下：

```
BeautifulSoup(markup,features)
```

其中，参数 markup 表示待分析的字符串；参数 features 表示解析器，主要用于对 HTML、XML 和 HTML5 等进行解析，其类别如表 1-11 所示。

表 1-11　BeautifulSoup 的解析器

解析器	描述
html.parser	执行速度较快，文档容错能力强，支持 Python 2.7.3 或 Python 3.2.2 以上的版本
lxml	执行速度快，文档容错能力强，但是依赖于 C 语言库。如果使用的是 CPython 解释器，则可以使用该解析器。需要注意的是，使用该解析器时，必须安装 lxml 库
lxml-xml	唯一支持 XML 的解析器，执行速度快，但是依赖于 C 语言库
html5lib	支持 HTML5 的解析器，执行速度慢，但是文档容错能力最好

示例代码如下：

```
#资源包\Code\chapter1\1.4\0136.py
from bs4 import BeautifulSoup
html = '''
<!DOCTYPE html>
<html>
    <head>
        <meta charset = "utf-8" />
        <meta name = "viewport" content = "width = device - width, initial - scale = 1">
        <title></title>
    </head>
    <body>
        <div>Python</div>
    </body>
</html>
'''
bs = BeautifulSoup(html, "lxml")
print(bs)
print(type(bs))
```

2）Tag 对象

该对象表示 HTML 文档中的标签，可以通过“BeautifulSoup 对象＋选择器”的方式创建 Tag 对象，其中的选择器包括以下 3 种：

（1）节点选择器，当待获取节点的结构层次非常清晰时，建议使用该选择器，其使用方式如下：

```
beautifulsoup.tag[.tag]
```

其中，beautifulsoup 表示 BeautifulSoup 对象；tag 表示标签，如 title、li、a 等，注意，标签可以进行嵌套选择。

示例代码如下：

```
#资源包\Code\chapter1\1.4\0137.py
from bs4 import BeautifulSoup
html = '''
<!DOCTYPE html>
<html>
    <head>
        <meta charset = "utf-8" />
        <meta name = "viewport" content = "width = device - width, initial - scale = 1">
        <title></title>
    </head>
    <body>
        <div>Python</div>
    </body>
</html>
'''
bs = BeautifulSoup(html, "lxml")
tag = bs.div
print(tag)
print(type(tag))
```

(2) 方法选择器，当待获取节点的结构层次比较复杂时，建议使用该选择器，其包括两种常用的方法：

一是 find_all()方法。该方法用于获取与节点名、属性、文本内容等相符合的所有节点，并返回一个 ResultSet 对象，其语法格式如下：

```
find_all(name, attrs, text)
```

其中，参数 name 表示节点名；参数 attrs 表示属性名和属性值组成的字典；参数 text 表示文本内容。

此外，通过对 ResultSet 对象进行迭代处理，可以进一步获取 Tag 对象。

示例代码如下：

```
#资源包\Code\chapter1\1.4\0138.py
from bs4 import BeautifulSoup
html = '''
<!DOCTYPE html>
<html>
    <head>
        <meta charset = "utf-8" />
```

```
                <meta name = "viewport" content = "width = device - width, initial - scale = 1">
                <title></title>
        </head>
        <body>
                <span name = "Linux"> Linux </span>
                <span> Windows </span>
                <div value = "1"> Python </div>
                <div value = "2" name = "php"> PHP </div>
                <div value = "3"> Java </div>
                <div value = "4"> JavaScript </div>
        </body>
</html>
'''
bs = BeautifulSoup(html, "lxml")
tag_set = bs.find_all(name = 'div')
print(tag_set)
print(type(tag_set))
print('-----------------')
for tag in tag_set:
    print(tag)
    print(type(tag))
    print('-----------------')
```

二是find()方法。该方法用于获取与节点名、属性、文本内容等相符合的第1个节点，并返回一个Tag对象，其语法格式如下：

```
find(name, attrs, text)
```

其中，参数name表示节点名；参数attrs表示属性名和属性值组成的字典；参数text表示文本内容。

示例代码如下：

```
#资源包\Code\chapter1\1.4\0139.py
from bs4 import BeautifulSoup
html = '''
<!DOCTYPE html>
<html>
    <head>
        <meta charset = "utf - 8" />
        <meta name = "viewport" content = "width = device - width, initial - scale = 1">
        <title></title>
    </head>
    <body>
        <span name = "Linux"> Linux </span>
        <span> Windows </span>
        <div value = "1"> Python </div>
        <div value = "2" name = "php"> PHP </div>
        <div value = "3"> Java </div>
```

```
        <div value = "4"> JavaScript </div>
    </body>
</html>
'''
bs = BeautifulSoup(html, "lxml")
tag = bs.find(name = 'div', attrs = {'name': 'php'})
print(tag)
print(type(tag))
```

(3) CSS 选择器，该选择器主要借助 CSS 选择器进行节点的筛选，并且需要通过 BeautifulSoup 对象的 select()方法实现，该方法返回一个 ResultSet 对象，其语法格式如下：

```
select(selector)
```

其中，参数 selector 表示 CSS 选择器。

示例代码如下：

```
#资源包\Code\chapter1\1.4\0140.py
from bs4 import BeautifulSoup
html = '''
<!DOCTYPE html>
<html>
    <head>
        <meta charset = "utf-8" />
        <meta name = "viewport" content = "width = device - width, initial - scale = 1">
        <title></title>
    </head>
    <body>

        <div value = "1"> Python </div>
        <div value = "2" name = "php"> PHP </div>
        <div value = "3"> Java </div>
        <div value = "4" id = "js"> JavaScript </div>
    </body>
</html>
'''
bs = BeautifulSoup(html, "lxml")
tag = bs.select('#js')
print(tag)
print(type(tag))
```

在通过上面所介绍的 3 个选择器获取 Tag 对象后，就可以通过 Tag 对象的相关属性和方法获取当前节点的信息，其相关属性和方法如表 1-12 所示。

表 1-12　Tag 对象的相关属性和方法

属　性	描　述
name	当前节点的名称
attrs	当前节点的所有属性名和属性值所组成的字典

续表

属　性	描　述
text	当前节点所包含的文本内容
contents	当前节点的所有直接子节点所构成的列表
children	当前节点的所有直接子节点所构成的可迭代对象
descendants	当前节点的所有子、孙节点所构成的生成器
parent	当前节点的直接父节点
parents	当前节点的所有祖先节点所构成的可迭代对象
next_sibling	当前节点的下一个兄弟节点
next_siblings	当前节点后面的所有兄弟节点所构成的可迭代对象
previous_sibling	当前节点的上一个兄弟节点
previous_siblings	当前节点前面的所有兄弟节点所构成的可迭代对象
方　法	描　述
get()	当前节点指定属性所对应的属性值
get_text()	当前节点所包含的文本内容

这里需要重点注意的是，节点中不仅只有 Tag 对象一种，还包括后面即将讲解的 NavigableString 对象和 Comment 对象，所以在处理节点之间的关系时，如子孙节点、兄弟节点等，务必注意节点中的 NavigableString 对象和 Comment 对象。

示例代码如下：

```
#资源包\Code\chapter1\1.4\0141.py
from bs4 import BeautifulSoup
html = '''
<!DOCTYPE html>
<html>
    <head>
        <meta charset="utf-8" />
        <meta name="viewport" content="width=device-width, initial-scale=1">
        <title></title>
    </head>
    <body>
        <div class="lang" value="1" id="teach">
        Python
        <span>Beautiful Soup</span>
        </div>
        <div class="lang" value="2" name="php">PHP</div>
        <div class="lang" value="3">Java</div>
        <div class="lang" value="4">JavaScript</div>
    </body>
</html>
'''
bs = BeautifulSoup(html, "lxml")
tag = bs.find(name='div', attrs={'id': 'teach'})
tag_name = tag.name
print(f'当前节点的名称:{tag_name}')
```

```
tag_attrs = tag.attrs
print(f'当前节点的所有属性名和属性值:{tag_attrs}')
tag_text = tag.text
print(f'当前节点所包含的文本内容:{tag_text}')
tag_contents = tag.contents
#这里需要注意,其子节点除了 Tag 对象外,还包括 NavigableString 对象,即 Python 和换行符
for t in tag_contents:
    print(f'当前节点的所有直接子节点:{t}')
tag_children = tag.children
#这里需要注意,其子节点除了 Tag 对象外,还包括 NavigableString 对象,即 Python 和换行符
for t in tag_children:
    print(f'当前节点的直接子节点:{t},{type(t)}')
tag_descendants = tag.descendants
for t in tag_descendants:
    print(f'当前节点的所有子、孙节点:{t}')
tag_parent = tag.parent
print(f'当前节点的父节点:{tag_parent}')
tag_parents = tag.parents
for t in tag_parents:
    print(f'当前节点的所有祖先节点:{t}')
#这里需要注意,当前节点的下一个兄弟节点是 NavigableString 对象,即换行符
tag_next_sibling = tag.next_sibling
print(f'当前节点的下一个兄弟节点:{tag_next_sibling}')
tag_next_next_sibling = tag.next_sibling.next_sibling
print(f'当前节点的下一个兄弟节点的下一个兄弟节点:{tag_next_next_sibling}')
tag_next_siblings = tag.next_siblings
for t in tag_next_siblings:
    print(f'当前节点后面的所有兄弟节点:{t}')
tag_previous_sibling = tag.previous_sibling
print(f'当前节点的上一个兄弟节点:{tag_next_sibling}')
tag_previous_siblings = tag.previous_siblings
for t in tag_previous_siblings:
    print(f'当前节点前面的所有兄弟节点:{t}')
tag_get = tag.get('value')
print(f'当前节点的 name 属性所对应的属性值:{tag_get}')
tag_get_text = tag.get_text()
print(f'当前节点所包含的文本内容:{tag_get_text}')
```

3) NavigableString 对象

该对象表示 HTML 文档中的文本内容、换行符,以及标签中的文本内容等,可以通过“BeautifulSoup 对象+string”的方式获取 NavigableString 对象。

示例代码如下:

```
#资源包\Code\chapter1\1.4\0142.py
from bs4 import BeautifulSoup
html = '''
<!DOCTYPE html>
<html>
```

```
    <head>
        <meta charset="utf-8" />
        <meta name="viewport" content="width=device-width, initial-scale=1">
        <title></title>
    </head>
    <body>
        <div class="lang" value="1" id="teach">Python</div>
        <div class="lang" value="2" name="php"><!-- PHP --></div>
        <div class="lang" value="3">Java</div>
        <div class="lang" value="4">JavaScript</div>
    </body>
</html>
'''
bs = BeautifulSoup(html, "lxml")
tag = bs.find(name='div', attrs={'id': 'teach'})
tag_string = tag.string
print(tag_string)
print(type(tag_string))
```

4) Comment 对象

该对象是一个特殊的 NavigableString 对象，表示包含注释的文本内容。与 NavigableString 对象一样，可以通过“BeautifulSoup 对象＋string”的方式获取 Comment 对象。

示例代码如下：

```
#资源包\Code\chapter1\1.4\0143.py
from bs4 import BeautifulSoup
html = '''
<!DOCTYPE html>
<html>
    <head>
        <meta charset="utf-8" />
        <meta name="viewport" content="width=device-width, initial-scale=1">
        <title></title>
    </head>
    <body>
        <div class="lang" value="1" id="teach">Python</div>
        <div class="lang" value="2" name="php"><!-- PHP --></div>
        <div class="lang" value="3">Java</div>
        <div class="lang" value="4">JavaScript</div>
    </body>
</html>
'''
bs = BeautifulSoup(html, "lxml")
tag = bs.find(name='div', attrs={'name': 'php'})
tag_string = tag.string
print(tag_string)
print(type(tag_string))
```

此外，还可以通过 Beautiful Soup 对节点进行动态修改，为在某些特定的场景下获取节点信息带来极大的便利。

1）删除节点

可以通过 BeautifulSoup 对象的 decompose()方法删除 Tag 对象节点，其语法格式如下：

```
decompose()
```

可以通过 BeautifulSoup 对象的 extract()方法删除 Tag 对象节点、NavigableString 对象节点或 Comment 对象节点，其语法格式如下：

```
extract()
```

示例代码如下：

```
#资源包\Code\chapter1\1.4\0144.py
from bs4 import BeautifulSoup
html = '''
<!DOCTYPE html>
<html>
    <head>
        <meta charset = "utf-8" />
        <meta name = "viewport" content = "width = device - width, initial - scale = 1">
        <title></title>
    </head>
    <body>
        <div class = "lang" value = "1" id = "teach">
            Python
            <span> Beautiful Soup </span>
    </div>
    <div class = "lang" value = "2" name = "php"> PHP </div>
    <div class = "lang" value = "3"> Java </div>
    <div class = "lang" value = "4"> JavaScript </div>
    </body>
</html>
'''
bs1 = BeautifulSoup(html, "lxml")
tag1 = bs1.find(name = 'div', attrs = {'name': 'php'})
tag_name1 = tag1.extract()
print(bs1.find_all("div"))
bs2 = BeautifulSoup(html, "lxml")
tag2 = bs2.find(name = 'div', attrs = {'name': 'php'})
tag_name2 = tag2.decompose()
print(bs2.find_all("div"))
```

2）添加节点

首先，需要使用 BeautifulSoup 对象的相关方法生成一个新的节点，其常用的方法如下：

(1) new_tag()方法，该方法用于生成 Tag 对象节点，其语法格式如下：

```
new_tag(name, **kwattrs)
```

其中，参数 name 表示标签名；参数 kwattrs 表示属性名和属性值所组成的字典。

(2) new_string()方法，该方法用于生成 NavigableString 对象节点，其语法格式如下：

```
new_string(s)
```

其中，参数 s 表示文本内容。

其次，在生成新的节点后，通过该节点的相关方法进行添加，其常用的方法如下：

(1) append()方法，该方法表示在当前节点的末尾添加节点，其语法格式如下：

```
append(tag)
```

其中，参数 tag 表示节点。

(2) insert()方法，该方法表示在当前节点的指定位置添加节点，其语法格式如下：

```
insert(position, new_child)
```

其中，参数 position 表示添加的位置；参数 new_child 表示节点。

(3) insert_before()方法，该方法表示在当前节点前添加节点，其语法格式如下：

```
insert_before(new_child)
```

其中，参数 new_child 表示节点。

(4) insert_after()方法，该方法表示在当前节点后添加节点，其语法格式如下：

```
insert_after(new_child)
```

其中，参数 new_child 表示节点。

示例代码如下：

```
#资源包\Code\chapter1\1.4\0145.py
from bs4 import BeautifulSoup
html = '''
<!DOCTYPE html>
<html>
    <head>
        <meta charset="utf-8" />
        <meta name="viewport" content="width=device-width, initial-scale=1">
        <title></title>
    </head>
```

```
    <body>
        <div class="lang" value="1" id="teach">
            Python
            <span>Beautiful Soup</span>
        </div>
        <div class="lang" value="2" name="php">PHP</div>
        <div class="lang" value="3">Java</div>
        <div class="lang" value="4">JavaScript</div>
    </body>
</html>
'''
bs = BeautifulSoup(html, "lxml")
div_tag1 = bs.new_tag('div', **{'class': 'lang', 'value': 11, 'id': 'study1'})
div_tag2 = bs.new_tag('div', **{'class': 'lang', 'value': 22, 'id': 'study2'})
div_tag3 = bs.new_tag('div', **{'class': 'lang', 'value': 33, 'id': 'study3'})
div_tag4 = bs.new_string('Python 全栈开发')
tag_body = bs.find(name='body')
for num, t in enumerate(tag_body):
    print(f'{num} - {t}')
tag_body.append(div_tag1)
tag_body.insert(3, div_tag2)
tag_php = bs.find(name='div', attrs={'name': 'php'})
tag_php.insert_before(div_tag3)
tag_php.insert_after(div_tag4)
print(bs.find_all('html'))
```

3）修改节点文本内容

可以通过节点的属性 string 对文本内容进行修改，其语法格式如下：

```
string
```

示例代码如下：

```
#资源包\Code\chapter1\1.4\0146.py
from bs4 import BeautifulSoup
html = '''
<!DOCTYPE html>
<html>
    <head>
        <meta charset="utf-8" />
        <meta name="viewport" content="width=device-width, initial-scale=1">
        <title></title>
    </head>
    <body>
        <div class="lang" value="1" id="teach">
            Python
            <span>Beautiful Soup</span>
        </div>
```

```
            <div class = "lang" value = "2" name = "php"> PHP </div>
            <div class = "lang" value = "3"> Java </div>
            <div class = "lang" value = "4"> JavaScript </div>
    </body>
</html>
'''
bs = BeautifulSoup(html, "lxml")
div_tag = bs.new_tag('div', **{'class': 'lang', 'value': 11, 'id': 'study1'})
div_tag.string = 'C++'
tag_body = bs.find(name = 'body')
tag_body.append(div_tag)
print(bs.find_all('html'))
```

4）删除节点文本内容

可以通过节点的 clear()方法对文本内容进行删除，其语法格式如下：

```
clear()
```

示例代码如下：

```
#资源包\Code\chapter1\1.4\0147.py
from bs4 import BeautifulSoup
html = '''
<!DOCTYPE html>
<html>
    <head>
        <meta charset = "utf - 8" />
        <meta name = "viewport" content = "width = device - width, initial - scale = 1">
        <title></title>
    </head>
    <body>
        <div class = "lang" value = "1" id = "teach">
            Python
            <span> Beautiful Soup </span>
        </div>
        <div class = "lang" value = "2" name = "php"> PHP </div>
        <div class = "lang" value = "3"> Java </div>
        <div class = "lang" value = "4"> JavaScript </div>
    </body>
</html>
'''
bs = BeautifulSoup(html, "lxml")
tag_find = bs.find(name = 'div', attrs = {'name': 'php'})
tag_find.clear()
print(bs.find_all('html'))
```

5）修改节点属性

可以通过“节点[属性名]”的形式修改节点的属性，示例代码如下：

```
#资源包\Code\chapter1\1.4\0148.py
from bs4 import BeautifulSoup
html = '''
<!DOCTYPE html>
<html>
    <head>
        <meta charset = "utf-8" />
        <meta name = "viewport" content = "width = device - width, initial - scale = 1">
        <title></title>
    </head>
    <body>
        <div class = "lang" value = "1" id = "teach">
            Python
            <span> Beautiful Soup </span>
        </div>
        <div class = "lang" value = "2" name = "php"> PHP </div>
        <div class = "lang" value = "3"> Java </div>
        <div class = "lang" value = "4"> JavaScript </div>
    </body>
</html>
'''
bs = BeautifulSoup(html, "lxml")
tag_find = bs.find(name = 'div', attrs = {'name': 'php'})
tag_find['name'] = 'this is php'
print(bs.find_all('html'))
```

6）删除节点属性

可以通过 del 语句删除节点的属性，示例代码如下：

```
#资源包\Code\chapter1\1.4\0149.py
from bs4 import BeautifulSoup
html = '''
<!DOCTYPE html>
<html>
    <head>
        <meta charset = "utf-8" />
        <meta name = "viewport" content = "width = device - width, initial - scale = 1">
        <title></title>
    </head>
    <body>
        <div class = "lang" value = "1" id = "teach">
            Python
            <span> Beautiful Soup </span>
        </div>
        <div class = "lang" value = "2" name = "php"> PHP </div>
        <div class = "lang" value = "3"> Java </div>
        <div class = "lang" value = "4"> JavaScript </div>
    </body>
</html>
```

```
'''
bs = BeautifulSoup(html, "lxml")
tag_find = bs.find(name = 'div', attrs = {'name': 'php'})
del tag_find['name']
print(bs.find_all('html'))
```

7）替换节点

可以通过节点的 replace_with()方法对当前节点进行替换，其语法格式如下：

```
replace_with(replace_with)
```

其中，参数 replace_with 表示 HTML 字符串或节点，示例代码如下：

```
#资源包\Code\chapter1\1.4\0150.py
from bs4 import BeautifulSoup
html = '''
<!DOCTYPE html>
<html>
    <head>
        <meta charset = "utf - 8" />
        <meta name = "viewport" content = "width = device - width, initial - scale = 1">
        <title></title>
    </head>
    <body>
        <div class = "lang" value = "1" id = "teach">
            Python
            <span> Beautiful Soup </span>
        </div>
        <div class = "lang" value = "2" name = "php"> PHP </div>
        <div class = "lang" value = "3"> Java </div>
        <div class = "lang" value = "4"> JavaScript </div>
    </body>
</html>
'''
bs = BeautifulSoup(html, "lxml")
tag_find = bs.find(name = 'div', attrs = {'name': 'php'})
tag_find.replace_with('<span> PHP </span>')
print(bs.find_all('html'))
```

3. PyQuery 库

具有 Web 前端开发经验的程序员都知道 jQuery 选择器的功能要强于 CSS 选择器，因此，虽然 Beautiful Soup 的功能非常强大，但是其 CSS 选择器的功能相对较弱，而此时 PyQuery 库就是绝佳选择了。PyQuery 库同样是一个非常强大且灵活的网页解析库，是仿照 jQuery 语法封装成的一个包，其语法与 jQuery 几乎完全相同，可以用于网页数据的解析。

PyQuery 库属于 Python 的第三方库，所以需要进行安装，只需在命令提示符中输入命令 pip install pyquery。

1）解析 HTML

在使用 PyQuery 库提取指定节点的信息前，首先需要使用 pyquery 模块中的 PyQuery 类对 HTML 数据进行解析，解析后的每个节点都是一个 PyQuery 对象，并且通过对该对象进行迭代，即可获取一个 HtmlElement 对象。

PyQuery 类可以解析以下 3 种格式的 HTML 数据：

（1）HTML 字符串，该格式可以使用 HTML 字符串作为参数进行解析，其语法格式如下：

```
PyQuery(html_str)
```

其中，参数 html_str 表示 HTML 字符串，示例代码如下：

```
#资源包\Code\chapter1\1.4\0151.py
from pyquery import PyQuery as pq
html = '''
<!DOCTYPE html>
<html>
    <head>
        <meta charset="utf-8" />
        <meta name="viewport" content="width=device-width, initial-scale=1">
        <title></title>
    </head>
    <body>
        <div class="lang" value="1" id="teach">Python</div>
        <div class="lang" value="2" name="php"><!-- PHP --></div>
        <div class="lang" value="3">Java</div>
        <div class="lang" value="4">JavaScript</div>
    </body>
</html>
'''
pq_obj = pq(html)
print(pq_obj)
print(type(pq_obj))
```

（2）URL，该格式可以使用 URL 作为参数进行解析，其语法格式如下：

```
PyQuery(html_url)
```

其中，参数 html_url 表示 URL，示例代码如下：

```
#资源包\Code\chapter1\1.4\0152.py
from pyquery import PyQuery as pq
pq_obj = pq(url='http://www.oldxia.com')
print(pq_obj)
print(type(pq_obj))
```

(3) HTML 文件，该格式可以使用 HTML 文件作为参数进行解析，其语法格式如下：

```
PyQuery(filename)
```

其中，参数 filename 表示 HTML 文件的名称，示例代码如下：

```
#资源包\Code\chapter1\1.4\01\0153.py
from pyquery import PyQuery as pq
pq_obj = pq(filename = 'index.html')
print(pq_obj)
print(type(pq_obj))
```

2）获取节点

在使用 PyQuery 类对 HTML 数据进行解析后，可以通过“PyQuery 对象＋选择器”的方式获取指定的节点，其中选择器包括以下 3 种：

(1) 节点选择器，当需要获取节点的结构层次非常清晰时，建议使用该种选择器，其使用方式如下：

```
pyquery(tag)
```

其中，pyquery 表示 PyQuery 对象；tag 表示标签，如 title、li、a 等，注意，标签可以进行嵌套选择，示例代码如下：

```
#资源包\Code\chapter1\1.4\0154.py
from pyquery import PyQuery as pq
html = '''
<!DOCTYPE html>
<html>
    <head>
        <meta charset = "utf-8" />
        <meta name = "viewport" content = "width = device - width, initial - scale = 1">
        <title></title>
    </head>
    <body>
        <div class = "lang" value = "1" id = "teach">Python</div>
        <div class = "lang" value = "2" name = "php">PHP</div>
        <div class = "lang" value = "3">Java</div>
        <div class = "lang" value = "4">JavaScript</div>
    </body>
</html>
'''
pq_obj = pq(html)
tag_div = pq_obj('div')
print(tag_div)
print(type(tag_div))
```

（2）jQuery 选择器，该选择器主要借助 jQuery 选择器进行节点的筛选，其使用方式如下：

```
pyquery(selector)
```

其中，pyquery 表示 PyQuery 对象；selector 表示 jQuery 选择器，示例代码如下：

```
#资源包\Code\chapter1\1.4\0155.py
from pyquery import PyQuery as pq
html = '''
<!DOCTYPE html>
<html>
    <head>
        <meta charset = "utf-8" />
        <meta name = "viewport" content = "width = device - width, initial - scale = 1">
        <title></title>
    </head>
    <body>
        <div class = "lang" value = "1" id = "teach"> Python </div>
        <div class = "lang" value = "2" name = "php"> PHP </div>
        <div class = "lang" value = "3"> Java </div>
        <div class = "lang" value = "4"> JavaScript </div>
    </body>
</html>
'''
pq_obj = pq(html)
tag_div = pq_obj('#teach')
print(tag_div)
print(type(tag_div))
```

（3）方法选择器，当需要获取节点的结构层次比较复杂时，建议使用该选择器，其包括以下 5 种常用的方法：

一是 find()方法，该方法用于获取符合条件的所有节点，其语法格式如下：

```
find(selector)
```

其中，参数 selector 表示节点选择器或 jQuery 选择器。

二是 children()方法，该方法用于获取符合条件的所有直接子节点，其语法格式如下：

```
children(selector)
```

其中，参数 selector 为可选参数，表示节点选择器或 jQuery 选择器，默认表示无条件。

三是 parent()方法，该方法用于获取符合条件的直接父节点，其语法格式如下：

```
parent(selector)
```

其中，参数 selector 为可选参数，表示节点选择器或 jQuery 选择器，默认表示无条件。

四是 parents()方法，该方法用于获取符合条件的所有祖先节点，其语法格式如下：

```
parents(selector)
```

其中，参数 selector 为可选参数，表示节点选择器或 jQuery 选择器，默认表示无条件。

五是 siblings()方法，该方法用于获取符合条件的所有兄弟节点，其语法格式如下：

```
siblings(selector)
```

其中，参数 selector 为可选参数，表示节点选择器或 jQuery 选择器，默认表示无条件。

示例代码如下：

```
#资源包\Code\chapter1\1.4\0156.py
from pyquery import PyQuery as pq
html = '''
<!DOCTYPE html>
<html>
    <head>
        <meta charset = "utf-8" />
        <meta name = "viewport" content = "width = device - width, initial - scale = 1">
        <title></title>
    </head>
    <body>
        <div class = "lang" value = "1" id = "teach">
            Python
            <span>PyQuery</span>
            <!-- PyQuery -->
        </div>
        <div class = "lang" value = "2" name = "php">PHP</div>
        JSP
        <div class = "lang" value = "3" id = "study">Java</div>
        <!-- www.oldxia.com -->
        <div class = "lang" value = "4">JavaScript</div>
    </body>
</html>
'''
pq = pq(html)
tag_find = pq.find('#study')
print(tag_find)
tag_children = pq.find('#teach').children()
print(tag_children)
tag_parent = pq.find('#teach').parent()
print(tag_parent)
tag_parents = pq.find('#teach').parents()
print(tag_parents)
tag_siblings = pq.find('#study').siblings()
print(tag_siblings)
```

3）获取节点信息

在获取节点后，可以通过 HtmlElement 对象或 PyQuery 对象的相关属性和方法提取节点的信息。

(1) HtmlElement 对象，通过对 PyQuery 对象进行迭代或使用索引方式就可以得到 HtmlElement 对象，其相关属性和方法如表 1-13 所示。

表 1-13　HtmlElement 对象的相关属性和方法

属　性	描　述	方　法	描　述
tag	当前节点的名称	get()	当前节点指定属性所对应的属性值
text	当前节点的文本内容		

示例代码如下：

```
#资源包\Code\chapter1\1.4\0157.py
from pyquery import PyQuery as pq
html = '''
<! DOCTYPE html >
< html >
    < head >
        < meta charset = "utf - 8" />
        < meta name = "viewport" content = "width = device - width, initial - scale = 1">
        < title ></title >
    </head >
    < body >
        < div class = "lang" value = "1" id = "teach">
                    < span > PyQuery </span >
                    < span > Python </span >
        </div >
        < div class = "lang" value = "2" name = "php"> PHP </div >
        < div class = "lang" value = "3" id = "study"> Java </div >
        < div class = "lang" value = "4"> JavaScript </div >
    </body >
</html >
'''
pq = pq(html)
tag_find = pq.find('div')
#索引
print(tag_find[2].text)
#迭代
for t in tag_find:
    print(t.tag)
    print(t.text)
    print(t.get('class'))
```

(2) PyQuery 对象，该对象的相关方法如表 1-14 所示。

表 1-14　PyQuery 对象的相关方法

方　法	描　述	方　法	描　述
attr()	当前节点指定属性所对应的属性值	html()	当前节点内部的 HTML 字符串
text()	当前节点的文本内容		

此外，由于对 PyQuery 对象进行迭代所获得的是 HtmlElement 对象，所以如果想通过迭代获得 PyQuery 对象，则需要使用 PyQuery 对象的 items()方法，示例代码如下：

```
#资源包\Code\chapter1\1.4\0158.py
from pyquery import PyQuery as pq
html = '''
<!DOCTYPE html>
<html>
  <head>
        <meta charset = "utf-8" />
        <meta name = "viewport" content = "width = device - width, initial - scale = 1">
        <title></title>
    </head>
    <body>
        <div class = "lang" value = "1" id = "teach">
                    <span> PyQuery </span>
                    <span> Python </span>
        </div>
        <div class = "lang" value = "2" name = "php"> PHP </div>
        <div class = "lang" value = "3" id = "study"> Java </div>
        <div class = "lang" value = "4"> JavaScript </div>
    </body>
</html>
'''
pq = pq(html)
tag_find = pq.find('div')
for t in tag_find.items():
    print(t.attr('value'))
    print(t.text())
    print(t.html())
```

4）修改节点

可以通过 PyQuery 对节点进行动态修改，为在某些特定的场景下获取节点信息带来极大的便利。

（1）删除节点，可以通过 PyQuery 对象的 remove()方法删除节点，其语法格式如下：

```
remove(expr)
```

其中，参数 expr 为可选参数，表示节点选择器或 jQuery 选择器，默认表示无条件，示例代码如下：

```
#资源包\Code\chapter1\1.4\0159.py
from pyquery import PyQuery as pq
html = '''
<!DOCTYPE html>
<html>
```

```
    <head>
        <meta charset="utf-8" />
        <meta name="viewport" content="width=device-width, initial-scale=1">
        <title></title>
    </head>
    <body>
        <div class="lang" value="1" id="teach"> Python </div>
        <div class="lang" value="2" name="php"> PHP </div>
        <div class="lang" value="3" id="study"> Java </div>
        <div class="lang" value="4"> JavaScript </div>
    </body>
</html>
'''
pq = pq(html)
pq.remove('#study')
tag_find = pq.find('div')
for t in tag_find.items():
    print(t.html())
```

(2) 添加节点,可以通过 PyQuery 对象的 prepend()方法或 append()方法分别在头部或尾部添加节点,其语法格式分别如下:

```
prepend(value)
```

其中,参数 value 表示 HTML 字符串。

```
append(value)
```

其中,参数 value 表示 HTML 字符串。

示例代码如下:

```
#资源包\Code\chapter1\1.4\0160.py
from pyquery import PyQuery as pq
html = '''
<!DOCTYPE html>
<html>
    <head>
        <meta charset="utf-8" />
        <meta name="viewport" content="width=device-width, initial-scale=1">
        <title></title>
    </head>
    <body>
        <div class="lang" value="1" id="teach"> Python </div>
        <div class="lang" value="2" name="php"> PHP </div>
        <div class="lang" value="3" id="study"> Java </div>
        <div class="lang" value="4"> JavaScript </div>
    </body>
</html>
```

```
'''
pq = pq(html)
tag_find = pq.find('body')
tag_find.prepend('<div class = "lang" value = "0"> C </div>')
tag_find.append('<div class = "lang" value = "5"> C++</div>')
for t in tag_find.items():
    print(t.text())
```

(3) 修改节点属性,可以通过 PyQuery 对象的 attr()方法修改节点属性,其语法格式如下:

```
attr(attr,value)
```

其中,参数 attr 表示属性名称;参数 value 表示属性值,示例代码如下:

```
#资源包\Code\chapter1\1.4\0161.py
from pyquery import PyQuery as pq
html = '''
<!DOCTYPE html>
<html>
    <head>
        <meta charset = "utf - 8" />
        <meta name = "viewport" content = "width = device - width, initial - scale = 1">
        <title></title>
    </head>
    <body>
        <div class = "lang" value = "1" id = "teach"> Python </div>
        <div class = "lang" value = "2" name = "php"> PHP </div>
        <div class = "lang" value = "3" id = "study"> Java </div>
        <div class = "lang" value = "4"> JavaScript </div>
    </body>
</html>
'''
pq = pq(html)
tag_find = pq.find('#teach')
tag_find.attr(attr = 'value', value = '100')
for t in tag_find.items():
    print(t)
```

(4) 删除节点属性,可以通过 PyQuery 对象的 remove_attr()方法删除节点属性,其语法格式如下:

```
remove_attr(name)
```

其中,参数 name 表示属性名称,示例代码如下:

```
#资源包\Code\chapter1\1.4\0162.py
from pyquery import PyQuery as pq
```

```
html = '''
<!DOCTYPE html>
<html>
    <head>
        <meta charset = "utf-8" />
        <meta name = "viewport" content = "width = device - width, initial - scale = 1">
        <title></title>
    </head>
    <body>
        <div class = "lang" value = "1" id = "teach"> Python </div>
        <div class = "lang" value = "2" name = "php"> PHP </div>
        <div class = "lang" value = "3" id = "study"> Java </div>
        <div class = "lang" value = "4"> JavaScript </div>
    </body>
</html>
'''
pq = pq(html)
tag_find = pq.find('#teach')
tag_find.remove_attr(name = 'value')
for t in tag_find.items():
    print(t)
```

(5) 修改节点文本内容,可以通过 PyQuery 对象的 text()方法或 html()方法修改节点的文本内容,其语法格式分别如下:

```
text(value)
```

其中,参数 value 表示文本内容。

```
html(value)
```

其中,参数 value 表示文本内容。

示例代码如下:

```
#资源包\Code\chapter1\1.4\0163.py
from pyquery import PyQuery as pq
html = '''
<!DOCTYPE html>
<html>
    <head>
        <meta charset = "utf-8" />
        <meta name = "viewport" content = "width = device - width, initial - scale = 1">
        <title></title>
    </head>
    <body>
        <div class = "lang" value = "1" id = "teach"> Python </div>
        <div class = "lang" value = "2" name = "php"> PHP </div>
```

```
        <div class = "lang" value = "3" id = "study"> Java </div>
        <div class = "lang" value = "4"> JavaScript </div>
    </body>
    </html>
'''
pq = pq(html)
tag_find1 = pq.find('#teach')
tag_find1.text(value = 'This is Python!')
for t in tag_find1.items():
    print(t)
tag_find2 = pq.find('#study')
tag_find2.html(value = 'This is Java!')
for t in tag_find2.items():
    print(t)
```

(6) 添加节点样式，可以通过 PyQuery 对象的 add_class()方法添加节点样式，其语法格式如下：

```
add_class(value)
```

其中，参数 value 表示属性 class 的属性值，示例代码如下：

```
#资源包\Code\chapter1\1.4\0164.py
from pyquery import PyQuery as pq
html = '''
<!DOCTYPE html>
<html>
    <head>
        <meta charset = "utf-8" />
        <meta name = "viewport" content = "width = device - width, initial - scale = 1">
        <title></title>
    </head>
    <body>
        <div class = "lang" value = "1" id = "teach"> Python </div>
        <div class = "lang" value = "2" name = "php"> PHP </div>
        <div class = "lang" value = "3" id = "study"> Java </div>
        <div class = "lang" value = "4"> JavaScript </div>
        <div id = "oldxia"> oldxia </div>
    </body>
</html>
'''
pq = pq(html)
tag_find = pq.find('#oldxia')
tag_find.add_class(value = 'oldxia')
for t in tag_find.items():
    print(t)
```

(7) 删除节点样式，可以通过 PyQuery 对象的 remove_class()方法删除节点样式，其语法格式如下：

```
remove_class(value)
```

其中，参数 value 表示属性 class 的属性值，示例代码如下：

```
#资源包\Code\chapter1\1.4\0165.py
from pyquery import PyQuery as pq
html = '''
<!DOCTYPE html>
<html>
    <head>
        <meta charset = "utf-8" />
        <meta name = "viewport" content = "width = device - width, initial - scale = 1">
        <title></title>
    </head>
    <body>
        <div class = "lang" value = "1" id = "teach"> Python </div>
        <div class = "lang" value = "2" name = "php"> PHP </div>
        <div class = "lang" value = "3" id = "study"> Java </div>
        <div class = "lang" value = "4"> JavaScript </div>
    </body>
</html>
'''
pq = pq(html)
tag_find = pq.find('#teach')
tag_find.remove_class(value = 'lang')
for t in tag_find.items():
    print(t)
```

1.5 模拟浏览器

模拟浏览器不同于 urllib 库、requests 库等网络请求库，后者通过伪装浏览器来爬取网页数据，而模拟浏览器则直接操作浏览器爬取网页数据，因此其优缺点显而易见，优点是无论网站使用了多么复杂且多么精妙的反爬虫技术，使用模拟浏览器都可以根据在 Web 浏览器中所看到的页面进行爬取，缺点是其爬取速度较网络请求库慢很多。

Python 支持很多模拟浏览器的库，如 Selenium、Splash、PyV8 等，本节将重点讲解目前最常用的模拟浏览器库 Selenium。

1.5.1 Selenium 简介

Selenium 是一款用于 Web 应用程序测试的工具，其最大的特点是"Selenium 测试直接运行在浏览器中，就像真正的用户在操作一样"。此外，Selenium 支持所有主流的浏览器，包括 IE、Firefox、Safari、Chrome、Opera、Edge 等。

Selenium 自动化测试工具集包括 Selenium 1.0、Selenium 2.0 和 Selenium 3.0。

1. Selenium 1.0

Selenium 1.0 包括 Selenium RC、Selenium IDE 和 Selenium Grid，其中，Selenium RC，即 Selenium Remote Control，是 Selenium 1.0 的核心部分，可以利用 Selenium 的代理服务

器访问浏览器以实现自动化测试，其包括 Client 和 Server 两部分，Client 主要用于实现自动化脚本，而 Server 则负责控制浏览器行为；Selenium IDE 是 Firefox 的一个插件，可以用于录制和回放脚本；Selenium Grid 主要用于实现分布式测试。

2. Selenium 2.0

Selenium 2.0 的主要新功能是其集成的 WebDriver，即 Selenium 2.0 可以看作 Selenium 1.0 和 WebDriver 的整合，而 WebDriver 的设计除了解决了一些 Selenium RC 的限制，还提供了一套更加简洁的编程接口，并能更好地支持动态网页。

此外，在使用 WebDriver 时需要给浏览器安装驱动，例如，Chrome 浏览器的驱动为 ChromeDriver；Firefox 浏览器的驱动为 GeckoDriver；Safari 浏览器的驱动为 SafariDriver 等。

3. Selenium 3.0

Selenium 3.0 支持更多的新特性，例如，对 Edge 浏览器和 Safari 浏览器原生驱动的支持，以及开始支持 Firefox 浏览器的 GeckoDriver 驱动，同时废弃了一些基本不用的组件，例如 Selenium RC。

1.5.2 安装驱动

Selenium 支持所有主流的浏览器，包括 Firefox、Safari、Chrome、Opera 和 Edge 等，在操作上述浏览器前，需要安装浏览器对应的驱动，具体可登录 Selenium 官网（https://www.selenium.dev/documentation/webdriver/getting_started/install_drivers/）进行下载。

浏览器对应的驱动下载完成后，需要对该文件进行解压，得到对应的可执行文件，然后将可执行文件移动到 Python 安装目录中的 Scripts 目录中即可。

1.5.3 Selenium 的安装

Selenium 库属于 Python 的第三方库，所以需要进行安装，只需在命令提示符中输入命令 pip install selenium。

1.5.4 Selenium 的应用

本节的示例代码均以 Chrome 浏览器为例，其他浏览器的操作参考 Chrome 浏览器即可。

1. 打开浏览器

可以通过 Selenium.webdriver 模块中浏览器所对应的相关方法（如表 1-15 所示）打开浏览器，并获得 WebDriver 对象。

表 1-15 浏览器对应的方法

浏 览 器	方 法	浏 览 器	方 法
Chrome 浏览器	Chrome()	Opera 浏览器	Opera()
Firefox 浏览器	Firefox()	Safari 浏览器	Safari()
Edge 浏览器	Edge()		

示例代码如下：

```
#资源包\Code\chapter1\1.5\0166.py
from selenium import webdriver
#创建浏览器 WebDriver 对象,并打开 Chrome 浏览器
Chrome_browser = webdriver.Chrome()
print(type(Chrome_browser))
```

2. 关闭窗口

可以通过 WebDriver 对象提供的相关方法关闭窗口，具体如下。

1）close()方法

该方法用于关闭单个窗口，其语法格式如下：

```
close()
```

2）quit()方法

该方法用于关闭所有窗口，其语法格式如下：

```
quit()
```

示例代码如下：

```
#资源包\Code\chapter1\1.5\0167.py
from selenium import webdriver
import time
#创建浏览器 WebDriver 对象,并打开 Chrome 浏览器
Chrome_browser = webdriver.Chrome()
time.sleep(2)
Chrome_browser.quit()
```

3. 获取网页源代码

可以通过 WebDriver 对象的相关属性和方法获取网页源代码，具体如下。

1）属性 page_source

该属性用于获取网页的源代码，其语法格式如下：

```
page_source
```

2）get()方法

该方法用于访问指定的 URL，其语法格式如下：

```
get(url)
```

其中，参数 url 表示 URL。

示例代码如下：

```
#资源包\Code\chapter1\1.5\0168.py
from selenium import webdriver
import time
Chrome_browser = webdriver.Chrome()
url = 'http://www.oldxia.com/'
Chrome_browser.get(url)
res  = Chrome_browser.page_source
with open('oldxia.html', 'w', encoding = 'utf-8') as f:
    f.write(res)
time.sleep(2)
Chrome_browser.quit()
```

4. 获取网页信息

可以通过 WebDriver 对象的相关属性获取网页信息，具体如下。

1）属性 title

该属性用于获取当前页面的标题，其语法格式如下：

```
title
```

2）属性 current_url

该属性用于获取当前页面的 URL，其语法格式如下：

```
current_url
```

示例代码如下：

```
#资源包\Code\chapter1\1.5\0169.py
from selenium import webdriver
import time
Chrome_browser = webdriver.Chrome()
url = 'http://www.oldxia.com/'
Chrome_browser.get(url)
Chrome_title = Chrome_browser.title
Chrome_current_url = Chrome_browser.current_url
print(Chrome_title)
print(Chrome_current_url)
time.sleep(2)
Chrome_browser.quit()
```

5. 操作网页

可以通过 WebDriver 对象的相关方法操作网页，具体如下。

1）set_window_size()方法

该方法用于设置浏览器的尺寸，其语法格式如下：

```
set_window_size(width, height)
```

其中，参数 width 表示浏览器的宽度；参数 height 表示浏览器的高度。

2）back()方法

该方法用于控制浏览器后退，其语法格式如下：

```
back()
```

3）forward()方法

该方法用于控制浏览器前进，其语法格式如下：

```
forward()
```

4）refresh()方法

该方法用于刷新当前页面，其语法格式如下：

```
refresh()
```

示例代码如下：

```
#资源包\Code\chapter1\1.5\0170.py
from selenium import webdriver
import time
Chrome_browser = webdriver.Chrome()
url = 'http://www.oldxia.com/'
Chrome_browser.get(url)
Chrome_browser.set_window_size(1000, 600)
Chrome_browser.refresh()
Chrome_browser.back()
Chrome_browser.forward()
time.sleep(2)
Chrome_browser.quit()
```

6. 元素定位

可以通过 WebDriver 对象的相关方法对网页中的元素进行定位。

1）find_element()方法

该方法用于获取符合条件的第 1 个元素，并返回一个 WebElement 对象，其语法格式如下：

```
find_element(by, value)
```

其中，参数 by 表示 selenium.webdriver.common.by 模块中的 By 类，其包括多种元素定位的方式，即 By.ID(id 属性)、By.CLASS_NAME(class 属性)、By.NAME(name 属性)、By.TAG_NAME(标签名)、By.XPATH(XPath)、By.CSS_SELECTOR(CSS 选择器)、By.LINK_TEXT(超链接文本内容)和 By.PARTIAL_LINK_TEXT(部分超链接文本内容)；参数 value 表示元素定位方式所对应的值。

2）find_elements()方法

该方法用于获取符合条件的所有元素，并返回一个由 WebElement 对象所组成的列表，其语法格式如下：

```
find_elements(by, value)
```

其中，参数 by 表示 selenium. webdriver. common. by 模块中的 By 类，其包括多种元素定位的方式，即 By. ID(id 属性)、By. CLASS_NAME(class 属性)、By. NAME(name 属性)、By. TAG_NAME(标签名)、By. XPATH(XPath)、By. CSS_SELECTOR(CSS 选择器)、By. LINK_TEXT(超链接文本内容)和 By. PARTIAL_LINK_TEXT(部分超链接文本内容)；参数 value 表示元素定位方式所对应的值。

示例代码如下：

```
from selenium import webdriver
from selenium.webdriver.common.by import By
import time
Chrome_browser = webdriver.Chrome()
url = 'http://www.sina.com.cn/'
Chrome_browser.get(url)
res1  = Chrome_browser.find_element(by = By.ID, value = 'xy - impcon')
print(res1)
print(type(res1))
print('==================================')
res2  = Chrome_browser.find_elements(by = By.CLASS_NAME, value = 'linkNewsTopBold')
print(res2)
print(type(res2))
print('==================================')
res3  = Chrome_browser.find_element(by = By.NAME, value = 'loginname')
print(res3)
print(type(res3))
print('==================================')
res4  = Chrome_browser.find_element(by = By.TAG_NAME, value = 'input')
print(res4)
print(type(res4))
print('==================================')
res5  = Chrome_browser.find_element(by = By.XPATH, value = "//div[@id = 'SI_Order_B']")
print(res5)
print(type(res5))
print('==================================')
res6  = Chrome_browser.find_element(by = By.CSS_SELECTOR, value = '#SI_Order_B')
print(res6)
print(type(res6))
print('==================================')
res7  = Chrome_browser.find_element(by = By.LINK_TEXT, value = '做大做强数字经济 构筑国家竞争
新优势')
print(res7)
print(type(res7))
```

```
print('=================================')
res8 = Chrome_browser.find_element(by = By.PARTIAL_LINK_TEXT, value = '文明之美看东方')
print(res8)
print(type(res8))
time.sleep(2)
Chrome_browser.quit()
```

7. 获取元素信息

可以通过 WebElement 对象的相关属性和方法获取元素信息，具体如下：

1）属性 text

该属性用于获取元素的文本内容，其语法格式如下：

```
text
```

2）属性 size

该属性用于获取元素的尺寸，其语法格式如下：

```
size
```

3）get_attribute()方法

该方法用于获取元素中指定属性的属性值，其语法格式如下：

```
get_attribute(name)
```

其中，参数 name 表示元素的属性。

示例代码如下：

```
#资源包\Code\chapter1\1.5\0172.py
from selenium import webdriver
from selenium.webdriver.common.by import By
import time
Chrome_browser = webdriver.Chrome()
url = 'https://www.baidu.com/'
Chrome_browser.get(url)
time.sleep(3)
element = Chrome_browser.find_element(by = By.LINK_TEXT, value = "新闻")
ele_text = element.text
ele_attribute = element.get_attribute('class')
ele_size = element.size
print(ele_text)
print(ele_attribute)
print(ele_size)
time.sleep(2)
Chrome_browser.quit()
```

8. 操作元素

可以通过 WebElement 对象的 click()方法单击指定的元素，其语法格式如下：

```
click()
```

示例代码如下：

```
#资源包\Code\chapter1\1.5\0173.py
from selenium import webdriver
from selenium.webdriver.common.by import By
import time
Chrome_browser = webdriver.Chrome()
url = 'https://www.baidu.com/'
Chrome_browser.get(url)
time.sleep(3)
element = Chrome_browser.find_element(by = By.LINK_TEXT, value = "新闻")
element.click()
time.sleep(2)
Chrome_browser.quit()
```

9. 鼠标事件

鼠标事件主要用于在网页中模拟鼠标操作。

在 Selenium 中，关于鼠标事件的相关方法均封装在 selenium.webdriver.common.action_chains 模块中的 ActionChains 类，具体如下。

1）ActionChains()方法

该方法主要用于创建 ActionChains 对象，其语法格式如下：

```
ActionChains(driver)
```

其中，参数 driver 表示 WebDriver 对象。

2）move_to_element()方法

该方法主要用于执行鼠标的悬停操作，其语法格式如下：

```
move_to_element(to_element)
```

其中，参数 to_element 表示 WebElement 对象。

3）context_click()方法

该方法主要用于执行鼠标的右击操作，其语法格式如下：

```
context_click(on_element)
```

其中，参数 on_element 表示 WebElement 对象。

4）double_click()方法

该方法主要用于执行双击鼠标的左键操作，其语法格式如下：

```
double_click(on_element)
```

其中，参数 on_element 表示 WebElement 对象。

5）perform()方法

该方法用于提交鼠标事件，其语法格式如下：

```
perform()
```

示例代码如下：

```
#资源包\Code\chapter1\1.5\0174.py
from selenium import webdriver
from selenium.webdriver.common.by import By
from selenium.webdriver.common.action_chains import ActionChains
import time
Chrome_browser = webdriver.Chrome()
url = 'http://www.baidu.com/'
Chrome_browser.get(url)
Chrome_browser.set_window_size(1600, 800)
element1 = Chrome_browser.find_element(by = By.ID, value = 's-usersetting-top')
ActionChains(Chrome_browser).move_to_element(element1).perform()
time.sleep(3)
Chrome_browser.refresh()
element2 = Chrome_browser.find_element(by = By.LINK_TEXT, value = "图片")
ActionChains(Chrome_browser).context_click(element2).perform()
time.sleep(3)
Chrome_browser.refresh()
element3 = Chrome_browser.find_element(by = By.LINK_TEXT, value = "新闻")
ActionChains(Chrome_browser).double_click(element3).perform()
time.sleep(2)
Chrome_browser.quit()
```

10. 键盘事件

键盘事件主要用于在网页中模拟键盘操作。

可以通过 WebElement 对象的 send_keys()方法模拟键盘操作，其语法格式如下：

```
send_keys(*value)
```

其中，参数 value 既可以表示用户自定义的输入信息，又可以模拟键盘中的按键，而键盘中的按键则需要通过 selenium.webdriver.common.keys 模块中 Keys 类的常量进行表示，其常用的按键如表 1-16 所示。

表 1-16　键盘中常用的按键

按　键	描　述	按　键	描　述
Keys.BACK_SPACE	BackSpace 键	Keys.DELETE	Delete 键
Keys.SPACE	空格键	Keys.CONTROL	Ctrl 键，可用于组合键
Keys.TAB	Tab 键	Keys.ALT	Alt 键，可用于组合键
Keys.ESCAPE	Esc 键	Keys.SHIFT	Shift 键，可用于组合键
Keys.ENTER	Enter 键		

示例代码如下：

```
#资源包\Code\chapter1\1.5\0175.py
from selenium import webdriver
from selenium.webdriver.common.by import By
import time
Chrome_browser = webdriver.Chrome()
url = 'http://www.baidu.com/'
Chrome_browser.get(url)
Chrome_browser.set_window_size(1600, 800)
Chrome_browser.find_element(by = By.ID, value = 'kw').send_keys('老夏学院')
Chrome_browser.find_element(by = By.ID, value = 'su').click()
time.sleep(2)
Chrome_browser.quit()
```

11. 切换窗口

在操作网页的过程中，经常涉及窗口的切换，即当单击网页中的某个链接时，如果新打开了一个窗口，并且需要在该窗口进行相关操作，则此时必须进行窗口切换，因为当前的窗口句柄仍然是链接所在页面的窗口，如果不切换窗口，就无法在新打开的窗口中进行相关操作。

可以通过 WebDriver 对象中的相关属性切换窗口，具体如下。

1）属性 current_window_handle

该属性用于获得当前窗口句柄，其语法格式如下：

```
current_window_handle
```

2）属性 window_handles

该属性用于获得当前所有打开的窗口句柄，其语法格式如下：

```
window_handles
```

3）属性 switch_to

该属性用于创建 SwitchTo 对象，并通过该对象的 window()方法切换到指定的窗口，其语法格式如下：

```
switch_to.window(window_name)
```

其中，参数 window_name 表示窗口句柄。

示例代码如下：

```
#资源包\Code\chapter1\1.5\0176.py
from selenium import webdriver
from selenium.webdriver.common.by import By
import time
Chrome_browser = webdriver.Chrome()
```

```
url = 'http://www.baidu.com/'
Chrome_browser.get(url)
Chrome_browser.set_window_size(1600, 800)
#获得当前的窗口句柄,即"百度首页"
sreach_Windows = Chrome_browser.current_window_handle
Chrome_browser.find_element(by = By.LINK_TEXT, value = '登录').click()
time.sleep(2)
Chrome_browser.find_element(by = By.LINK_TEXT, value = "立即注册").click()
time.sleep(2)
#获得当前所有打开的窗口句柄,包括"百度首页",以及新弹出的窗口"立即注册"
all_handles  = Chrome_browser.window_handles
for handle in all_handles:
#如果当前窗口句柄不是"百度首页",则将窗口切换为"立即注册"
    if handle !=  sreach_Windows:
Chrome_browser.switch_to.window(handle)
        print('这里是"立即注册"')
Chrome_browser.find_element(by = By.NAME, value = "userName").send_keys('123456789')
        time.sleep(2)
time.sleep(2)
Chrome_browser.quit()
```

12. 操作警告框、确认框和提示框

首先，通过 SwitchTo 对象的属性 alert 定位到 JavaScript 所生成的警告框、确认框和提示框，并返回一个 Alert 对象，其语法格式如下：

```
alert
```

然后，通过 Alert 对象的相关属性和方法即可操作警告框、确认框和提示框。

1) 属性 text

该属性用于获取警告框、确认框或提示框中的文本内容，其语法格式如下：

```
text
```

2) accept()方法

该方法用于接受警告框、确认框和提示框，其语法格式如下：

```
accept()
```

3) dismiss()方法

该方法用于解散警告框、确认框和提示框，其语法格式如下：

```
dismiss()
```

4) send_keys()方法

该方法用于将文本内容发送至提示框，其语法格式如下：

```
send_keys(keysToSend)
```

其中，参数 keysToSend 表示待发送的文本内容。

示例代码如下：

```
#资源包\Code\chapter1\1.5\0177.py
from selenium import webdriver
from selenium.webdriver.common.by import By
from selenium.webdriver.common.action_chains import ActionChains
import time
Chrome_browser = webdriver.Chrome()
url = 'http://www.baidu.com/'
Chrome_browser.get(url)
Chrome_browser.set_window_size(1600, 800)
link  = Chrome_browser.find_element(by = By.ID, value = 's-usersetting-top')
ActionChains(Chrome_browser).move_to_element(link).perform()
Chrome_browser.find_element(by = By.LINK_TEXT, value = "搜索设置").click()
time.sleep(2)
#保存设置
Chrome_browser.find_element(by = By.CLASS_NAME, value = "prefpanelgo").click()
time.sleep(2)
print(Chrome_browser.switch_to.alert.text)
Chrome_browser.switch_to.alert.accept()
time.sleep(2)
Chrome_browser.quit()
```

13. 操作下拉菜单

可以通过 selenium.webdriver.support.select 模块中 Select 类的相关方法操作下拉菜单，具体如下。

1) select_by_value()方法

该方法通过 select 标签中 value 属性的属性值操作下拉菜单，其语法格式如下：

```
select_by_value(value)
```

其中，参数 value 表示 select 标签中 value 属性的属性值。

2) select_by_index()方法

该方法通过下拉菜单中的选项索引值操作下拉菜单，其语法格式如下：

```
select_by_index(index)
```

其中，参数 index 表示下拉菜单中的选项索引值。

3) select_by_visible_text()方法

该方法通过 select 标签中 option 标签的文本内容操作下拉菜单，其语法格式如下：

```
select_by_visible_text(text)
```

其中，参数 text 表示 select 标签中 option 标签的文本内容。

示例代码如下：

```
#资源包\Code\chapter1\1.5\0178.py
from selenium import webdriver
from selenium.webdriver.common.by import By
from selenium.webdriver.support.select import Select
import time
Chrome_browser = webdriver.Chrome()
url = 'http://www.oldxia.com/selenium.html'
Chrome_browser.get(url)
time.sleep(3)
sel  = Chrome_browser.find_element(by = By.NAME, value = "city")
Select(sel).select_by_visible_text('大连')
time.sleep(2)
Chrome_browser.quit()
```

14. 上传文件

可以通过 WebElement 对象的 send_keys()方法操作 input 标签上传文件，其语法格式如下：

```
send_keys( * value)
```

其中，参数 value 表示待上传文件的路径。

示例代码如下：

```
#资源包\Code\chapter1\1.5\0179.py
from selenium import webdriver
from selenium.webdriver.common.by import By
import time
Chrome_browser = webdriver.Chrome()
url = 'http://www.oldxia.com/selenium.html'
Chrome_browser.get(url)
time.sleep(3)
Chrome_browser.find_element(by = By.NAME, value = "file").send_keys('E:\Python 全栈开发\
selenium.txt')
time.sleep(2)
Chrome_browser.quit()
```

15. 管理 Cookie

可以通过 WebDriver 对象的相关方法管理 Cookie，具体如下。

1) get_Cookies()方法

该方法用于获取所有 Cookie 信息，其语法格式如下：

```
get_Cookies()
```

2）get_Cookie()方法

该方法用于获取指定名称的 Cookie 信息，其语法格式如下：

```
get_Cookie(name)
```

其中，参数 name 表示 Cookie 的名称。

3）add_Cookie()方法

该方法用于添加 Cookie 信息，其语法格式如下：

```
add_Cookie(Cookie_dict)
```

其中，参数 Cookie_dict 表示字典，并且必须具有 name 键和 value 键。

4）delete_Cookie()方法

该方法用于删除指定的 Cookie 信息，其语法格式如下：

```
delete_Cookie(name)
```

其中，参数 name 表示待删除的 Cookie 名称。

5）delete_all_Cookies()方法

该方法用于删除所有 Cookie 信息，其语法格式如下：

```
delete_all_Cookies()
```

示例代码如下：

```
#资源包\Code\chapter1\1.5\0180.py
from selenium import webdriver
import time
Chrome_browser = webdriver.Chrome()
url = 'https://www.baidu.com'
Chrome_browser.get(url)
print('========================================')
print("所有的 Cookie 信息:")
print(Chrome_browser.get_Cookies())
print('========================================')
dict = {'name': "name", 'value': '夏正东'}
Chrome_browser.add_Cookie(dict)
print('添加的 Cookie 信息:')
print(Chrome_browser.get_Cookie('name'))
print('========================================')
Chrome_browser.delete_Cookie('name')
print('删除名称为 name 的 Cookie 后,所有的 Cookie 信息:')
num = 0
forCookie in Chrome_browser.get_Cookies():
    print(f"{Cookie['name']}——{Cookie['value']}")
    num += 1
print(f'共有{num}条 Cookie 信息')
```

```
print('======================================')
print('删除所有Cookie信息:')
Chrome_browser.delete_all_Cookies()
num = 0
forCookie in Chrome_browser.get_Cookies():
    print(f"{Cookie['name']}——{Cookie['value']}")
    num += 1
print(f'共有{num}条Cookie信息')
print('======================================')
time.sleep(2)
Chrome_browser.quit()
```

16. 控制滚动条

在Selenium中,没有提供相关的属性或方法用于控制滚动条。在这种情况下,可以首先使用JavaScript控制滚动条,然后使用WebDriver对象提供的execute_script()方法来执行JavaScript代码即可,其语法格式如下:

```
execute_script(script)
```

其中,参数script表示JavaScript代码,示例代码如下:

```
#资源包\Code\chapter1\1.5\0181.py
from selenium import webdriver
from selenium.webdriver.common.by import By
import time
Chrome_browser = webdriver.Chrome()
url = 'http://www.baidu.com/'
Chrome_browser.get(url)
Chrome_browser.set_window_size(1600, 800)
Chrome_browser.find_element(by = By.ID, value = "kw").send_keys("老夏学院")
Chrome_browser.find_element(by = By.ID, value = "su").click()
time.sleep(2)
i = 0
while i < 300:
    time.sleep(2)
    js = f"window.scrollTo({i},{i} + 100);"
    Chrome_browser.execute_script(js)
    i += 100
time.sleep(2)
Chrome_browser.quit()
```

17. 窗口截图

可以通过WebDriver对象提供的get_screenshot_as_file()方法进行窗口截图,其语法格式如下:

```
get_screenshot_as_file(filename)
```

其中，参数 filename 表示图片存储的路径，示例代码如下：

```
#资源包\Code\chapter1\1.5\0182.py
from selenium import webdriver
from selenium.webdriver.common.by import By
import time
Chrome_browser = webdriver.Chrome()
url = 'http://www.baidu.com/'
Chrome_browser.get(url)
Chrome_browser.set_window_size(1600, 800)
Chrome_browser.find_element(by = By.ID, value = "kw").send_keys("老夏学院")
Chrome_browser.find_element(by = By.ID, value = "su").click()
time.sleep(2)
Chrome_browser.get_screenshot_as_file("E:\Python全栈开发\selenium.png")
time.sleep(2)
Chrome_browser.quit()
```

18. Chrome 无界面浏览器

之前所应用的 Selenium，都是直接操作有界面的浏览器，这就势必会影响爬取数据的速度，而为了尽可能地提高爬取数据的速度，则可以使用 Chrome 无界面浏览器进行数据的爬取，其步骤如下：

首先，通过 selenium.webdriver.chrome.options 中的 Options 类创建 Options 对象，用于操作 Chrome 无界面浏览器。

其次，使用 Options 对象的 add_argument()方法启动参数配置，并将该方法中的参数 argument 的值设置为“—headless”，表示使用无界面浏览器。

最后，在使用 Chrome 类创建 WebDriver 对象时设置参数 options，并且该参数对应的值需为之前所创建的 Options 对象。

示例代码如下：

```
#资源包\Code\chapter1\1.5\0183.py
from selenium import webdriver
from selenium.webdriver.chrome.options import Options
Chrome_options = Options()
Chrome_options.add_argument(argument = '--headless')
Chrome_browser = webdriver.Chrome(options = Chrome_options)
url = 'http://www.oldxia.com/'
Chrome_browser.get(url)
Chrome_browser.get_screenshot_as_file('oldxia.png')
Chrome_browser.quit()
```

1.6 多进程爬虫和多线程爬虫

之前所学习的网络爬虫都是单线程网络爬虫，其效率较低，而通常有实用价值的网络爬虫会用到多进程技术和多线程技术，这样就可以大幅提升工作效率，尤其是在多个 CPU 的机器上，执行效率更是惊人。

此外，根据不同的业务类型，可以有选择性地使用多进程爬虫或多线程爬虫，即IO密集型业务建议使用多线程爬虫，计算密集型业务建议使用多进程爬虫。例如，爬虫中的网络请求属于IO密集型业务，因此该部分建议使用多线程爬虫，而在爬虫中还可以包含数据处理业务，并且如果数据处理业务是一个比较耗时的计算密集型业务，则数据处理部分应当使用多进程爬虫，但在实际应用过程中，更多考虑的是将数据处理部分和网络爬虫部分解耦，即先将数据爬取下来，然后单独运行额外的程序对数据进行解析。

在正式使用多进程爬虫和多线程爬虫爬取数据之前，要求读者熟练掌握多进程和多线程的相关技术，而关于此部分的基础知识已经在《Python全栈开发——基础入门》一书中做了详细讲解，本节不做赘述。

下面通过单线程爬虫、多进程爬虫和多线程爬虫爬取百度贴吧（Python吧）中100页的帖子信息，进而对比它们之间的性能差距。

（1）单线程爬虫，示例代码如下：

```
#资源包\Code\chapter1\1.6\0184.py
import requests
from lxml import etree
import pymongo
import re
import time
start = time.time()
headers = {"User - Agent": "Mozilla/5.0 (Windows NT 10.0; Win64; x64) AppleWebKit/537.36
(KHTML, like Gecko) Chrome/74.0.3729.169 Safari/537.36",}
url = "http://tieba.baidu.com/f?kw = python&pn = %s"
num = int(input("请输入要爬取的页数:"))
for i in range(1,num + 1):
    page_num = (i - 1) * 50
    response = requests.get(url = url % page_num, headers = headers)
    content = response.text
    res = re.sub("<!-- ", "", content)
    html = etree.html(res)
    div_list = html.xpath('//ul[@id = "thread_list"]/li')
    for div in div_list:
        try:
            title = div.xpath('.//div[@class = "col2_right j_threadlist_li_right "]/div/
div/a/text()')[0]
            name = div.xpath(
                    './/div[@class = "col2_right j_threadlist_li_right "]/div/div/span[@
class = "tb_icon_author "]/@title')[0]
            content = div.xpath(
                    './/div[@class = "col2_right j_threadlist_li_right "]/div/div/div[@
class = "threadlist_abs threadlist_abs_onlyline "]/text()')[0]
            item = {"标题": title, "作者": name, "内容": content}
            conn = pymongo.MongoClient("localhost", 27017)
            db = conn.tieba
            table = db.tieba
```

```
            table.insert_one(item)
        except:
            pass
end = time.time() - start
print('未使用多进程或多线程的爬取时间【%.2f】秒' % end)
```

上面代码的运行结果如图 1-22 所示，爬取时间为 27.16 秒。

```
请输入要爬取的页数：100
使用单线程爬虫的爬取时间【27.16】秒

Process finished with exit code 0
```

图 1-22 单线程爬虫

(2) 多进程爬虫，示例代码如下：

```
#资源包\Code\chapter1\1.6\0185.py
from multiprocessing import Pool,Manager
import requests
from lxml import etree
import pymongo
import re
import time
def CrawlThread(num,pageQueue, dataQueue):
    headers = {"User-Agent": "Mozilla/5.0 (Windows NT 10.0; Win64; x64) AppleWebKit/537.36
(KHTML, like Gecko) Chrome/74.0.3729.169 Safari/537.36",}
    url = "http://tieba.baidu.com/f?kw=python&pn=%s"
    while True:
        try:
            #如果队列为空且 block 为 True,则进入阻塞状态
            #如果队列为空且 block 为 False,则会抛出异常
            page = pageQueue.get(block = False)
            response = requests.get(url = url % page,headers = headers)
            content = response.text
            #print(response.status_code)
            dataQueue.put(content)
        except:
            break
def ParseThread(num,dataQueue):
    while True:
        try:
            html = dataQueue.get(block = False)
            res = re.sub("<!--", "", html)
            html = etree.html(res)
            div_list = html.xpath('//ul[@id = "thread_list"]/li')
            for div in div_list:
                try:
                    title = div.xpath('.//div[@class = "col2_right j_threadlist_li_right
"]/div/div/a/text()')[0]
                    name = div.xpath(
```

```
                        './/div[@class="col2_right j_threadlist_li_right "]/div/div/
span[@class="tb_icon_author "]/@title')[0]
                    content = div.xpath(
                        './/div[@class="col2_right j_threadlist_li_right "]/div/div/div
[@class="threadlist_abs threadlist_abs_onlyline "]/text()')[0]
                    item = {"标题": title, "作者": name, "内容": content}
                    conn = pymongo.MongoClient("localhost", 27017)
                    db = conn.bdtieba
                    table = db.bdtieba
                    table.insert_one(item)
                except:
                    pass
        except:
            break
def main():
    pageQueue = Manager().Queue()
    dataQueue = Manager().Queue()
    num = int(input("请输入要爬取的页数:"))
    for i in range(1,num + 1):
        page_num = (i - 1) * 50
        pageQueue.put(page_num)
    crawl_pool = Pool()
#创建 20 个进程
    for i in range(3):
        #异步非阻塞调用进程函数
        crawl_pool.apply_async(CrawlThread, args = (i,pageQueue, dataQueue))
    #进程池关闭,进程池一旦关闭,就不能再添加新的进程了
    crawl_pool.close()
    #进程池调用 join,等待进程池中的所有进程结束后再结束父进程
    crawl_pool.join()
    parse_pool = Pool()
    #创建 20 个进程
    for i in range(3):
        #异步非阻塞调用进程函数
        parse_pool.apply_async(ParseThread, args = (i,dataQueue))
    #进程池关闭,进程池一旦关闭,就不能再添加新的进程了
    parse_pool.close()
    #进程池调用 join,等待进程池中的所有进程结束后再结束父进程
    parse_pool.join()
if __name__ == '__main__':
    start = time.time()
    main()
    end = time.time() - start
    print('使用多进程的爬取时间【%.2f】秒' % end)
```

上面代码的运行结果如图 1-23 所示,爬取时间为 13.39 秒。

```
请输入要爬取的页数：100
使用多进程爬虫的爬取时间【13.39】秒

Process finished with exit code 0
```

图 1-23 多进程爬虫

（3）多线程爬虫，示例代码如下：

```
#资源包\Code\chapter1\1.6\0186.py
import threading
from threading import Lock
from queue import Queue
import requests
from lxml import etree
import pymongo
import re
import time
class CrawlThread(threading.Thread):
    def __init__(self,threadName,pageQueue,dataQueue):
        super().__init__()
        self.threadName = threadName
        self.pageQueue = pageQueue
        self.dataQueue = dataQueue
         self.headers = {"User - Agent": "Mozilla/5.0 (Windows NT 10.0; Win64; x64)
AppleWebKit/537.36 (KHTML, like Gecko) Chrome/74.0.3729.169 Safari/537.36",}
    def run(self):
        url = "http://tieba.baidu.com/f?kw = python&pn = %s"
        while True:
            try:
                #如果队列为空且 block 为 True,则进入阻塞状态
                #如果队列为空且 block 为 False,则会抛出异常
                page = self.pageQueue.get(block = False)
                response = requests.get(url = url % page, headers = self.headers)
                content = response.text
                #print(response.status_code)
                self.dataQueue.put(content)
            except:
                break
class ParseThread(threading.Thread):
    def __init__(self,threadName,dataQueue,lock):
        super().__init__()
        self.threadName = threadName
        self.dataQueue = dataQueue
        self.lock = lock
    def run(self):
        while True:
            try:
                html = self.dataQueue.get(block = False)
                self.parse(html)
            except:
                break
            #if self.dataQueue.qsize() == 0:
```

```
                #break
        def parse(self,html):
            res = re.sub("<!--", "", html)
            html = etree.html(res)
            div_list = html.xpath('//ul[@id = "thread_list"]/li')
            for div in div_list:
                try:
                    title = div.xpath('.//div[@class = "col2_right j_threadlist_li_right "]/
div/div/a/text()')[0]
                    name = div.xpath('.//div[@class = "col2_right j_threadlist_li_right "]/
div/div/span[@class = "tb_icon_author "]/@title')[0]
                    content = div.xpath(
                        './/div[@class = "col2_right j_threadlist_li_right "]/div/div/div[@
class = "threadlist_abs threadlist_abs_onlyline "]/text()')[0]
                    item = {"标题": title, "作者": name, "内容": content}
                    with self.lock:
                        self.save(item)
                except:
                    pass
        def save(self,item):
            conn = pymongo.MongoClient("localhost",27017)
            db = conn.bdtieba
            table = db.bdtieba
            table.insert_one(item)
def main():
    pageQueue = Queue()
    dataQueue = Queue()
    lock = Lock()
    num = int(input("请输入要爬取的页数:"))
    for i in range(1,num + 1):
        page_num = (i - 1) * 50
        pageQueue.put(page_num)
    crawlList = ["采集 1 号","采集 2 号","采集 3 号"]
    ThreadCrawl = []
    for var in crawlList:
        c = CrawlThread(var,pageQueue,dataQueue)
        c.start()
        ThreadCrawl.append(c)
    for var in ThreadCrawl:
        var.join()
    parseList = ["解析 1 号","解析 2 号","解析 3 号"]
    ThreadParse = []
    for var in parseList:
        p = ParseThread(var,dataQueue,lock)
        p.start()
        ThreadParse.append(p)
    for var in ThreadParse:
        var.join()
if __name__ == '__main__':
    start = time.time()
```

```
main()
end = time.time() - start
print('使用多线程的爬取时间【%.2f】秒' % end)
```

上面代码的运行结果如图 1-24 所示,爬取时间为 9.76 秒。

```
请输入要爬取的页数：100
使用多线程爬虫的爬取时间【9.76】秒

Process finished with exit code 0
```

图 1-24　多线程爬虫

综上所述,使用多进程和多线程技术的爬虫,其效率高于单线程爬虫。

1.7　移动端 App 数据爬取

前面所讲解的网络爬虫技术都是从计算机端的浏览器页面爬取数据的,但随着移动互联网技术的高速发展,互联网中更多、更全的数据信息开始转移到移动端的 App 中进行展示,且由于移动端 App 的反爬虫能力相对于计算机端较弱,所以移动端 App 中的数据爬取较计算机端更加容易。

此外,由于移动端 App 中的数据都是采用异步方式从远程服务器中获取的,所以在爬取数据前,同样需要分析移动端 App 用于获取数据的请求 URL。在计算机端,可以通过浏览器所提供的开发者工具非常便捷地监听网络请求和响应的过程,而在移动端的 App 中,则需要借助抓包工具,以获取请求 URL,常用的抓包工具包括 Filddler、Mitmproxy、AnyProxy 和 Charles 等,本书将重点讲解 Charles 的使用方法。

1.7.1　Charles 的安装

Charles 是一款网络抓包工具,可以通过 Charles 进行移动端 App 的抓包分析,进而得到移动端 App 运行过程中所发生的所有网络请求和响应的内容,这与计算机端中浏览器开发者工具的 Network 选项内所呈现的结果一致。此外,相对于其他抓包工具,Charles 的跨平台支持更好。

关于 Charles 的具体安装过程,读者可以参考随书附赠的 Charles 中的"软件安装说明书"(资源包\Software\Charles)。

1.7.2　Charles 的应用

1. 安装 SSL 证书和设置 SSL 代理

启动 Charles 之后,Charles 就会默认获取当前计算机端中的所有网络请求和响应。例如,使用浏览器访问百度首页,Charles 就可以获取服务器的响应内容,只不过该部分内容会显示如图 1-25 所示的乱码信息。

造成乱码的主要原因是现在大多数网站使用的是 HTTPS 协议与服务器进行数据交互,而通过 HTTPS 协议传输的数据都是经过加密的,这就导致 Charles 无法从服务器获取正常的响应内容。如果要解决该问题,则需要安装计算机端 SSL 证书,并设置 SSL 代理。

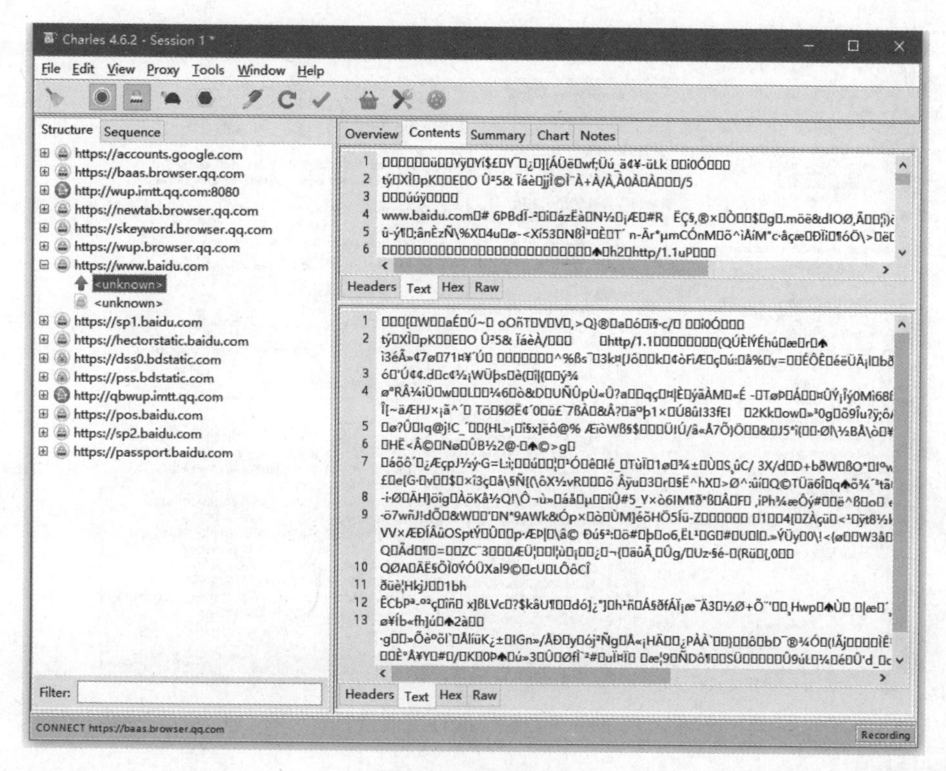

图 1-25 乱码信息

1）安装 SSL 证书

第 1 步，启动 Charles，依次单击 Help→SSL Proxying→Install Charles Root Certificate 选项，如图 1-26 所示。

第 2 步，在“证书”对话框中，单击“安装证书”按钮，如图 1-27 所示。

第 3 步，在“欢迎使用证书导入向导”对话框中，单击“下一页”按钮，如图 1-28 所示。

第 4 步，选中“将所有的证书都放入下列存储”，然后单击“浏览”按钮，如图 1-29 所示。

第 5 步，在“选择证书存储”对话框中，选择“受信任的根证书颁发机构”，单击“确定”按钮，如图 1-30 所示。

第 6 步，在“证书导入向导”对话框中，单击“下一页”按钮，如图 1-31 所示。

第 7 步，在“正在完成证书导入向导”对话框中，单击“完成”按钮，如图 1-32 所示。

第 8 步，在弹出的“安全警告”对话框中，单击“是”按钮，如图 1-33 所示。

第 9 步，弹出的“证书导入向导”对话框会显示“导入成功”，单击“确定”按钮，如图 1-34 所示。

第 10 步，在“证书”对话框中单击“确定”按钮，即可完成 SSL 证书的安装，如图 1-35 所示。

2）设置 SSL 代理

第 1 步，依次单击 Proxy→SSL Proxying Settings，如图 1-36 所示。

第 2 步，在 SSL Proxying Settings 对话框中，选中 Enable SSL Proxying 复选框，并单击左侧 Include 框下方的 Add 按钮，如图 1-37 所示。

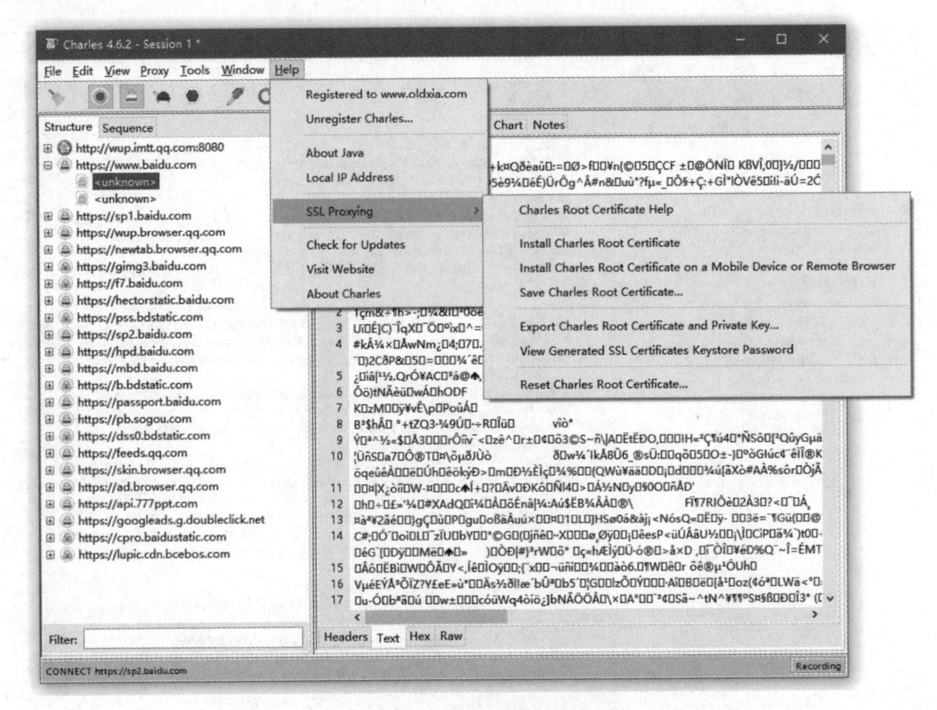

图 1-26　安装 SSL 证书的第 1 步

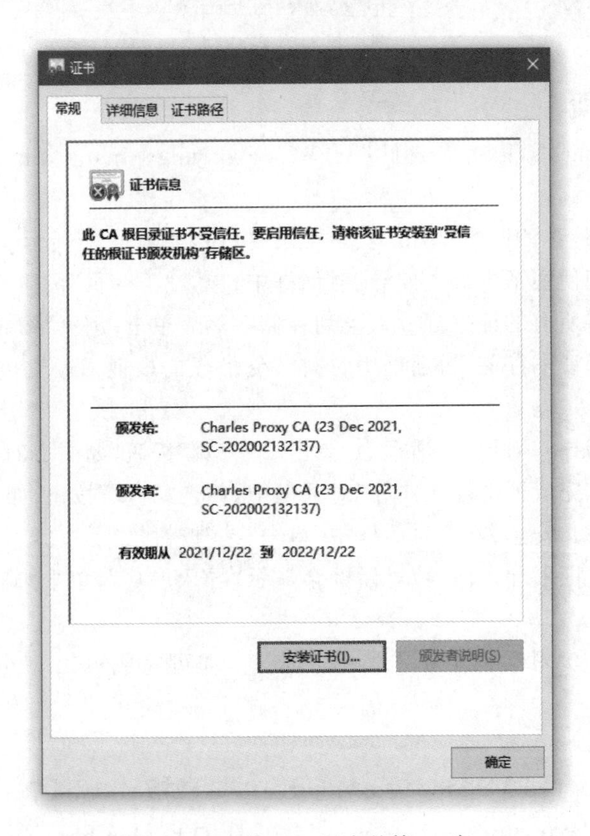

图 1-27　安装 SSL 证书的第 10 步

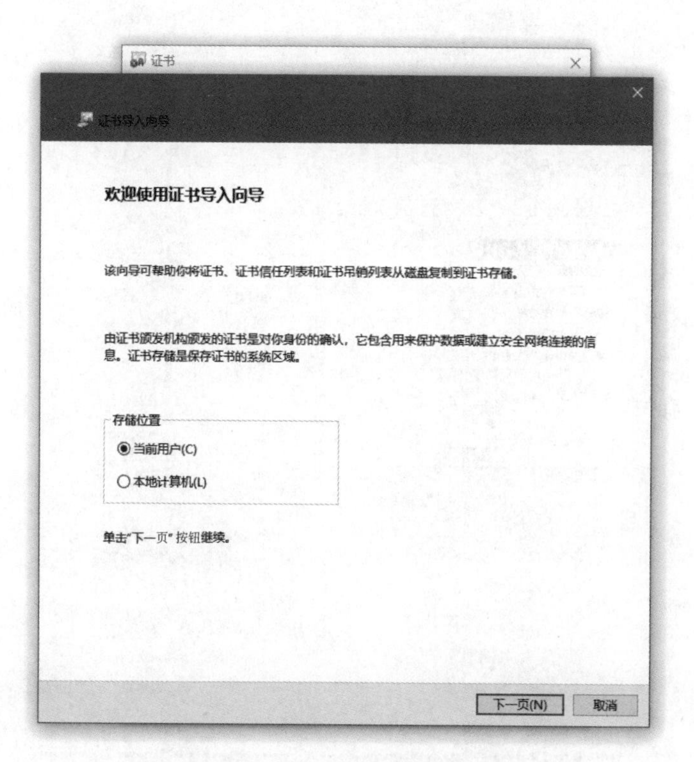

图 1-28 安装 SSL 证书的第 3 步

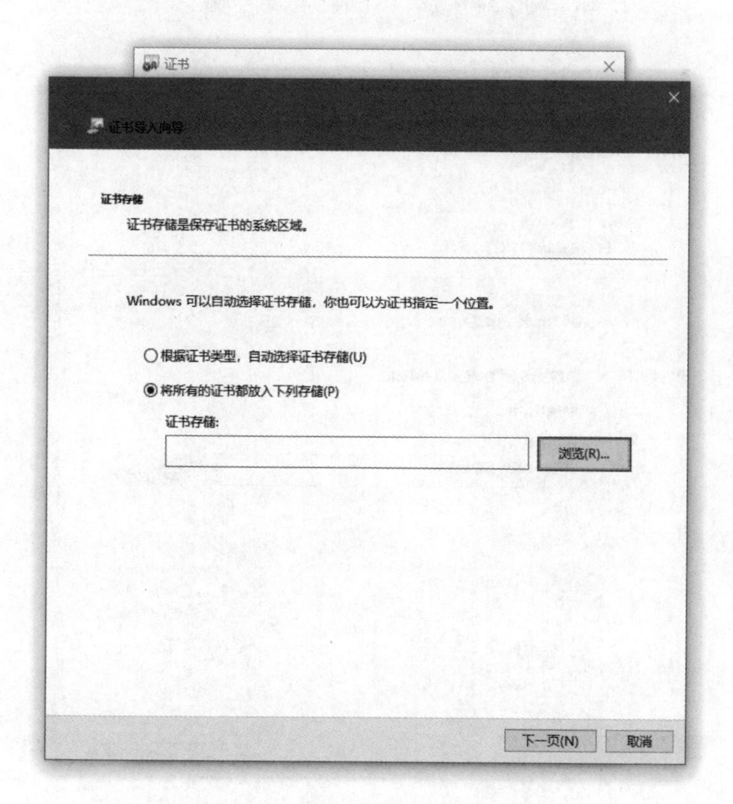

图 1-29 安装 SSL 证书的第 4 步

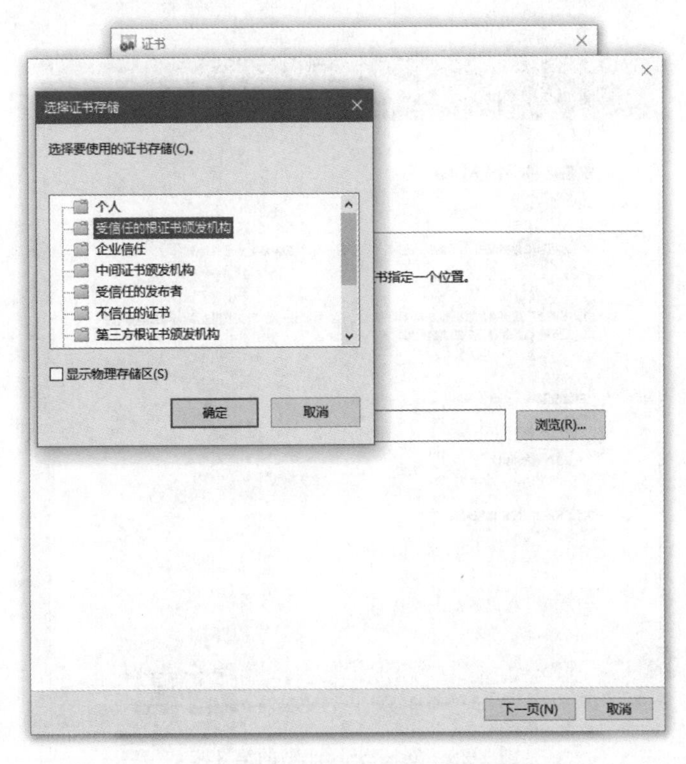

图 1-30　安装 SSL 证书的第 5 步

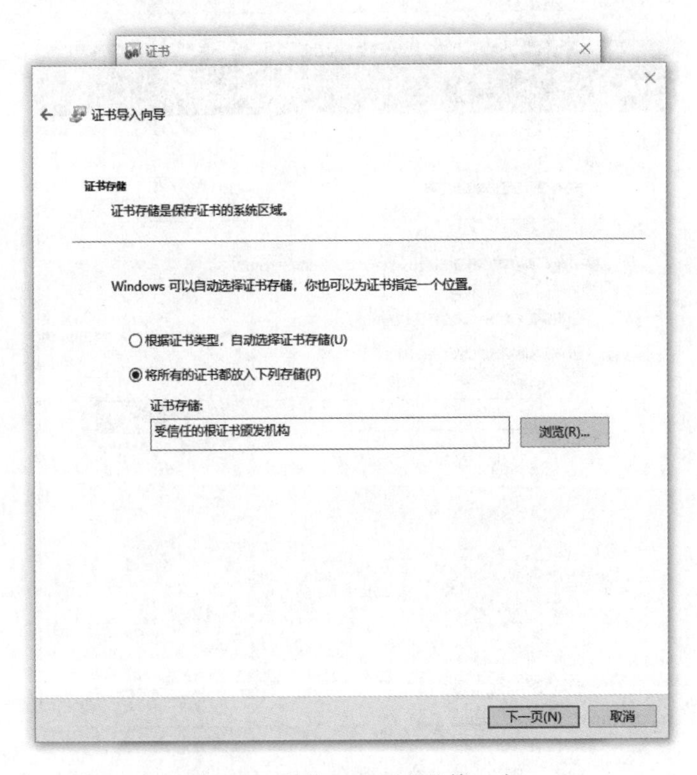

图 1-31　安装 SSL 证书的第 6 步

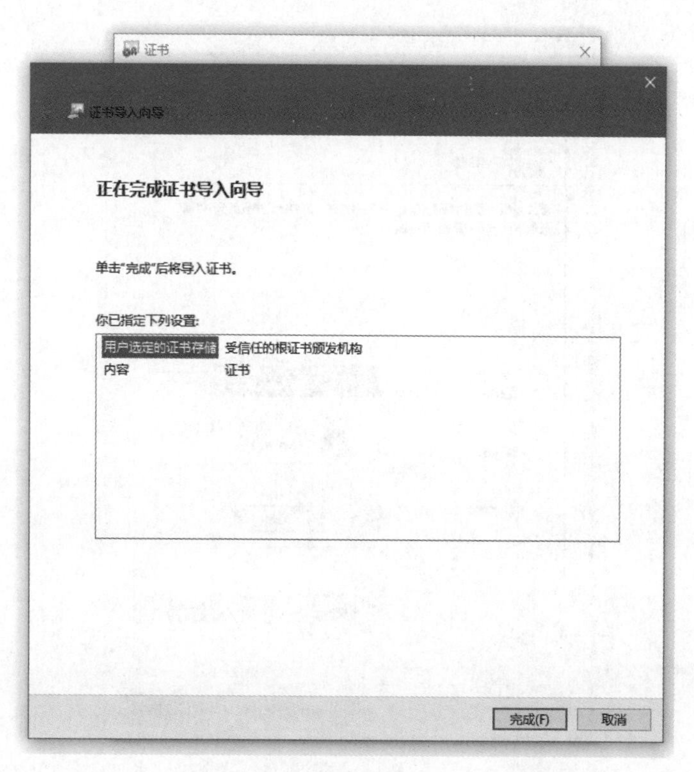

图 1-32　安装 SSL 证书的第 7 步

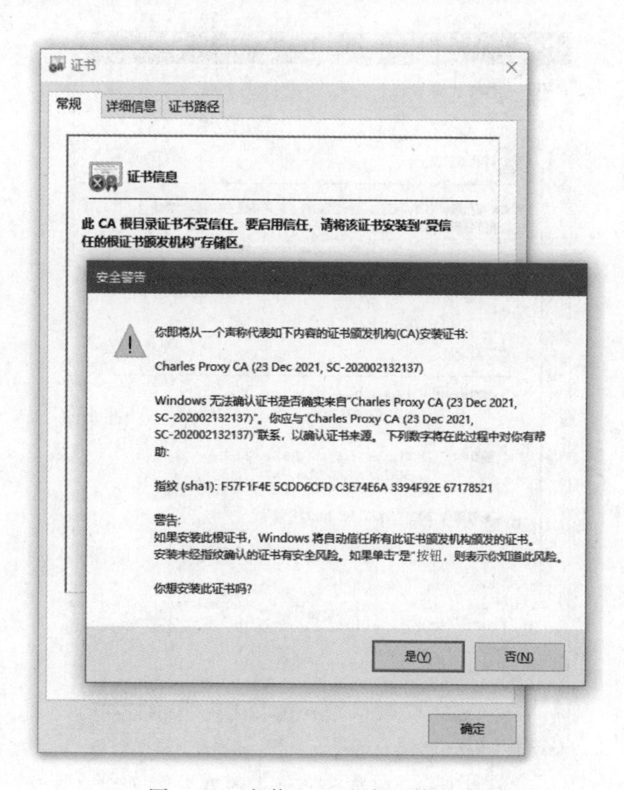

图 1-33　安装 SSL 证书的第 8 步

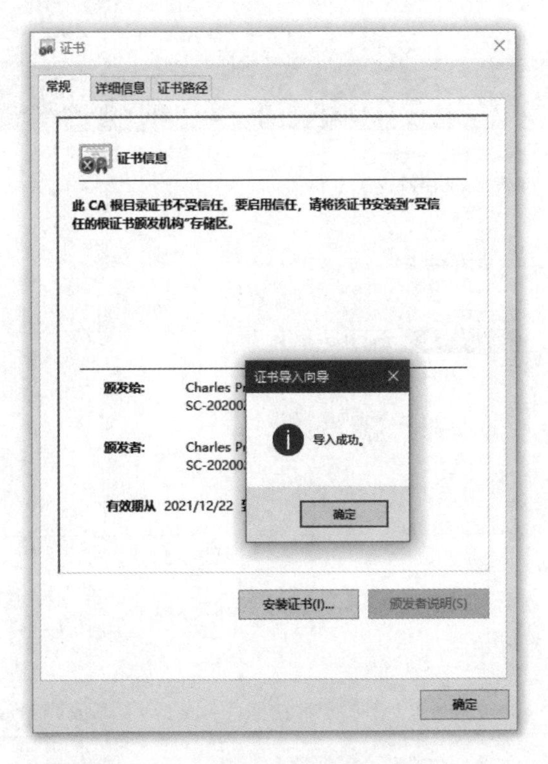

图 1-34　安装 SSL 证书的第 9 步

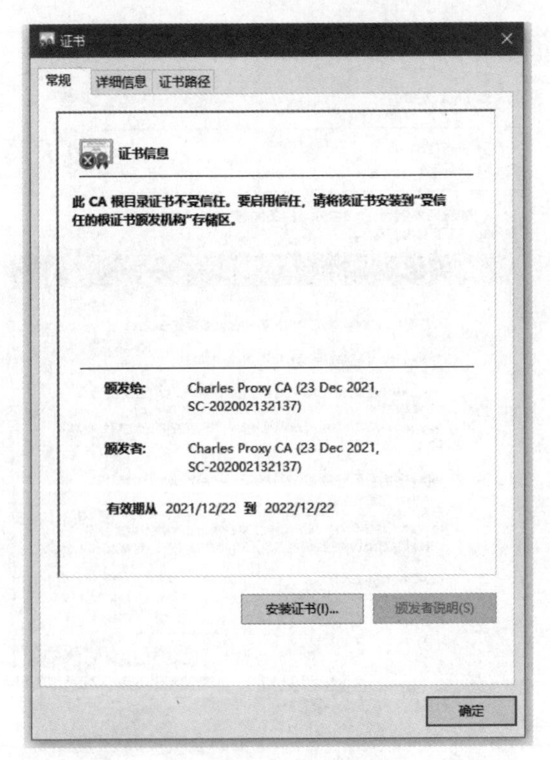

图 1-35　安装 SSL 证书的第 2 步

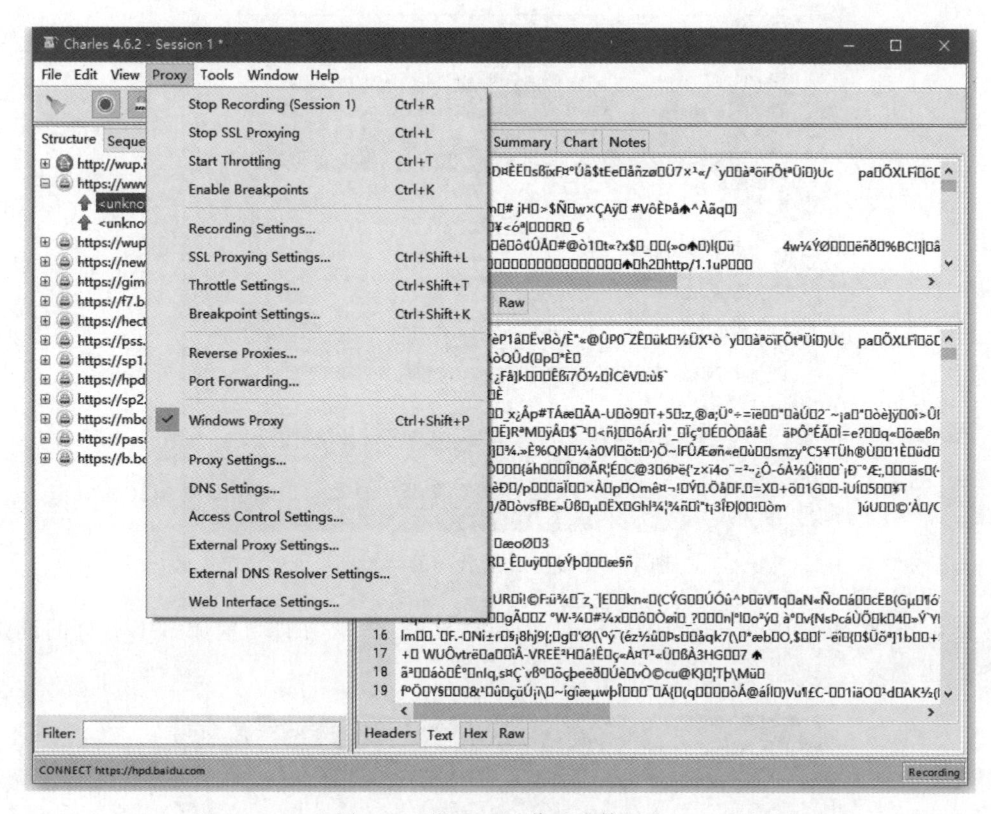

图 1-36　设置 SSL 代理的第 1 步

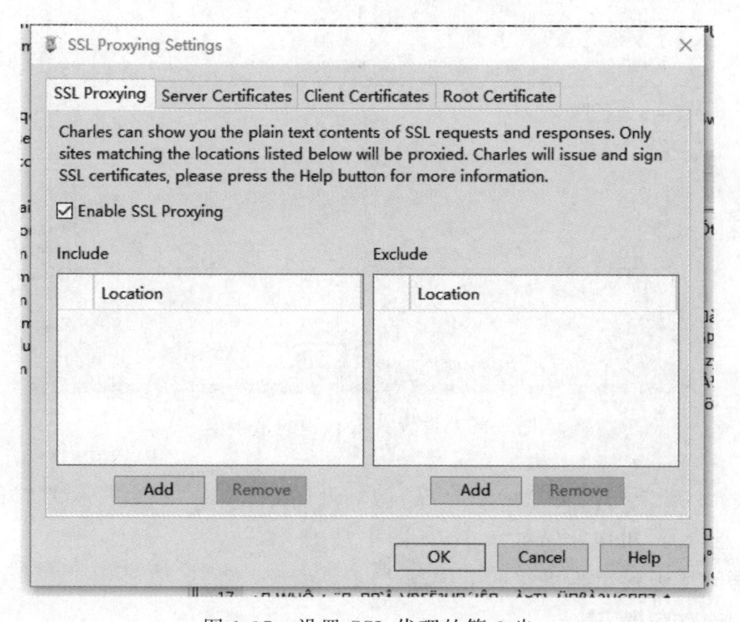

图 1-37　设置 SSL 代理的第 2 步

第 3 步，在 Edit Location 对话框中设置代理，如果没有代理，则可以将 Host 和 Port 所对应的值设置为 *，并单击 OK 按钮，如图 1-38 所示。

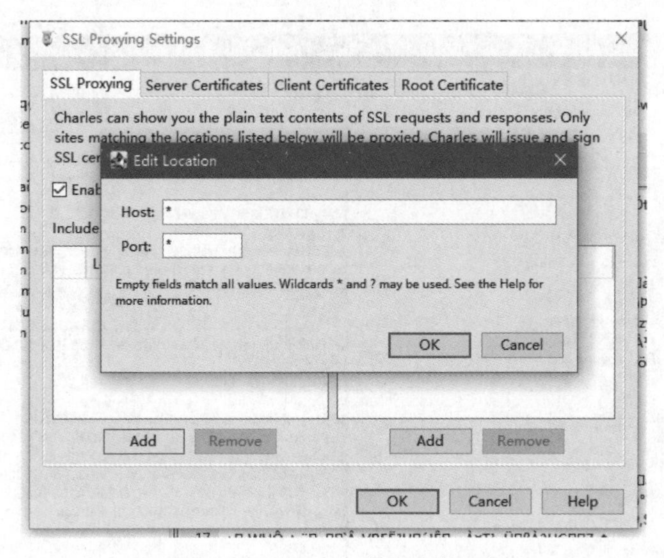

图 1-38 设置 SSL 代理的第 3 步

第 4 步，在 SSL Proxying Settings 对话框中，单击 OK 按钮即可完成 SSL 代理的设置，如图 1-39 所示。

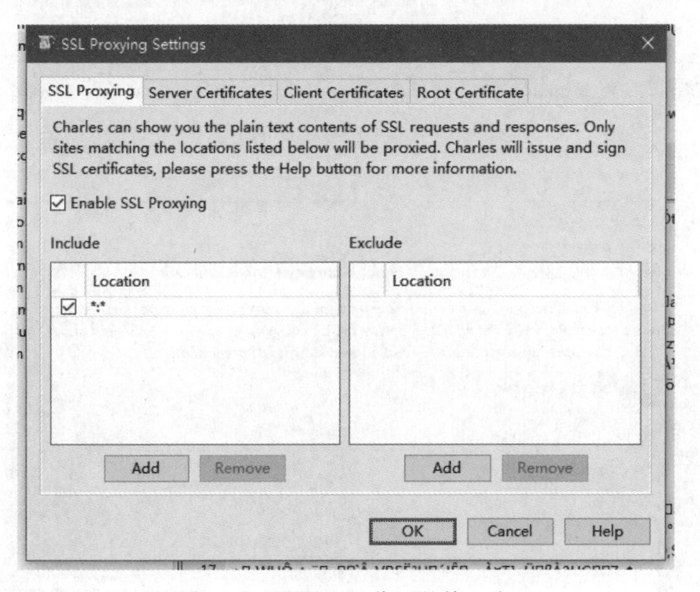

图 1-39 设置 SSL 代理的第 4 步

重启 Charles，并使用浏览器访问百度首页，此时，Charles 中所获取的服务器响应内容不再是乱码信息，已经可以正常显示了，如图 1-40 所示。

2. 手机端网络配置和手机端证书安装

1）手机端网络配置

在进行手机端网络配置前，一定要确保手机端和计算机端在同一个网络环境下。

第 1 步，启动 Charles，依次单击 Help→SSL Proxying→Install Charles Root Certificate on a Mobile Device or Remote Browser，如图 1-41 所示。

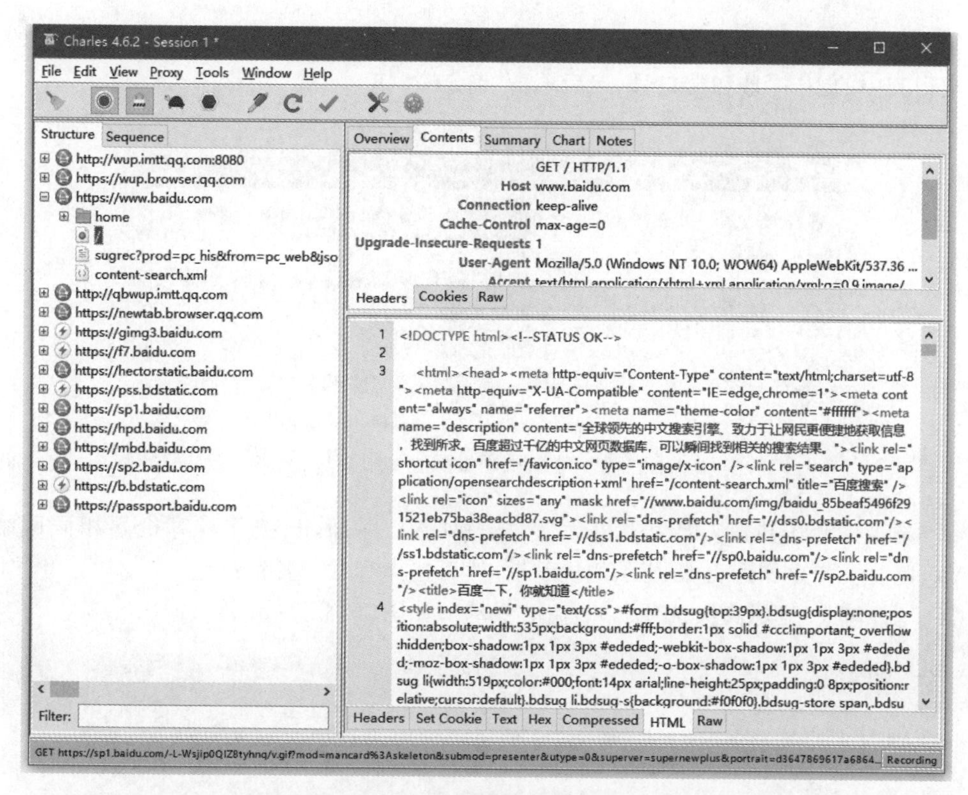

图 1-40　Charles 中所获取的服务器响应内容

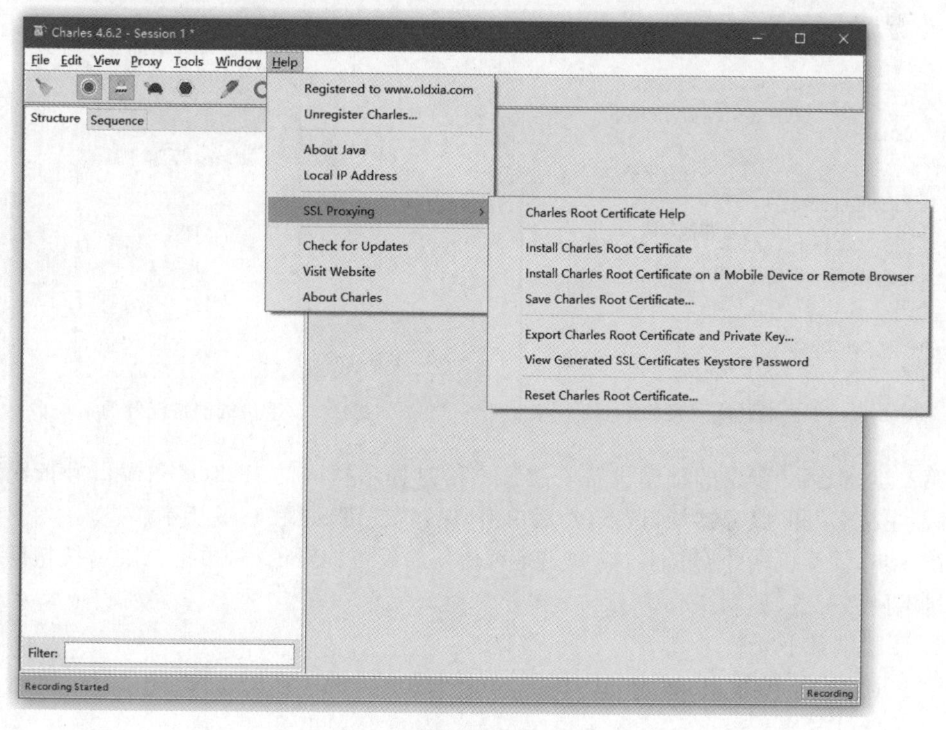

图 1-41　手机端网络配置的第 1 步

第 2 步，此时会弹出如图 1-42 所示的移动设备安装证书的信息提示框，需要注意的是，务必牢记其中的 IP 地址和端口号，然后单击“确定”按钮。

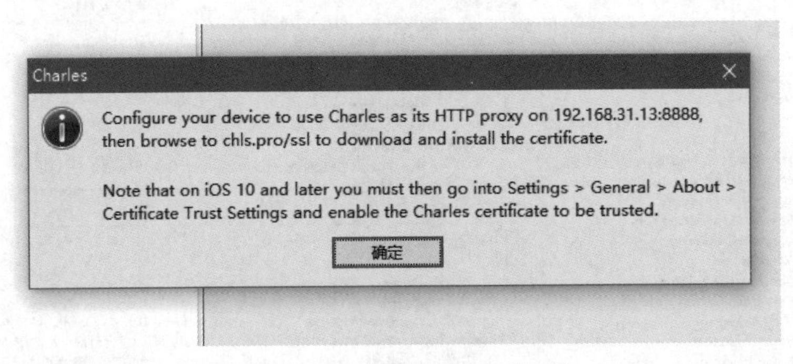

图 1-42　手机端网络配置的第 2 步

第 3 步，打开手机（以华为手机为例）的 WLAN 界面，长按与计算机端相同网络的 WLAN，此时会弹出如图 1-43 所示的提示框，然后选择“修改网络”按钮。

第 4 步，勾选“显示高级选项”，并选择“手动”，如图 1-44 所示。

图 1-43　手机端网络配置的第 3 步

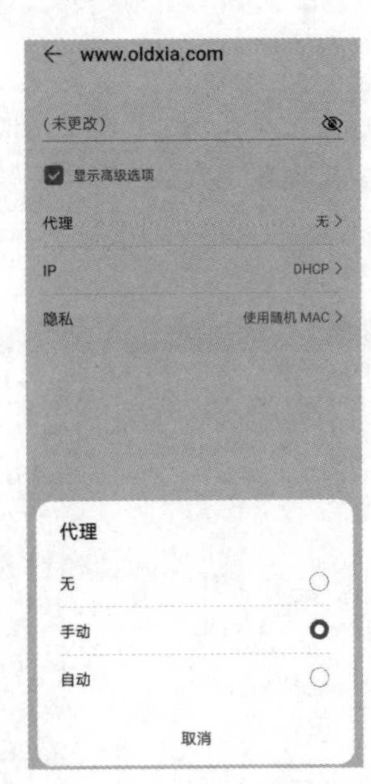

图 1-44　手机端网络配置的第 4 步

第 5 步，将第 2 步中的移动设备安装证书信息提示框内的 IP 地址和端口号依次填入“服务器主机名”和“服务器端口”下，然后单击“保存”按钮，如图 1-45 所示。

第 6 步，计算机端的 Charles 将弹出是否信任此设备的对话框，单击 Allow 按钮即可完成手机端网络配置，如图 1-46 所示。

2）手机端证书安装

第 1 步，依次单击 Help→SSL Proxying→Save Charles Root Certificate，如图 1-47 所示。

图 1-45 手机端网络配置的第 5 步

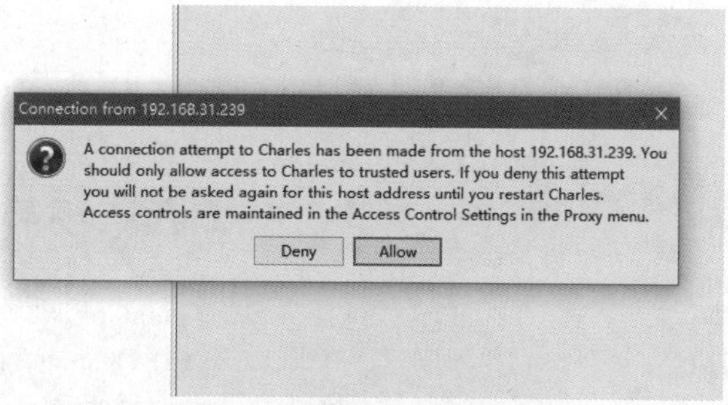

Connection from 192.168.31.239

A connection attempt to Charles has been made from the host 192.168.31.239. You should only allow access to Charles to trusted users. If you deny this attempt you will not be asked again for this host address until you restart Charles. Access controls are maintained in the Access Control Settings in the Proxy menu.

Deny Allow

图 1-46 手机端网络配置的第 6 步

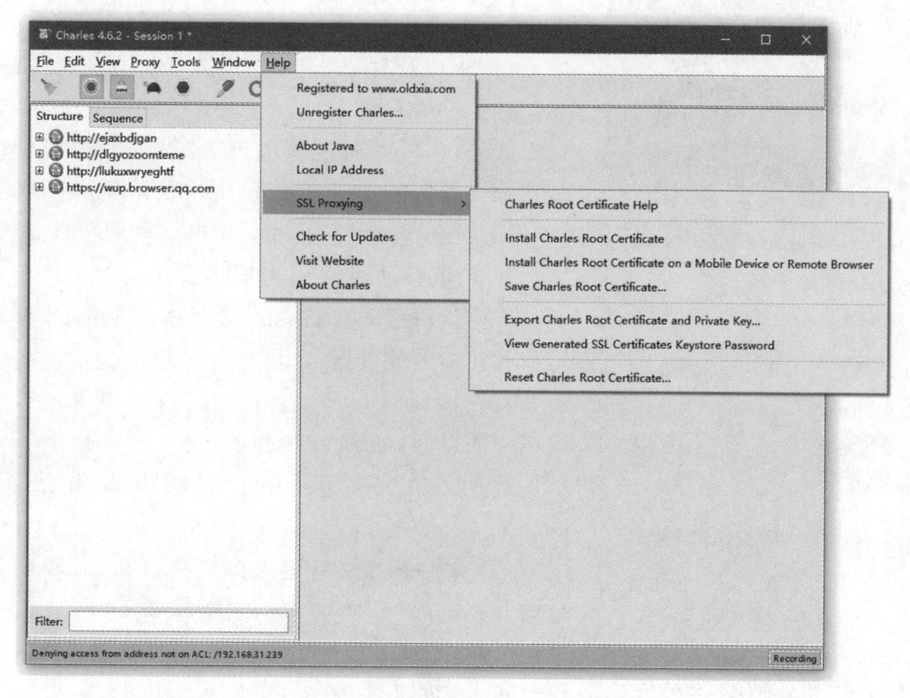

图 1-47 手机端证书安装的第 1 步

第 2 步，将证书进行自定义命名，并保存到相关的位置即可，图 1-48 所示的证书名称为 Charles_SSL。

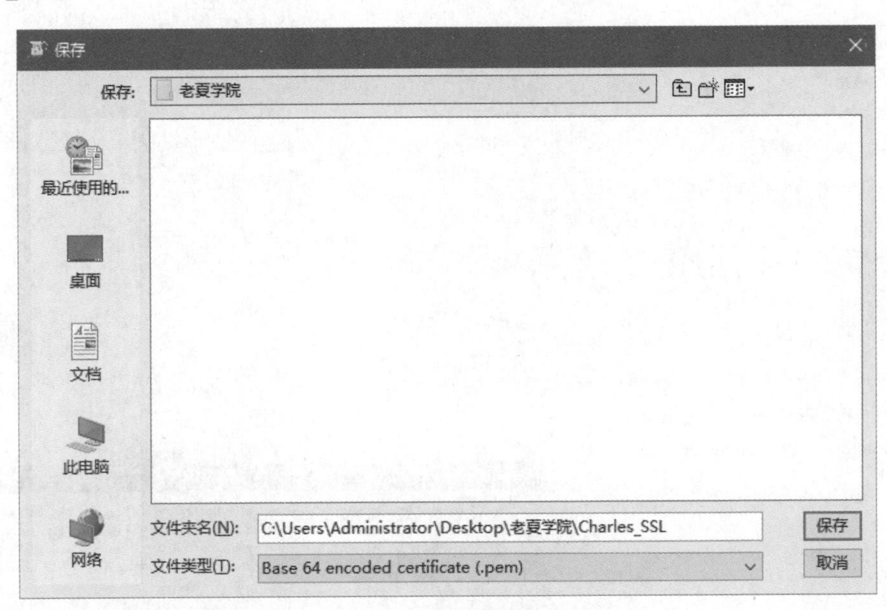

图 1-48 手机端证书安装的第 2 步

第 3 步，将证书保存到手机之中，然后在手机中依次打开"设置"→"安全"→"更多安全设置"→"加密和凭据"→"从存储设备安装"，找到该证书，并单击。此时，进入"证书安装器"界面，自定义证书的名称(建议命名为 Charles)，最后单击"确定"按钮即可完成证书的安装，如图 1-49 所示。

此外，还可以通过依次单击"设置"→"安全"→"更多安全设置"→"加密和凭据"→"受信任的凭据"→"用户"来查看已经安装的证书，如图 1-50 所示。

图 1-49 手机端证书安装的第 3 步

3. 爬取移动端 App 数据

下面就以移动端的 App 今日头条为例，来学习如何爬取其热榜内的数据。

首先，启动 Charles，然后打开移动端 App 今日头条内热榜的界面，如图 1-51 所示。

此时，在 Charles 中，依次单击 https://api5-normal-lq.toutiaoapi.com → hot-event → hot-board → basic，并对服务器的响应内容进行分析，可以确认该部分内容就是热榜内的数据，如图 1-52 所示。

最后，选择 Overview 选项卡，获取请求 URL，并退出 Charles 即可，如图 1-53 所示。

← 受信任的凭据

系统　用户

XK72 Ltd
Charles Proxy CA (23 Dec 2021, SC-202002132137)

图 1-50　手机中已安装的证书

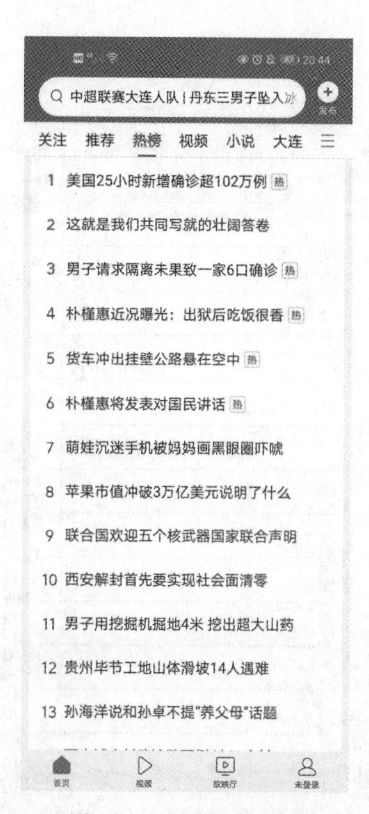

图 1-51　今日头条热榜

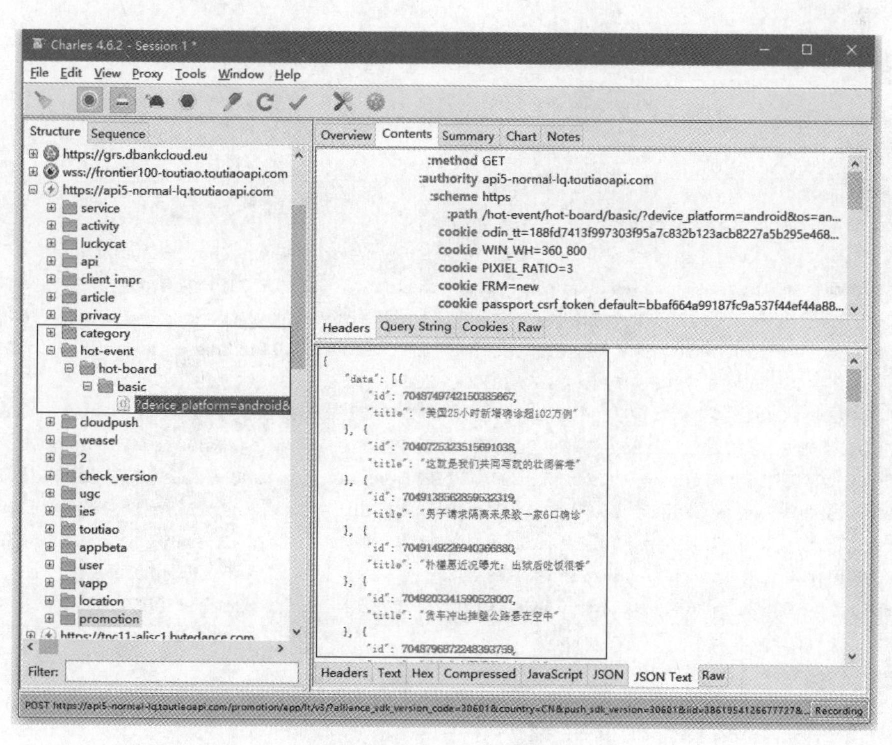

图 1-52　服务器的响应内容

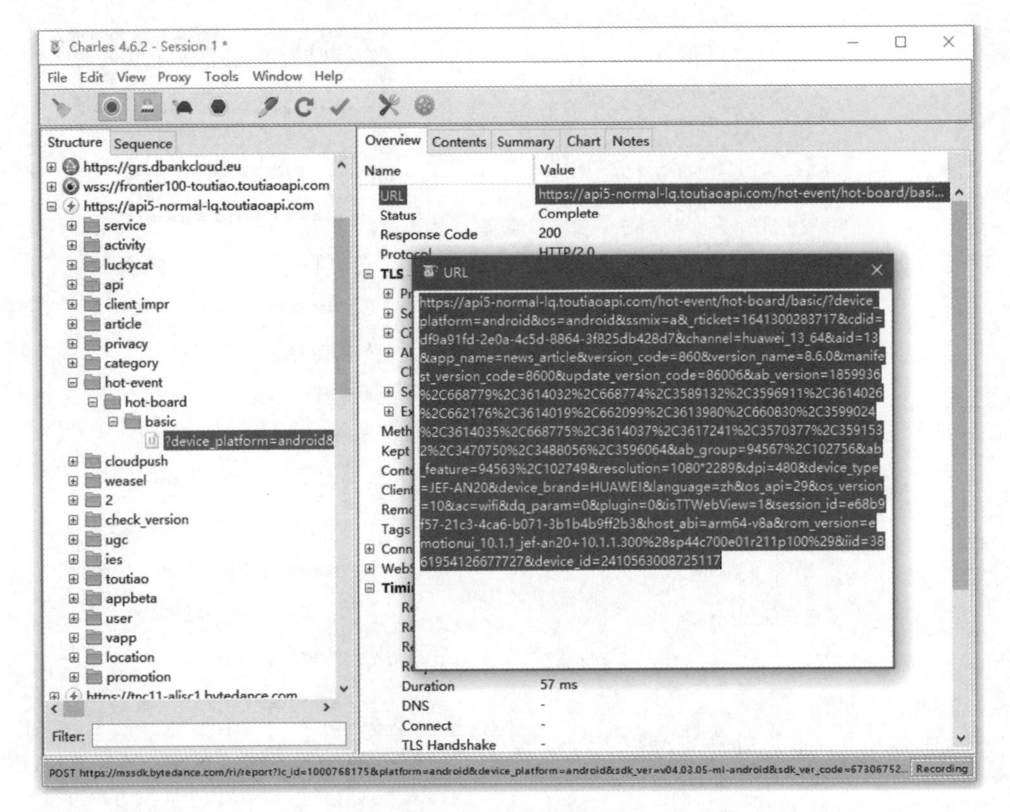

图 1-53　请求 URL

示例代码如下：

```
#资源包\Code\chapter1\1.7\0187.py
import requests
import json
from datetime import datetime
url = "https://api5-normal-lq.toutiaoapi.com/hot-event/hot-board/basic/?device_
platform=android&os=android&ssmix=a&_rticket=1641300283717&cdid=df9a91fd-2e0a-
4c5d-8864-3f825db428d7&channel=huawei_13_64&aid=13&app_name=news_article&version_
code=860&version_name=8.6.0&manifest_version_code=8600&update_version_code=86006&ab_
version=1859936%2C668779%2C3614032%2C668774%2C3589132%2C3596911%2C3614026%
2C662176%2C3614019%2C662099%2C3613980%2C660830%2C3599024%2C3614035%2C668775%
2C3614037%2C3617241%2C3570377%2C3591532%2C3470750%2C3488056%2C3596064&ab_group=
94567%2C102756&ab_feature=94563%2C102749&resolution=1080*2289&dpi=480&device_type
=JEF-AN20&device_brand=HUAWEI&language=zh&os_api=29&os_version=10&ac=WiFi&dq_param
=0&plugin=0&isTTWebView=1&session_id=e68b9f57-21c3-4ca6-b071-3b1b4b9ff2b3&host_
abi=arm64-v8a&rom_version=emotionui_10.1.1_jef-an20+10.1.1.300%
28sp44c700e01r211p100%29&iid=3861954126677727&device_id=2410563008725117"
response = requests.get(url=url)
news = response.text
news_dt = json.loads(news)
now_time = datetime.today().strftime('%Y/%m/%d %H:%M')
num = 0
```

```
print(f'头条热榜,更新时间:{now_time}')
for news_str in news_dt['data']:
    num += 1
    print(f'{num}.{news_str["title"]}')
```

上面代码的运行结果如图 1-54 所示。

```
头条热榜，更新时间:2022/01/04 20:51
1.美国25小时新增确诊超102万例
2.这就是我们共同写就的壮阔答卷
3.男子请求隔离未果致一家6口确诊
4.朴槿惠近况曝光：出狱后吃饭很香
5.货车冲出挂壁公路悬在空中
```

图 1-54 今日头条热榜中的数据

1.8 Scrapy 框架

Scrapy 框架是通过 Python 实现的爬虫框架，使用了 Twisted 异步网络框架来处理网络通信，并且架构清晰，模块之间的耦合程度低，可扩展性极强，可以灵活地完成各种任务。

Scrapy 框架在处理爬取任务的过程中，程序员仅需要重点关注爬取规则和处理爬取的数据，至于抓取页面、保存数据、任务调度和分布式等工作，交由 Scrapy 框架即可轻松完成。

Scrapy 框架的应用领域非常广泛，包括数据挖掘、监测及自动化测试等。

1.8.1 Scrapy 框架的组成

Scrapy 框架包括 6 大组件，分别是 Scrapy 引擎(Scrapy Engine)、调度器(Scheduler)、下载器(Downloader)、爬虫(Spiders)、数据管道(Item Pipeline)和中间件(Middlewares)。

1. Scrapy 引擎

Scrapy 引擎负责处理整个系统的数据流，并在相应动作发生时触发事件。

2. 调度器

调度器用于接收 Scrapy 引擎发送的爬取请求，并将其压入队列中，以便于在 Scrapy 引擎再次请求时返回。

3. 下载器

下载器负责获取网页数据并提供给 Scrapy 引擎，而后将网页的内容提供给爬虫。

4. 爬虫

爬虫用于从特定的网页中提取所需要的信息，即 Item。

5. 数据管道

数据管道用于处理爬虫从网页中提取出来的 Item，典型的处理包括清洗、验证及持久化。

6. 中间件

在 Scrapy 框架中有许多种类的中间件，常用的包括下载器中间件(Downloader

Middlewares)和爬虫中间件(Spider Middlewares),其中,下载器中间件位于 Scrapy 引擎和下载器之间,主要用于处理 Scrapy 引擎与下载器之间的请求和响应;爬虫中间件则位于 Scrapy 引擎和爬虫之间,主要用于处理爬虫的请求输出和响应输入。

1.8.2 Scrapy 框架的运行流程

Scrapy 框架的运行流程大致可分为 9 步,如图 1-55 所示,其具体步骤如下:

第 1 步,Scrapy 引擎打开一个网站,找到处理该网站的爬虫,并向该爬虫请求第 1 个要爬取的 URL,此时,爬虫会将该 URL 封装成 Request 对象提交给 Scrapy 引擎。

第 2 步,Scrapy 引擎获取 Request 对象之后,全部提交给调度器。

第 3 步,调度器在获取所有的 Request 对象后,通过其内部的过滤器将重复的 URL 过滤掉,并将去重后的所有 URL 所对应的 Request 对象压入队列之中,随后调度器调度出其中的一个 Request 对象,并将其提交给 Scrapy 引擎。

第 4 步,Scrapy 引擎将调度器调度出的 Request 对象提交给下载器。

第 5 步,下载器获得该 Request 对象后,会在互联网中进行下载,待数据下载成功后,会被封装到 Response 对象中,随后下载器会将 Response 对象提交给 Scrapy 引擎。

第 6 步,Scrapy 引擎将 Response 对象提交给爬虫。

第 7 步,爬虫在获取 Response 对象后,调用回调方法对数据进行解析,待解析成功后会生成 Item,随后爬虫会将 Item 提交给 Scrapy 引擎。

第 8 步,Scrapy 引擎将 Item 提交给数据管道,而数据管道在获取 Item 后,会对数据进行持久化存储等操作。

第 9 步,Scrapy 引擎重复执行第 2 步到第 8 步,直到调度器中没有更多的 Request 对象,Scrapy 引擎将关闭该网站,爬取结束。

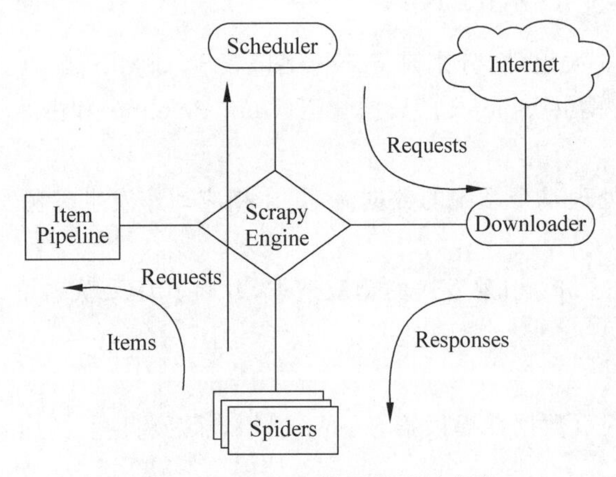

图 1-55 Scrapy 框架的运行流程

1.8.3 Scrapy 框架的安装

Scrapy 框架属于 Python 的第三方库,所以需要进行安装,只需在命令提示符中输入命令 pip install scrapy。

1.8.4　Scrapy 框架的应用

1. 创建项目

在“命令提示符”中，进入待创建项目的文件夹，输入命令 scrapy startproject project 创建项目，其中 project 为自定义的项目名。

例如，输入命令 scrapy startproject firstscrapy，表示创建名为 firstscrapy 的项目，项目结构如图 1-56 所示。

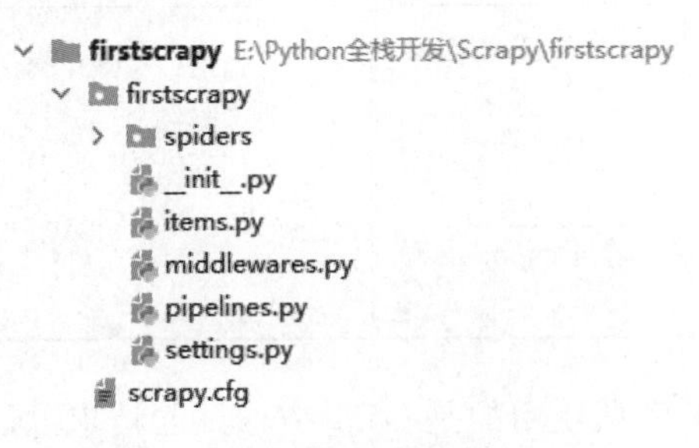

图 1-56　项目结构

其中，scrapy. cfg 文件是项目的部署文件，其定义了配置文件的路径和部署的相关信息等内容；spiders 目录用于创建爬虫文件，编写爬虫规则；items. py 文件用于定义数据，可以寄存处理后的数据；middlewares. py 文件用于定义爬取时的中间件；pipelines. py 文件用于数据清理、验证及持久化处理；settings. py 文件为配置文件，包括配置爬虫信息、请求头、中间件等。

2. 创建爬虫

在“命令提示符”中，使用相关命令进入项目所在的目录，然后输入命令 scrapy genspider spidername url 即可创建爬虫，其中，spidername 表示爬虫的名称，并且该名称不能与项目名称相同，url 表示爬虫的域名范围。

例如，输入命令 scrapy genspider oldxia www. oldxia. com/xzd/upload，表示创建名为 oldxia，并且域名范围为 www. oldxia. com/xzd/upload 的爬虫。

在执行完上述命令后，spiders 目录中会增加一个 oldxia. py 文件，该文件就是爬虫程序，其内部定义了一个爬虫类，该类继承自 scrapy 模块中的 Spider 类，其内容如下：

```
import scrapy
class OldxiaSpider(scrapy.Spider):
    name = 'oldxia'
    allowed_domains = ['www.oldxia.com/xzd/upload']
    start_urls = ['http://www.oldxia.com/xzd/upload/']
    def parse(self, response):
        pass
```

其中，变量 name 表示爬虫的名称；变量 allowed_domains 表示允许爬虫爬取的域名范围；变量 start_urls 表示爬虫在启动时爬取的 URL 列表；parse()方法用于解析服务器的响应、提取数据或进一步生成要处理的请求，即当调用变量 start_urls 内的 URL 时，服务器的响应就会作为唯一的参数 response 传递给该方法；参数 response 的类型为 HtmlResponse，通过调用该类型的相关属性和方法，如表 1-17 所示，可以获得网页的源代码等相关信息。

表 1-17　HTMLResponse 类的相关属性和方法

属　性	描　述	方　法	描　述
url	响应的 URL	xpath()	使用 XPath 选择器在响应中提取数据，返回一个 SelectorList 对象
status	响应状态码		
headers	响应头的全部信息	css()	使用 CSS 选择器在响应中提取数据，返回一个 SelectorList 对象
body	字节类型的响应内容		
text	字符串类型的响应内容		
encoding	响应内容的编码		
request	响应所对应的 Request 对象		
meta	待传递的信息		
selector	Selector 对象，用于在 Response 对象中提取数据		

此外，由于 Scrapy 框架默认使用的是 GET 方法发起请求，所以当需要使用 POST 方法发起请求时，需要重写父类中的 start_requests()方法，该方法同样用于生成网络请求，并返回一个可迭代对象。

通过上表得知，使用 HTMLResponse 类的 xpath()方法和 css()方法可以获得 SelectorList 对象，而 SelectorList 对象是 list 类子类的实例化对象，其中的元素就是 Selector 对象。

通过 SelectorList 对象和 Selector 对象的相关方法，如表 1-18 所示，就可以提取所需的数据。

表 1-18　SelectorList 对象和 Selector 对象的相关方法

对　象	方　法	描　述
SelectorList 对象	extract()	返回 SelectorList 对象中各个元素的 Unicode 字符串所组成的列表
	extract_first()	返回 SelectorList 对象中第 1 个元素的 Unicode 字符串
	re()	返回对 SelectorList 对象中各个元素进行正则提取后的 Unicode 字符串所组成的列表
	re_first()	返回对 SelectorList 对象中第 1 个元素进行正则提取后的 Unicode 字符串
Selector 对象	extract()	返回 Selector 对象中元素的 Unicode 字符串
	re()	返回对 Selector 对象中元素进行正则提取后的 Unicode 字符串

示例代码如下：

```
#资源包\Code\chapter1\1.8\firstscrapy\firstscrapy\spiders\oldxia.py
import scrapy
class OldxiaSpider(scrapy.Spider):
    name = 'oldxia'
    allowed_domains = ['www.oldxia.com/xzd/upload']
    start_urls = ['http://www.oldxia.com/xzd/upload/']
    def parse(self, response):
        print('=================')
```

```
        print(f'1 ---- {type(response)}')
        print('=================')
        print(f'2 ---- {response.text}')
        print('=================')
        print(f'3 ---- {response.url}')
        print('=================')
        print(f'4 ---- {response.body}')
        print('=================')
        print(f'5 ---- {response.meta}')
        print('=================')
        print(f'6 ---- {response.status}')
        print('=================')
        print(f'7 ---- {response.headers}')
        print('=================')
        print(f'8 ---- {response.selector}')
        print('=================')
        selectorlist1 = response.xpath('//div[@class = "fl bm"]/div/div/h2/a/text()')
        print(f'9 ----- {type(selectorlist1)}')
        print(f'10 ---- {selectorlist1.extract()}')
        print('=================')
        selectorlist2 = response.xpath('//div[@class = "fl bm"]/div/div/h2/a/text()')
        print(f'11 ---- {selectorlist2.extract_first()}')
        print('=================')
        selectorlist3 = (response.xpath('//div[@id = "category_40"]/table/tr/td/dl/dt/a/
text()'))
        print(f"12 --- {selectorlist3.re(r'.')}")
        print('=================')
        selectorlist4 = (response.xpath('//div[@id = "category_40"]/table/tr/td/dl/dt/a/
text()'))
        print(f"13 --- {selectorlist4.re_first(r'.')}")
        print('=================')
        selectorlist5 = response.xpath('//div[@class = "fl bm"]/div/div/h2/a/text()')
        for selector in selectorlist5:
            print(f'14 ---- {type(selector)}')
            print(f'15 ---- {selector.extract()}')
            print(f"16 ---- {selector.re(r'.')}")
        print('=================')
```

3. 运行爬虫

运行爬虫有两种方式，一种是在“命令提示符”中运行；另一种是在 PyCharm 中运行。

1）在“命令提示符”中运行

在“命令提示符”中，使用相关命令进入项目所在的目录，然后输入命令 scrapy crawl spidername 即可运行爬虫，其中，spidername 表示爬虫的名称。

例如，输入命令 scrapy crawl oldxia，表示运行名称为 oldxia 的爬虫，其运行结果按照由上至下的顺序大致可以分为以下几部分：

第 1 部分，运行的环境信息，包括版本号、依赖库等，如图 1-57 所示。

第 2 部分，settings.py 文件中被重写后的配置信息，如图 1-58 所示。

```
E:\Python全栈开发\Scrapy\firstscrapy>scrapy crawl oldxia
2022-01-06 20:47:23 [scrapy.utils.log] INFO: Scrapy 2.5.1 started (bot: firstscrapy)
2022-01-06 20:47:23 [scrapy.utils.log] INFO: Versions: lxml 4.6.3.0, libxml2 2.9.5, cssselect 1.1.0, parsel 1.6.
0, w3lib 1.22.0, Twisted 21.7.0, Python 3.7.0 (v3.7.0:1bf9cc5093, Jun 27 2018, 04:06:47) [MSC v.1914 32 bit (Int
el)], pyOpenSSL 21.0.0 (OpenSSL 1.1.1m  14 Dec 2021), cryptography 36.0.1, Platform Windows-10-10.0.19041-SP0
2022-01-06 20:47:23 [scrapy.utils.log] DEBUG: Using reactor: twisted.internet.selectreactor.SelectReactor
```

图 1-57　运行的环境信息

```
2022-01-06 20:47:23 [scrapy.crawler] INFO: Overridden settings:
{'BOT_NAME': 'firstscrapy',
 'NEWSPIDER_MODULE': 'firstscrapy.spiders',
 'ROBOTSTXT_OBEY': True,
 'SPIDER_MODULES': ['firstscrapy.spiders']}
```

图 1-58　settings.py 文件中被重写后的配置信息

第 3 部分，启动相关扩展模块，如图 1-59 所示。

```
2022-01-06 20:47:23 [scrapy.extensions.telnet] INFO: Telnet Password: 02fa25e58fdb0669
2022-01-06 20:47:23 [scrapy.middleware] INFO: Enabled extensions:
['scrapy.extensions.corestats.CoreStats',
 'scrapy.extensions.telnet.TelnetConsole',
 'scrapy.extensions.logstats.LogStats']
```

图 1-59　启动相关扩展模块

第 4 部分，启动下载器中间件，并调用相关模块，如图 1-60 所示。

```
2022-01-06 20:47:24 [scrapy.middleware] INFO: Enabled downloader middlewares:
['scrapy.downloadermiddlewares.robotstxt.RobotsTxtMiddleware',
 'scrapy.downloadermiddlewares.httpauth.HttpAuthMiddleware',
 'scrapy.downloadermiddlewares.downloadtimeout.DownloadTimeoutMiddleware',
 'scrapy.downloadermiddlewares.defaultheaders.DefaultHeadersMiddleware',
 'scrapy.downloadermiddlewares.useragent.UserAgentMiddleware',
 'scrapy.downloadermiddlewares.retry.RetryMiddleware',
 'scrapy.downloadermiddlewares.redirect.MetaRefreshMiddleware',
 'scrapy.downloadermiddlewares.httpcompression.HttpCompressionMiddleware',
 'scrapy.downloadermiddlewares.redirect.RedirectMiddleware',
 'scrapy.downloadermiddlewares.cookies.CookiesMiddleware',
 'scrapy.downloadermiddlewares.httpproxy.HttpProxyMiddleware',
 'scrapy.downloadermiddlewares.stats.DownloaderStats']
```

图 1-60　启动下载器中间件

第 5 部分，启动爬虫中间件，并调用相关模块，如图 1-61 所示。

```
2022-01-06 20:47:24 [scrapy.middleware] INFO: Enabled spider middlewares:
['scrapy.spidermiddlewares.httperror.HttpErrorMiddleware',
 'scrapy.spidermiddlewares.offsite.OffsiteMiddleware',
 'scrapy.spidermiddlewares.referer.RefererMiddleware',
 'scrapy.spidermiddlewares.urllength.UrlLengthMiddleware',
 'scrapy.spidermiddlewares.depth.DepthMiddleware']
```

图 1-61　启动爬虫中间件

第 6 部分，启动数据管道，如图 1-62 所示。

```
2022-01-06 20:47:24 [scrapy.middleware] INFO: Enabled item pipelines:
[]
```

图 1-62　启动数据管道

第 7 部分，打开爬虫及相关拓展，如图 1-63 所示。

```
2022-01-06 20:47:24 [scrapy.core.engine] INFO: Spider opened
2022-01-06 20:47:24 [scrapy.extensions.logstats] INFO: Crawled 0 pages (at 0 pages/min), scraped 0 items (at 0 i
tems/min)
2022-01-06 20:47:24 [scrapy.extensions.telnet] INFO: Telnet console listening on 127.0.0.1:6023
```

图 1-63　打开爬虫及相关拓展

第 8 部分，待爬取的 URL，如图 1-64 所示。

```
2022-01-06 20:47:24 [scrapy.core.engine] DEBUG: Crawled (404) <GET http://www.oldxia.com/robots.txt> (referer: N
one)
2022-01-06 20:47:25 [scrapy.core.engine] DEBUG: Crawled (200) <GET http://www.oldxia.com/xzd/upload/> (referer:
None)
```

图 1-64　待爬取的 URL

第 9 部分，爬取的数据，如图 1-65 所示。

```
================
<class 'scrapy.http.response.html.HtmlResponse'>
================
<!DOCTYPE html PUBLIC "-//W3C//DTD XHTML 1.0 Transitional//EN" "http://www.w3.org/TR/xhtml1/DTD/xhtml1-transitio
nal.dtd">
<html xmlns="http://www.w3.org/1999/xhtml">
<head>
<meta http-equiv="Content-Type" content="text/html; charset=utf-8" />
<title>老夏学院 - 一站式编程学习中心 </title>

<meta name="keywords" content="老夏学院" />
<meta name="description" content="Python,PHP,Linux,Web编程,Git " />
<meta name="generator" content="Discuz! X3.4" />
<meta name="author" content="Discuz! Team and Comsenz UI Team" />
<meta name="copyright" content="2001-2020 Tencent Cloud." />
<meta name="MSSmartTagsPreventParsing" content="True" />
<meta http-equiv="MSThemeCompatible" content="Yes" />
<base href="http://www.oldxia.com/xzd/upload/" /><link rel="stylesheet" type="text/css" href="data/cache/style_1
_common.css?NB1" /><link rel="stylesheet" type="text/css" href="data/cache/style_1_forum_index.css?NB1" /><scrip
t type="text/javascript">var STYLEID = '1', STATICURL = 'static/', IMGDIR = 'static/image/common', VERHASH = 'NB
1', charset = 'utf-8', discuz_uid = '0', cookiepre = 'I66K_2132_', cookiedomain = '', cookiepath = '/', showuser
card = '1', attackevasive = '0', disallowfloat = 'newthread', creditnotice = '2|G币|', defaultstyle = '', REPORT
URL = 'aHR0cDovL3d3dy5vbGR4aWEuY29tL3h6ZC91cGxvYWQv', SITEURL = 'http://www.oldxia.com/xzd/upload/', JSPATH = 's
tatic/js/', CSSPATH = 'data/cache/style_', DYNAMICURL = '';</script>
<script src="static/js/common.js?NB1" type="text/javascript"></script>
<meta name="application-name" content="老夏学院" />
<meta name="msapplication-tooltip" content="老夏学院" />
<meta name="msapplication-task" content="name=首页;action-uri=http://www.oldxia.com/xzd/upload/forum.php;icon-ur
i=http://www.oldxia.com/xzd/upload/static/image/common/bbs.ico" />
<link rel="archives" title="老夏学院" href="http://www.oldxia.com/xzd/upload/archiver/" />
<script src="static/js/forum.js?NB1" type="text/javascript"></script>
</head>
```

图 1-65　爬取的数据

第 10 部分，关闭爬虫，如图 1-66 所示。

```
2022-01-06 20:47:25 [scrapy.core.engine] INFO: Closing spider (finished)
```

图 1-66　关闭爬虫

第 11 部分，Scrapy 信息统计，包括请求字节、请求计数、请求方法计数、响应字节、响应计数、响应状态计数、已用时间、完成原因、完成时间、爬取条目计数、Debug 计数、INFO 计数、响应接收计数、出列计数、出列内存计数、入列计数、入列内存计数和开始时间等，如图 1-67 所示。

```
2022-01-06 20:47:25 [scrapy.statscollectors] INFO: Dumping Scrapy stats:
{'downloader/request_bytes': 449,
 'downloader/request_count': 2,
 'downloader/request_method_count/GET': 2,
 'downloader/response_bytes': 24496,
 'downloader/response_count': 2,
 'downloader/response_status_count/200': 1,
 'downloader/response_status_count/404': 1,
 'elapsed_time_seconds': 1.430228,
 'finish_reason': 'finished',
 'finish_time': datetime.datetime(2022, 1, 6, 12, 47, 25, 960281),
 'log_count/DEBUG': 2,
 'log_count/INFO': 10,
 'response_received_count': 2,
 'robotstxt/request_count': 1,
 'robotstxt/response_count': 1,
 'robotstxt/response_status_count/404': 1,
 'scheduler/dequeued': 1,
 'scheduler/dequeued/memory': 1,
 'scheduler/enqueued': 1,
 'scheduler/enqueued/memory': 1,
 'start_time': datetime.datetime(2022, 1, 6, 12, 47, 24, 530053)}
```

图 1-67　Scrapy 信息统计

第 12 部分，Scrapy 引擎关闭网站，爬取结束，如图 1-68 所示。

```
2022-01-06 20:47:25 [scrapy.core.engine] INFO: Spider closed (finished)
```

图 1-68　Scrapy 引擎关闭网站

2）在 PyCharm 中运行

在项目所在的目录中创建爬虫启动文件 run.py，示例代码如下：

```python
#资源包\Code\chapter1\1.8\firstscrapy\run.py
#导入 CrawlerProcess 类
from scrapy.crawler import CrawlerProcess
#导入获取项目的设置信息
from scrapy.utils.project import get_project_settings
if __name__ == '__main__':
    #创建 CrawlerProcess 对象,并传入项目的设置信息
    process = CrawlerProcess(get_project_settings())
    #设置待启动的爬虫名称
    process.crawl('oldxia')
    #启动爬虫
    process.start()
```

执行该文件，即可运行名称为 oldxia 的爬虫，其运行结果与在“命令提示符”中运行的结果一致，如图 1-69 所示。

```
2022-01-10 21:17:22 [scrapy.utils.log] INFO: Scrapy 2.5.1 started (bot: firstscrapy)
2022-01-10 21:17:22 [scrapy.utils.log] INFO: Versions: lxml 4.6.3.0, libxml2 2.9.5, cssselect 1.1.0, parsel 1.6.0, w3lib 1.22.0,
 Twisted 21.7.0, Python 3.7.0 (v3.7.0:1bf9cc5093, Jun 27 2018, 04:06:47) [MSC v.1914 32 bit (Intel)], pyOpenSSL 21.0.0 (OpenSSL 1.1.1m
  14 Dec 2021), cryptography 36.0.1, Platform Windows-10-10.0.19041-SP0
2022-01-10 21:17:22 [scrapy.utils.log] DEBUG: Using reactor: twisted.internet.selectreactor.SelectReactor
2022-01-10 21:17:22 [scrapy.crawler] INFO: Overridden settings:
{'BOT_NAME': 'firstscrapy',
 'NEWSPIDER_MODULE': 'firstscrapy.spiders',
 'ROBOTSTXT_OBEY': True,
 'SPIDER_MODULES': ['firstscrapy.spiders']}
2022-01-10 21:17:22 [scrapy.extensions.telnet] INFO: Telnet Password: e3ae9d463359f00c
2022-01-10 21:17:22 [scrapy.middleware] INFO: Enabled extensions:
['scrapy.extensions.corestats.CoreStats',
 'scrapy.extensions.telnet.TelnetConsole',
 'scrapy.extensions.logstats.LogStats']
2022-01-10 21:17:23 [scrapy.middleware] INFO: Enabled downloader middlewares:
['scrapy.downloadermiddlewares.robotstxt.RobotsTxtMiddleware',
 'scrapy.downloadermiddlewares.httpauth.HttpAuthMiddleware',
```

图 1-69　PyCharm 中的部分运行结果

4. 数据管道

数据管道用于处理爬虫从网页中提取出来的 Item，而 Item 是保存爬取数据的容器，其使用方法与字典的使用方法类似。

在项目中，与数据管道相关的文件为 items.py 和 pipelines.py。

1）items.py

该文件用于定义数据，其内部定义了一个类，该类继承自 scrapy 模块中的 Item 类，并且该类中的每个字段都需要在其内部进行自定义，其类型必须是 scrapy 模块中的 Field 类型，其内容如下：

```
import scrapy
class FirstscrapyItem(scrapy.Item):
    # define the fields for your item here like:
    # name = scrapy.Field()
    pass
```

其中，FirstscrapyItem 表示自定义的类，其继承自 scrapy 模块中的 Item 类；page_code 表示一个 Item 类的字段，其类型是 Field。

2）pipelines. py

当爬取的数据被存放在 Item 类的字段中，并且爬虫已经解析完 Response 对象后，就可以在该文件中实现数据的清洗、验证及持久化等操作了，其内容如下：

```
class FirstscrapyPipeline:
    def process_item(self, item, spider):
        return item
```

其中，process_item()方法用于处理返回的 Item 类，其需要提供两个参数，即 item 和 spider，分别表示 Item 对象或字典，以及 Spider 对象。

除了 process_item()方法外，还包括两个常用的方法，即 open_spider()方法和 close_spider()方法，其中，open_spider()方法在开启爬虫时被调用，所以可以在该方法中进行初始化操作，其需要提供一个参数 spider，表示被开启的 Spider 对象；close_spider()方法在关闭爬虫时被调用，所以在该方法中可以进行一些善后收尾工作，其同样需要提供一个参数 spider，表示被关闭的 Spider 对象。

下面就以爬取老夏学院的网页源代码为例，讲解数据管道的使用方式。

第 1 步，打开"命令提示符"，输入命令 scrapy startproject oldxia，创建名称为 oldxia 的项目。

第 2 步，打开"命令提示符"，进入项目所在的目录 oldxia，输入命令 scrapy genspider page_code www.oldxia.com/xzd/upload，创建名为 page_code，并且域名范围为 www.oldxia.com/xzd/upload 的爬虫。

第 3 步，在项目所在的目录中创建爬虫启动文件 run.py，示例代码如下：

```
#资源包\Code\chapter1\1.8\oldxia\run.py
from scrapy.crawler import CrawlerProcess
#导入获取项目的设置信息
from scrapy.utils.project import get_project_settings
if __name__ == '__main__':
    #创建 CrawlerProcess 对象,并传入项目的设置信息
    process = CrawlerProcess(get_project_settings())
    #设置待启动的爬虫名称
    process.crawl('page_code')
    #启动爬虫
    process.start()
```

第 4 步，编写 items.py 文件，示例代码如下：

```
#资源包\Code\chapter1\1.8\oldxia\oldxia\items.py
import scrapy
#自定义 Item 类
class OldxiaItem(scrapy.Item):
    #创建 Item 类的字段
    page_code = scrapy.Field()
```

第 5 步，编写 pipelines.py 文件，示例代码如下：

```
#资源包\Code\chapter1\1.8\oldxia\oldxia\pipelines.py
class OldxiaPipeline:
    def open_spider(self, spider):
        self.f = open('oldxia.html', 'w', encoding = 'utf-8')
    def process_item(self, item, spider):
    #将 Item 类中的 page_code 字段信息写入文件中
        self.f.write(item['page_code'])
        return item
    def close_spider(self, spider):
        self.f.close()
```

第 6 步，编写 page_code.py 文件，示例代码如下：

```
#资源包\Code\chapter1\1.8\oldxia\oldxia\spiders\page_code.py
import scrapy
from oldxia.items import OldxiaItem
class PageCodeSpider(scrapy.Spider):
    name = 'page_code'
    allowed_domains = ['www.oldxia.com/xzd/upload']
    start_urls = ['http://www.oldxia.com/xzd/upload/']
    def parse(self, response):
        #创建 item 对象
        item = OldxiaItem()
        page_code = response.text
        #将网页源码存入 Item 类的 page_code 字段中
        item['page_code'] = page_code
        yield item
```

第 7 步，修改 settings.py 文件，将该文件中常量 ITEM_PIPELINES 的注释解开，表示启用数据管道。

第 8 步，执行 run.py 文件，运行爬虫。

爬虫运行完毕后，进入项目所在的目录，可以查看新创建的文件 oldxia.html，该文件保存的就是老夏学院的网页源代码，如图 1-70 所示。

5. Request 类

在之前的示例代码中，使用 Scrapy 框架所爬取的只是一个页面的内容，如要爬取多个页面的内容，就需要从当前页面中找到相关的请求 URL，并构造下一个页面的 HTTP 请求，然后在下一个页面中再构造下一个页面的 HTTP 请求，以此往复迭代，就可以实现整个网站的数据爬取，而页面的 HTTP 请求，则需要使用 scrapy 模块中的 Request 类进行构造，

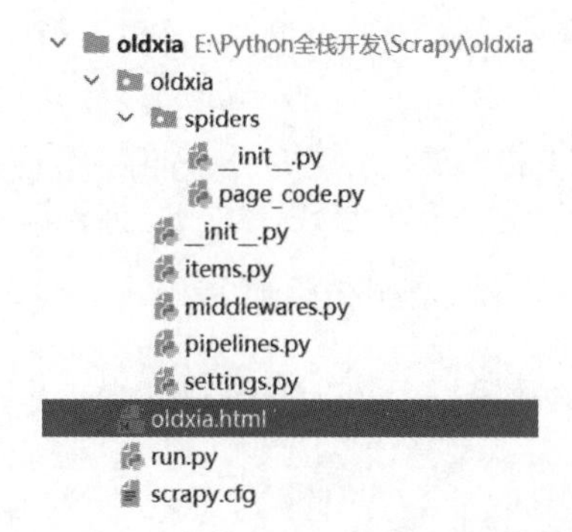

图 1-70 老夏学院的网页源代码文件

其语法格式如下：

```
Request(url,callback,method,headers,body,Cookies,meta,dont_filter,encoding)
```

其中，参数 url 表示请求的 URL；参数 callback 表示回调函数，用于页面解析，即当页面下载完成后，由该参数指定的回调函数解析页面，如果未传递该参数，则默认调用 parse()方法；参数 method 表示请求的方法；参数 headers 表示请求头信息；参数 body 表示请求体；参数 Cookies 表示 Cookie 信息；参数 meta 表示在不同的请求之间传递的数据；参数 dont_filter 表示是否需要通过调度器去重过滤，默认值为 False；参数 encoding 表示编码类型。

下面就以爬取天天基金“易方达优质精选混合(QDII)吧”中的多页数据为例，讲解 Request 类的使用方式。

第 1 步，打开“命令提示符”，输入命令 scrapy startproject ttjj，创建名称为 ttjj 的项目。

第 2 步，打开“命令提示符”，进入项目所在的目录 ttjj，输入命令 scrapy genspider yfd guba.eastmoney.com，创建名为 yfd，并且域名范围为 guba.eastmoney.com 的爬虫。

第 3 步，在项目所在的目录中创建爬虫启动文件 run.py，示例代码如下：

```
#资源包\Code\chapter1\1.8\ttjj\run.py
from scrapy.crawler import CrawlerProcess
#导入获取项目的设置信息
from scrapy.utils.project import get_project_settings
if __name__ == '__main__':
    #创建 CrawlerProcess 对象,并传入项目的设置信息
    process = CrawlerProcess(get_project_settings())
    #设置待启动的爬虫名称
    process.crawl('yfd')
    #启动爬虫
    process.start()
```

第 4 步，编写 items.py 文件，示例代码如下：

```
#资源包\Code\chapter1\1.8\ttjj\ttjj\items.py
import scrapy
class TtjjItem(scrapy.Item):
```

```
    title = scrapy.Field()
    author = scrapy.Field()
    infolink = scrapy.Field()
    content = scrapy.Field()
```

第 5 步，编写 pipelines.py 文件，示例代码如下：

```
#资源包\Code\chapter1\1.8\ttjj\ttjj\pipelines.py
import json
class TtjjPipeline:
    def open_spider(self, spider):
        self.f = open('yfd.json', 'a', encoding = 'utf-8')
    def process_item(self, item, spider):
        self.f.write(json.dumps(dict(item), ensure_ascii = False, indent = 4))
        return item
    def close_spider(self, spider):
        self.f.close()
```

第 6 步，编写 yfd.py 文件，示例代码如下：

```
#资源包\Code\chapter1\1.8\ttjj\ttjj\spiders\yfd.py
import scrapy
from ttjj.items import TtjjItem
class YfdSpider(scrapy.Spider):
    name = 'yfd'
    allowed_domains = ['guba.eastmoney.com']
    #注意,此处必须将 start_urls 的值更改为 http://guba.eastmoney.com/list,of110011.html,
    #即"易方达优质精选混合(QDII)吧"第 1 页的 URL
    start_urls = ['http://guba.eastmoney.com/list,of110011.html']
    def parse(self, response):
        div_list = response.xpath('//div[contains(@class,"articleh normal_post")]')
        for div in div_list:
            item = TtjjItem()
            title = div.xpath('./span[@class = "l3"]/a/text()').extract_first()
            author = div.xpath('./span[@class = "l4"]/a/font/text()').extract_first()
            infolink = div.xpath('./span[@class = "l3"]/a/@href').extract_first()
            new_link = 'http://guba.eastmoney.com' + infolink
            item['title'] = title
            item['author'] = author
            item['infolink'] = new_link
            #创建详情页的 Request 对象
            yield scrapy.Request(url = item["infolink"], callback = self.info_parse, meta = {
'item': item})
        #爬取第 2 页、第 3 页和第 4 页
        base_url = "http://guba.eastmoney.com/list,of110011_%s.html"
        for i in range(2, 5):
            full_url = base_url % i
            yield scrapy.Request(url = full_url, callback = self.parse)
            #获取详情页内的数据
```

```
    def info_parse(self, response):
        item = response.meta['item']
        content = response.xpath('//div[@id = "zwconbody"]/div/text()').extract_first()
        item['content'] = content
        yield item
```

第 7 步，修改 settings.py 文件，首先，解开常量 USER_AGENT 的注释，并设置 UA 值；其次，将常量 ROBOTSTXT_OBEY 的值更改为 False，表示拒绝遵循 Robot 协议；最后，解开常量 ITEM_PIPELINES 的注释，表示启用数据管道。

第 8 步，执行 run.py 文件，运行爬虫。

爬虫运行完毕后，进入项目所在的目录，可以查看新创建的文件 yfd.json，该文件保存的就是帖子的标题、作者、详细页 URL 和详细内容等信息，如图 1-71 所示。

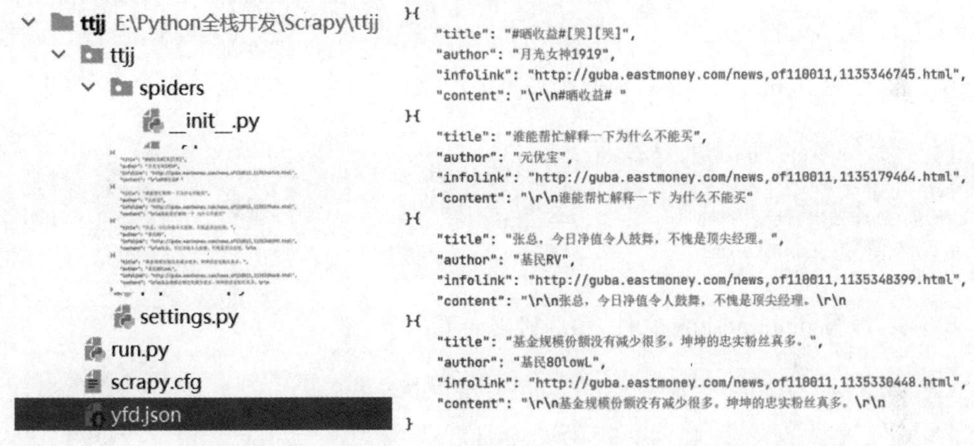

图 1-71　帖子的标题、作者、详细页 URL 和详细内容等信息

6. FormRequest 类

普通的 HTTP 请求使用 Request 类就可以轻松实现，但如果遇到模拟表单或使用 Ajax 提交 POST 请求，则需要使用 Request 类的子类 FormRequest 类实现。

由于 FormRequest 类默认的请求方法是 POST，并且其构造方法中有专门用来设置表单字段数据的参数，所以可以轻松实现模拟登录，其语法格式如下：

```
FormRequest(url,callback,method,body,Cookies,dont_filter,encoding,formdata)
```

其中，参数 url 表示请求的 URL；参数 callback 表示回调函数，用于页面解析，即当页面下载完成后，由该参数指定的回调函数解析页面，如果未传递该参数，则默认调用 parse()方法；参数 method 表示请求的方法；参数 headers 表示请求头信息；参数 body 表示请求体；参数 Cookies 表示 Cookie 信息；参数 meta 表示在不同的请求之间传递的数据；参数 dont_filter 表示是否需要通过调度器去重过滤，默认值为 False；参数 encoding 表示编码类型；参数 formdata 表示表单提交的数据。

下面就以登录快代理的会员中心为例，讲解 FormRequest 类的使用方式。

第 1 步，打开"命令提示符"，输入命令 scrapy startproject kdl，创建名称为 kdl 的项目。

第 2 步，打开“命令提示符”，进入项目所在的目录 kdl，输入命令 scrapy genspider login www.kuaidaili.com，创建名为 login，并且域名范围为 www.kuaidaili.com 的爬虫。

第 3 步，在项目所在的目录中创建爬虫启动文件 run.py，示例代码如下：

```
#资源包\Code\chapter1\1.8\kdl\run.py
from scrapy.crawler import CrawlerProcess
#导入获取项目的设置信息
from scrapy.utils.project import get_project_settings
if __name__ == '__main__':
    #创建 CrawlerProcess 对象，并传入项目的设置信息
    process = CrawlerProcess(get_project_settings())
    #设置待启动的爬虫名称
    process.crawl('login')
    #启动爬虫
    process.start()
```

第 4 步，编写 items.py 文件，示例代码如下：

```
#资源包\Code\chapter1\1.8\kdl\kdl\items.py
import scrapy
class KdlItem(scrapy.Item):
    html = scrapy.Field()
```

第 5 步，编写 pipelines.py 文件，示例代码如下：

```
#资源包\Code\chapter1\1.8\kdl\kdl\pipelines.py
class KdlPipeline:
    def open_spider(self, spider):
        self.f = open('kdl.html', 'w', encoding = 'utf-8')
    def process_item(self, item, spider):
        self.f.write(item['html'])
        return item
    def close_spider(self, spider):
        self.f.close()
```

第 6 步，编写 login.py 文件，示例代码如下：

```
#资源包\Code\chapter1\1.8\kdl\kdl\spiders\login.py
import scrapy
from kdl.items import KdlItem
class LoginSpider(scrapy.Spider):
    name = 'login'
    allowed_domains = ['www.kuaidaili.com']
    start_urls = ['http://www.kuaidaili.com/']
    def parse(self, response):
        post_url = 'http://www.kuaidaili.com/login/'
        data = {'username': '13309861086',
                'passwd': 'www.oldxia.com'}
```

```
        yield scrapy.FormRequest(url = post_url, callback = self.after_login, formdata =
        data)
    def after_login(self, response):
        item = KdlItem()
        item['html'] = response.text
        yield item
```

第 7 步，修改 settings.py 文件，首先，解开常量 USER_AGENT 的注释，并设置 UA 值；其次，将常量 ROBOTSTXT_OBEY 的值更改为 False，表示拒绝遵循 Robot 协议；最后，解开常量 ITEM_PIPELINES 的注释，表示启用数据管道。

第 8 步，执行 run.py 文件，运行爬虫。

爬虫运行完毕后，进入项目所在的目录，可以查看新创建的文件 kdl.html，该文件保存的就是成功登录快代理后会员中心的源代码，如图 1-72 所示。

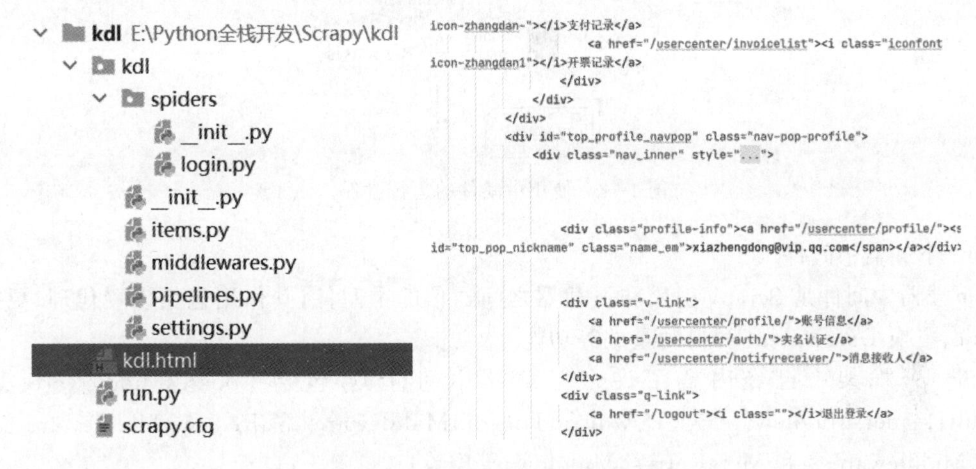

图 1-72 快代理会员中心的源代码

7. 中间件

Scrapy 框架在使用中间件后的运行流程可分为 9 步，如图 1-73 所示，其具体步骤如下：

第 1 步，Scrapy 引擎打开一个网站，找到处理该网站的爬虫，并向该爬虫请求第 1 个要爬取的 URL，此时，爬虫会将该 URL 封装成 Request 对象提交给 Scrapy 引擎。

第 2 步，Scrapy 引擎获取 Request 对象后，全部提交给调度器。

第 3 步，调度器在获取所有的 Request 对象后，通过其内部的过滤器将重复的 URL 过滤掉，并将去重后的所有 URL 所对应的 Request 对象压入队列中，随后调度器调度出其中的一个 Request 对象，并将其提交给 Scrapy 引擎。

第 4 步，Scrapy 引擎将调度器调度出的 Request 对象经过下载器中间件处理后提交给下载器。

第 5 步，下载器获得该 Request 对象后，会在互联网中进行下载，待数据下载成功后，会被封装到 Response 对象中，随后下载器会将 Response 对象经过下载器中间件处理后提交给 Scrapy 引擎。

第 6 步，Scrapy 引擎将 Response 对象经过爬虫中间件处理后提交给爬虫。

第 7 步，爬虫在获取 Response 对象后，调用回调方法对数据进行解析，待解析成功后会生成 Item，随后爬虫会将 Item 经过爬虫中间件处理后提交给 Scrapy 引擎。

第 8 步，Scrapy 引擎将 Item 提交给数据管道，数据管道在获取 Item 后，会对数据进行持久化存储等操作。

第 9 步，Scrapy 引擎重复执行第 2 步到第 8 步，直到调度器中没有更多的 Request 对象，Scrapy 引擎将关闭该网站，爬取结束。

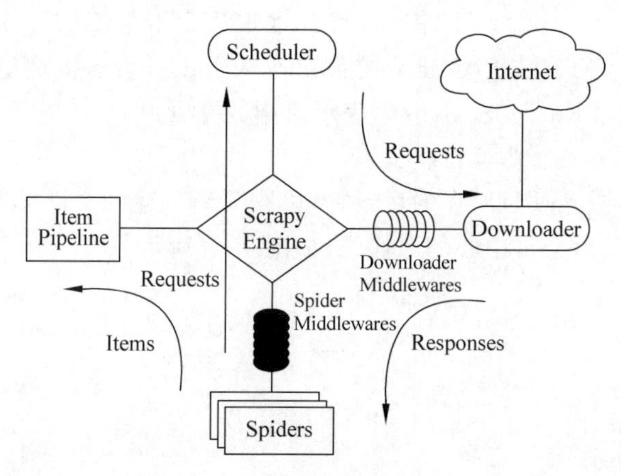

图 1-73　使用中间件的运行流程

1）下载器中间件

下载器中间件是 Scrapy 引擎和下载器之间通信的中间件，其作用包括设置代理、更换 Cookie、更换 User-Agent 和自动重试等功能。

Scrapy 框架中已经内置了许多下载器中间件类，包括 CookiesMiddleware 类、DefaultHeadersMiddleware 类、DownloadTimeoutMiddleware 类、RedirectMiddleware 类、RetryMiddleware 类和 MetaRefreshMiddleware 类等。

但在实际应用过程中，往往需要自定义下载器中间件类，并且该类中需要具有以下 3 个核心方法中的一个或多个。

（1）process_request()方法，该方法在 Scrapy 引擎将 Request 对象发送给下载器之前被调用，其语法格式如下：

```
process_request(self,request,spider)
```

其中，参数 request 表示 Request 对象；参数 spider 表示 Spider 对象。

此外，根据不同的情况，该方法的返回值可以分为 4 种，一是当返回值为 None 时，继续处理该 Request 对象，并执行其他下载器中间件类中的相应方法，直到下载器获取 Response 对象后才结束，这个过程其实就是修改 Request 对象的过程，不同的下载器中间件类按照设置的优先级顺序依次对 Request 对象进行修改，最后提交至下载器执行；二是当返回值为 Response 对象时，不会调用优先级更低的下载器中间件类中的 process_request()方法或 process_exception()方法，而是依次调用 process_response()方法，待调用完毕后，直接将 Response 对象发送给 Scrapy 引擎处理；三是当返回值为 Request 对象时，停止调用 process_request()方法，并且 Request 对象会被重新放入调度队列之中，当调度器调度该

Request 对象后，所有下载器中间件类中的 process_request()方法将重新按照顺序执行；四是当抛出 IgnoreRequest 异常时，所有下载器中间件类的 process_exception()方法会被依次执行，如果没有方法处理该异常，则 Request 对象的 errorback()方法会被调用，如果该异常还未被处理，则忽略该异常，并且不会被记录。

（2）process_response()方法，该方法在下载器将 Response 对象返给 Scrapy 引擎之前调用，其语法格式如下：

```
process_response(self,request,response,spider)
```

其中，参数 request 表示 Request 对象；参数 response 表示 Response 对象；参数 spider 表示 Spider 对象。

此外，根据不同的情况，该方法的返回值可以分为 3 种，一是当返回值为 Request 对象时，不会调用优先级更低的下载器中间件类中的 process_response()方法，并且 Request 对象会被重新放入调度队列中，当调度器调度该 Request 对象后，所有下载器中间件类中的 process_request()方法将重新按照顺序执行；二是当返回值为 Response 对象时，会继续调用优先级更低的下载器中间件类中的 process_response()方法，继续对 Response 对象进行处理；三是当抛出 IgnoreRequest 异常时，Request 对象的 errorback()方法会被调用，如果该异常还未被处理，则忽略该异常，并且不会被记录。

（3）process_exception()方法，该方法在下载器或 process_request()方法抛出异常时被调用，其语法格式如下：

```
process_exception(self,request,exception,spider)
```

其中，参数 request 表示 Request 对象；参数 exception 表示 Exception 对象；参数 spider 表示 Spider 对象。

此外，根据不同的情况，该方法的返回值可以分为 3 种，一是当返回值为 None 时，优先级更低的下载器中间件类中的 process_exception()方法会被继续依次调用，直到下载器中间件类中所有的方法都被调用完毕；二是当返回值为 Response 对象时，优先级更低的下载器中间件类中的 process_exception()方法将不会继续调用，而是依次调用 process_response()方法；三是当返回值为 Request 对象时，停止调用 process_exception()方法，并且 Request 对象会被重新放入调度队列中，当调度器调度该 Request 对象后，所有下载器中间件类中的 process_request()方法将重新按照顺序执行。

最后，再来学习如何开启下载器中间件，即将 settings. py 文件中的常量 DOWNLOADER_MIDDLEWARES 的注释解开，并设置值即可。需要注意的是，该常量的值是一个字典，键为下载器中间件类的路径，而值为下载器中间件类的顺序，其规则为数字越小，越靠近 Scrapy 引擎，数字越大，越靠近下载器，如图 1-74 所示。

此外，如果需要关闭下载器中间件类，则直接将其对应的键值设置为 None 即可。

下面就以访问百度并获取当前的 IP 地址和 User-Agent 为例，讲解一下下载器中间件的使用方式。

第 1 步，打开“命令提示符”，输入命令 scrapy startproject baidu，创建名称为 baidu

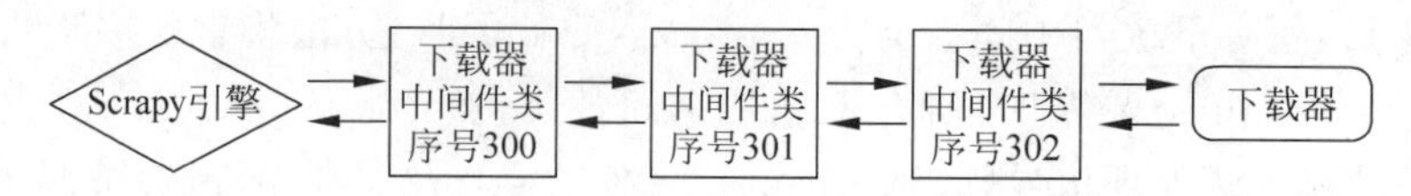

图 1-74 下载器中间件类的顺序

的项目。

第 2 步，打开“命令提示符”，进入项目所在的目录 baidu，输入命令 scrapy genspider bdip www.baidu.com/s? wd=ip，创建名为 bdip，并且域名范围为 www.baidu.com/s? wd=ip 的爬虫。

第 3 步，在项目所在的目录中创建爬虫启动文件 run.py，示例代码如下：

```
#资源包\Code\chapter1\1.8\baidu\run.py
from scrapy.crawler import CrawlerProcess
#导入获取项目的设置信息
from scrapy.utils.project import get_project_settings
if __name__ == '__main__':
    #创建 CrawlerProcess 对象,并传入项目的设置信息
    process = CrawlerProcess(get_project_settings())
    #设置待启动的爬虫名称
    process.crawl('bdip')
    #启动爬虫
    process.start()
```

第 4 步，编写 bdip.py 文件，示例代码如下：

```
#资源包\Code\chapter1\1.8\baidu\baidu\spiders\bdip.py
import scrapy
class BdipSpider(scrapy.Spider):
    name = 'bdip'
    allowed_domains = ['www.baidu.com/s?wd = ip']
    start_urls = ['https://www.baidu.com/s?wd = ip']
    def parse(self, response):
        ip = response.xpath('.//div[@class = "c - span21 c - span - last op - ip - detail"]/
        table/tr/td/span/text()').extract_first()
        address = response.xpath('.//div[@class = "c - span21 c - span - last op - ip -
        detail"]/table/tr/td/text()').extract()
        print(f'ip:{ip},地址:{address[1]}')
        print(f'UA:{response.request.headers["User - Agent"]}')
```

第 5 步，编写 middlewares.py 文件，在该文件中，自定义下载器中间件类，用于设置代理 IP 和随机 UA 值，其中，代理 IP 可分为收费代理 IP 和免费代理 IP；随机 UA 可分为给定值随机 UA 和自动随机 UA，示例代码如下：

```
#资源包\Code\chapter1\1.8\baidu\baidu\middlewares.py
#收费代理 IP
class ProxyDownloadMiddlerware(object):
    def process_request(self,request,spider):
```

```
        #常量 PROXIES 为在 settings.py 文件中设置的收费代理 IP
        proxies = spider.settings['PROXIES']
        proxy_rm = random.choice(proxies)
        #设置收费代理的账号和密码
        auth = base64.b64encode(Bytes("xiazhengdong:3p0h090r", 'utf-8'))
        request.headers['Proxy-Authorization'] = b'Basic ' + auth
        #设置代理 IP
        request.meta['proxy'] = 'https://' + proxy_rm['ip']
#免费代理 IP
class FreeProxyDownloadMiddlerware(object):
    def process_request(self, request, spider):
        #常量 FREE_PROXIES 为在 settings.py 文件中设置的收费代理 IP
        proxies = spider.settings['FREE_PROXIES']
        proxy = random.choice(proxies)
        #设置代理 IP
        request.meta["proxy"] = 'https://' + proxy['ip']
#给定值随机 UA
class UserAgentMiddleware(object):
    def process_request(self, request, spider):
        #常量 USER_AGENT_LIST 为在 settings.py 文件中设置的 UA
        ua = random.choice(spider.settings['USER_AGENT_LIST'])
        request.headers['User-Agent'] = ua
```

第 6 步，修改 settings.py 文件，首先，将常量 ROBOTSTXT_OBEY 的值更改为 False，表示拒绝遵循 Robot 协议，然后，在常量 ROBOTSTXT_OBEY 后定义常量 PROXIES、常量 FREE_PROXIES 和常量 USER_AGENT_LIST，分别用于表示收费代理 IP、免费代理 IP 和 UA 的给定值，示例代码如下：

```
#资源包\Code\chapter1\1.8\baidu\baidu\settings.py
#收费代理 IP
PROXIES = [
    {'ip': '113.235.75.97:22626'},
    {'ip': '59.58.49.112:23304'},
    {'ip': '49.73.57.211:23511'},
    {'ip': '144.255.28.27:19734'},
    {'ip': '122.190.255.39:17485'},
    {'ip': '27.156.184.34:17360'},
    {'ip': '121.56.220.105:22628'},
    {'ip': '123.162.194.138:21659'},
    {'ip': '115.152.211.93:21959'},
    {'ip': '116.113.122.153:17943'},
]
#免费代理 IP
FREE_PROXIES = [
    {'ip': '101.200.123.105:8118'},
    {'ip': '106.15.197.250:8001'},
    {'ip': '124.93.201.59:42672'},
    {'ip': '61.216.185.88:60808'},
```

```
    {'ip': '27.203.215.138:8060'},
]
#UA的给定值
USER_AGENT_LIST = [
    "Mozilla/5.0 (Windows NT 10.0; WOW64) AppleWebKit/537.36 (KHTML, like Gecko) Chrome/45.0.2454.101 Safari/537.36",
    "Dalvik/1.6.0 (Linux; U; Android 4.2.1; 2013022 MIUI/JHACNBL30.0)",
    "Mozilla/5.0 (Linux; U; Android 4.4.2; zh-cn; HUAWEI MT7-TL00 Build/HuaweiMT7-TL00) AppleWebKit/533.1 (KHTML, like Gecko) Version/4.0 Mobile Safari/533.1",
    "AndroidDownloadManager",
    "Apache-HttpClient/UNAVAILABLE (java 1.4)",
    "Dalvik/1.6.0 (Linux; U; Android 4.3; SM-N7508V Build/JLS36C)",
    "Android50-AndroidPhone-8000-76-0-Statistics-WiFi",
    "Dalvik/1.6.0 (Linux; U; Android 4.4.4; MI 3 MIUI/V7.2.1.0.KXCCNDA)",
    "Dalvik/1.6.0 (Linux; U; Android 4.4.2; Lenovo A3800-d Build/LenovoA3800-d)",
    "Lite 1.0 ( http://litesuits.com )",
    "Mozilla/4.0 (compatible; MSIE 8.0;Windows NT 5.1; Trident/4.0; .NET4.0C; .NET4.0E; .NET CLR 2.0.50727)",
    "Mozilla/5.0 (Windows NT 6.1) AppleWebKit/537.36 (KHTML, like Gecko) Chrome/38.0.2125.122 Safari/537.36 SE 2.X MetaSr 1.0",
    "Mozilla/5.0 (Linux; U; Android 4.1.1; zh-cn; HTC T528t Build/JRO03H) AppleWebKit/534.30 (KHTML, like Gecko) Version/4.0 Mobile Safari/534.30; 360browser (securitypay,securityinstalled); 360(android,uppayplugin); 360 Aphone Browser (2.0.4)",
]
```

最后，解开常量 DOWNLOADER_MIDDLEWARES 的注释，并设置值，示例代码如下：

```
#资源包\Code\chapter1\1.8\baidu\baidu\settings.py
DOWNLOADER_MIDDLEWARES = {
    #启用给定值随机 UA
    'baidu.middlewares.UserAgentMiddleware':400,
    #启用收费代理 IP
    'baidu.middlewares.ProxyDownloadMiddlerware': 542,
}
```

在上面的代码中启用的是给定值随机 UA，如果需要启用自动随机 UA，则需要安装 scrapy-fake-useragent 包，然后启用自动随机 UA 下载器中间件类即可，示例代码如下：

```
#资源包\Code\chapter1\1.8\baidu\baidu\settings.py
DOWNLOADER_MIDDLEWARES = {
    #关闭给定值随机 UA
    'baidu.middlewares.UserAgentMiddleware':None,
    #启用自动随机 UA
    'scrapy_fake_useragent.middleware.RandomUserAgentMiddleware': 401,
    #启用收费代理 IP
    'baidu.middlewares.ProxyDownloadMiddlerware': 542,
}
```

第 7 步，执行 run.py 文件，运行爬虫，其运行结果如图 1-75 所示。

```
ip: 本机IP: 121.56.220.105, 地址: 内蒙古赤峰松山区 电信

UA: b'Mozilla/5.0 (Windows NT 10.0) AppleWebKit/537.36 (KHTML, like Gecko) Chrome/40.0.2214.93 Safari/537.36'
```

图 1-75 IP 地址和 User-Agent

2）爬虫中间件

爬虫中间件是 Scrapy 引擎和爬虫之间通信的中间件，爬虫中间件的用法与下载器中间件的用法非常相似，只是它们的作用对象不同而已。下载器中间件的作用对象是 Request 对象和 Response 对象，而爬虫中间件的作用对象是爬虫，即项目中 spiders 目录下的各个文件。

Scrapy 框架中已经内置了许多爬虫中间件类，包括 HttpErrorMiddleware 类、OffsiteMiddleware 类、RefererMiddleware 类、UrlLengthMiddleware 类和 DepthMiddleware 类等。

但在实际应用过程中，往往需要自定义爬虫中间件类，并且该类中需要具有以下 4 个核心方法中的一个或多个。

（1）process_spider_input()方法，该方法在 Response 对象经过爬虫中间件时调用，其语法格式如下：

```
process_spider_input(self, response, spider)
```

其中，参数 response 表示 Response 对象；参数 spider 表示 Spider 对象。

此外，根据不同的情况，该方法的返回值可以分为两种，一是当返回值为 None 时，继续处理该 Response 对象，并调用所有的爬虫中间件类，直到爬虫处理该 Response 对象；二是当返回值为异常时，不会调用其他爬虫中间件类中的 process_spider_input()方法，而是调用 Request 对象的 errback()方法，该方法的输出将会被重新输入爬虫中间件类中，并使用 process_spider_output()方法来处理，并且当该方法抛出异常时，调用 process_spider_exception()进行处理。

（2）process_spider_output()方法，该方法在爬虫处理完 Response 对象的返回结果时调用，并返回一个包含 Request 对象或 Item 对象的可迭代对象，其语法格式如下：

```
process_spider_output(self, response, result, spider)
```

其中，参数 response 表示 Response 对象；参数 result 表示包含 Request 对象或 Item 对象的可迭代对象；参数 spider 表示 Spider 对象。

（3）process_spider_exception()方法，该方法在爬虫或 process_spider_output()方法抛出异常时调用，其语法格式如下：

```
process_spider_exception(self, response, exception, spider)
```

其中，参数 response 表示 Response 对象；参数 exception 表示 Exception 对象；参数 spider 表示 Spider 对象。

此外，根据不同的情况，该方法的返回值可以分为 2 种，一是当返回值为 None 时，继续处理该异常，并调用其他爬虫中间件类中的 process_spider_exception()方法，直到所有的爬虫中间件类都被调用；二是当返回值为可迭代对象时，其他爬虫中间件类中的 process_spider_output()方法被调用，并且不会调用其他爬虫中间件类中的 process_spider_exception()方法。

(4) process_start_requests()方法，该方法在爬虫发出请求时被调用，并返回一个包含 Request 对象的可迭代对象，其语法格式如下：

```
process_start_requests(self,start_requests,spider)
```

其中，参数 start_requests 表示包含 Request 对象的可迭代对象；参数 spider 表示 Spider 对象。

最后，再来学习如何开启爬虫中间件，即将 settings.py 文件中的常量 SPIDER_MIDDLEWARES 的注释解开，并设置值即可。需要注意的是，该常量的值是一个字典，键为爬虫中间件类的路径，而值为爬虫中间件类的顺序，其规则为数字越小，越靠近 Scrapy 引擎，数字越大，越靠近爬虫，如图 1-76 所示。

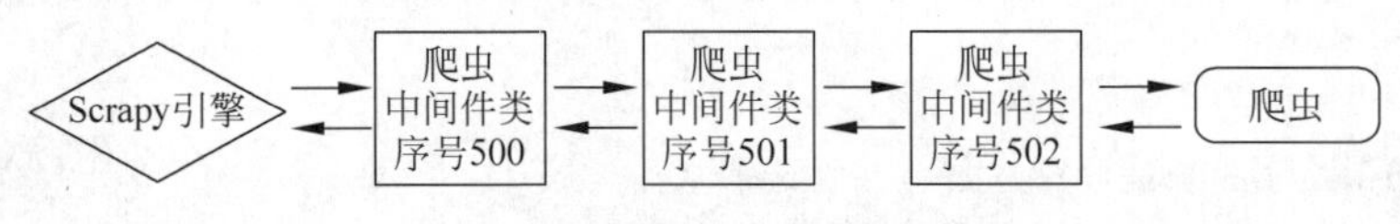

图 1-76 爬虫中间件类的顺序

下面就以爬取百度首页源代码出错时的处理为例，讲解爬虫中间件的使用方式。

第 1 步，打开“命令提示符”，输入命令 scrapy startproject baidu_error，创建名称为 baidu_error 的项目。

第 2 步，打开“命令提示符”，进入项目所在的目录 baidu_error，输入命令 scrapy genspider bderror www.baidu.com，创建名为 bderror，并且域名范围为 www.baidu.com 的爬虫。

第 3 步，在项目所在的目录中创建爬虫启动文件 run.py，示例代码如下：

```
#资源包\Code\chapter1\1.8\baidu_error\run.py
from scrapy.crawler import CrawlerProcess
#导入获取项目的设置信息
from scrapy.utils.project import get_project_settings
if __name__ == '__main__':
    #创建 CrawlerProcess 对象,并传入项目的设置信息
    process = CrawlerProcess(get_project_settings())
    #设置待启动的爬虫名称
    process.crawl('bderror')
    #启动爬虫
    process.start()
```

第 4 步，编写 bderror.py 文件，示例代码如下：

```
#资源包\Code\chapter1\1.8\baidu_error\baidu_error\spiders\bderror.py
import scrapy
import json
classBderrorSpider(scrapy.Spider):
    name = 'bderror'
    allowed_domains = ['www.baidu.com']
    start_urls = ['http://www.baidu.com/']
    def parse(self, response):
        #此处,由于使用JSON解析字符串,所以必然报错
        json.loads(type(response.text))
```

第 5 步,编写 middlewares.py 文件,在该文件中,自定义爬虫中间件类,用于处理爬虫抛出的异常,示例代码如下：

```
#资源包\Code\chapter1\1.8\baidu_error\baidu_error\middlewares.py
class ExceptionCheckSpider(object):
    def process_spider_exception(self, response, exception, spider):
        print(f'报错原因:{exception}')
        return None
```

第 6 步,修改 settings.py 文件,首先,将常量 ROBOTSTXT_OBEY 的值更改为 False,表示拒绝遵循 Robot 协议,然后,解开常量 SPIDER_MIDDLEWARES 的注释,并设置值,示例代码如下：

```
#资源包\Code\chapter1\1.8\baidu_error\baidu_error\settings.py
SPIDER_MIDDLEWARES = {
   'baidu_error.middlewares.ExceptionCheckSpider':544,
}
```

第 7 步,执行 run.py 文件,运行爬虫,其运行结果如图 1-77 所示。

```
2022-02-01 17:06:13 [scrapy.core.engine] DEBUG: Crawled (200) <GET http://www.baidu.com/> (referer: None)
2022-02-01 17:06:13 [scrapy.core.scraper] ERROR: Spider error processing <GET http://www.baidu.com/> (referer: None)
Traceback (most recent call last):
  File "D:\Python37\lib\site-packages\twisted\internet\defer.py", line 859, in _runCallbacks
    current.result, *args, **kwargs
  File "D:\Python37\lib\site-packages\scrapy\spiders\__init__.py", line 90, in _parse
    return self.parse(response, **kwargs)
  File "E:\Python全栈开发\Scrapy\thirdscrapy\thirdscrapy\spiders\error.py", line 9, in parse
    json.loads(type(response.text))
  File "D:\Python37\lib\json\__init__.py", line 341, in loads
    raise TypeError(f'the JSON object must be str, bytes or bytearray, '
TypeError: the JSON object must be str, bytes or bytearray, not type
报错原因: the JSON object must be str, bytes or bytearray, not type
2022-02-01 17:06:13 [scrapy.core.engine] INFO: Closing spider (finished)
2022-02-01 17:06:13 [scrapy.statscollectors] INFO: Dumping Scrapy stats:
```

图 1-77 运行结果

1.9 分布式爬虫

虽然 Scrapy 框架已经可以应对大多数爬虫任务,但是其仍然是在同一台主机上运行

的,爬取效率相对较低,所以针对大规模的分布式应用,则会显得捉襟见肘。

此时,有人提出了一套逻辑,即通过创建一个共享的爬取队列,并实现去重功能,然后重写一个调度器,使之可以从共享的爬取队列中存取 Request 对象。非常幸运的是,这套逻辑最终得到了实现,并发布成为一个 Python 模块,即 scrapy-redis 模块。

scrapy-redis 模块是一个基于 Redis 的 Scrapy 组件,该模块是在 Scrapy 的基础上进行修改和扩展而来的,用于快速实现 Scrapy 项目的分布式部署和数据爬取,其运行流程如图 1-78 所示。

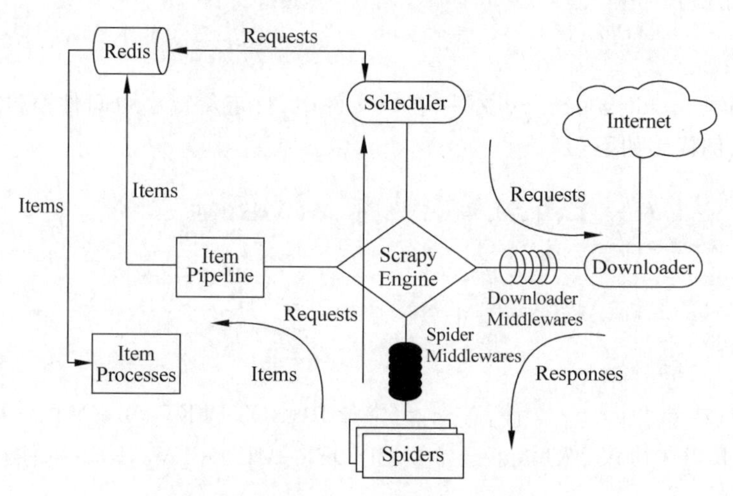

图 1-78 分布式爬虫的运行流程

此外,scrapy-redis 模块提供了 4 种组件,通过这 4 种组件就可以轻松地实现分布式爬虫程序。

1. 调度器

Scrapy 框架通过 collection. deque 模块形成了属于自己的本地爬取队列,但其调度器却无法共享该爬取队列。

所以,在 scrapy-redis 模块中,将 Scrapy 框架的本地爬取队列替换成了性能更强大的 Redis 数据库,以便于多个调度器进行同步爬取,并且 scrapy-redis 模块中的调度器会将待爬取队列按照优先级建立一个字典结构,并根据 Request 对象的优先级,实现带优先级的爬取队列。

2. 去重过滤器

Scrapy 框架通过集合实现了 Request 对象的去重功能,这个集合记录了 Scrapy 框架中每个 Request 对象的指纹,而这个指纹实际上就是 Request 对象的散列值。

而对于分布式爬虫来讲,不可能使用每个爬虫自身的集合实现去重功能,因为这样还是每台主机单独维护自身的集合,进而无法做到共享。

在 scrapy-redis 模块中,通过 Redis 中集合的不重复特性,实现了去重功能。scrapy-redis 模块的调度器从 Scrapy 引擎获取 Request 对象后,将 Request 对象的指纹与 Redis 集合中的指纹进行比对,如果指纹已经存在,则说明该 Request 对象是重复的,否则将该 Request 对象的指纹写入该集合中即可。

3. 数据管道

scrapy-redis 模块中的数据管道(Item Pipline)会将爬取的 Item 存入 Redis 中。

4. 爬虫

scrapy-redis 模块不再使用 Scrapy 原有的 Spider 类,而是使用 scrapy_redis. spider 模块中提供的 RedisSpider 类或 RedisCrawlSpider 类。

此外,由于分布式爬虫程序是在普通爬虫程序的基础上改进而来的,所以在创建分布式爬虫程序前,务必先创建普通爬虫程序。

分布式爬虫程序较普通爬虫程序的改进包括 4 点,一是导入了分布式爬虫的类,即 RedisSpider 类或 RedisCrawlSpider 类;二是修改了爬虫类的继承,即需要继承已导入的分布式爬虫的类;三是注销了变量 allowed_domains 和变量 start_urls;四是添加了变量 redis_key,表示 Redis 数据库中的键名,其值则为待爬取的 URL。

由于 scrapy-redis 模块属于 Python 的第三方库,所以在使用前,需要进行安装,只需在命令提示符中输入命令 pip install scrapy-redis。

下面就以使用多台计算机爬取百度贴吧中多页的数据为例,讲解分布式爬虫的使用方式。

第 1 步,准备 3 台计算机,并依次命名为计算机 A、计算机 B 和计算机 C。

第 2 步,在计算机 A 中部署 Redis,并使用命令 redis-server. exe redis. windows. conf 启动 Redis 服务器,如图 1-79 所示。

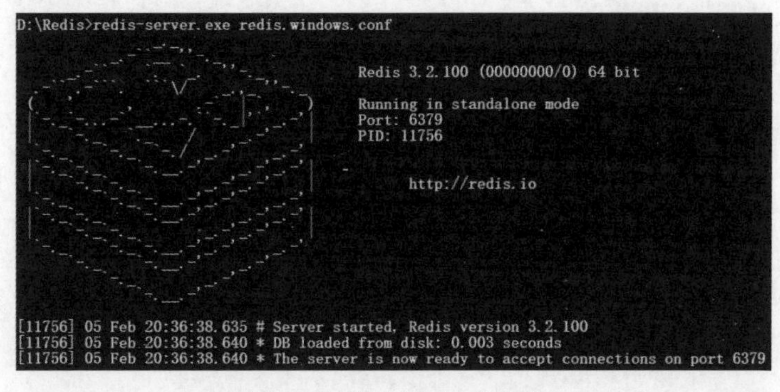

图 1-79　启动 Redis 服务器

需要注意的是,不要关闭该命令提示符,否则 Redis 服务也将停止。

第 3 步,在计算机 B 和计算机 C 中创建爬虫程序,其步骤如下:

(1) 打开命令提示符,输入命令 scrapy startproject baidu,创建名称为 baidu 的项目。

(2) 打开命令提示符,进入项目所在的目录 baidu,输入命令 scrapy genspider bdtieba tieba. baidu. com,创建名为 bdtieba,并且域名范围为 tieba. baidu. com 的爬虫。

(3) 在项目所在的目录中创建爬虫启动文件 run. py,示例代码如下:

```
#资源包\Code\chapter1\1.9\baidu\run.py
from scrapy.crawler import CrawlerProcess
#导入获取项目的设置信息
from scrapy.utils.project import get_project_settings
```

```
if __name__ == '__main__':
    # 创建 CrawlerProcess 对象,并传入项目的设置信息
    process = CrawlerProcess(get_project_settings())
    # 设置待启动的爬虫名称
    process.crawl('bdtieba')
    # 启动爬虫
    process.start()
```

(4) 编写 items.py 文件,示例代码如下:

```
# 资源包\Code\chapter1\1.9\baidu\baidu\items.py
import scrapy
class BaiduItem(scrapy.Item):
    title = scrapy.Field()
    author = scrapy.Field()
    link = scrapy.Field()
    content = scrapy.Field()
```

(5) 编写 pipelines.py 文件,示例代码如下:

```
# 资源包\Code\chapter1\1.9\baidu\baidu\pipelines.py
import json
from urllib import request
class BaiduPipeline(object):
    def open_spider(self, spider):
        self.f = open('bdtieba.json', 'a', encoding = 'utf-8')
    def process_item(self, item, spider):
        self.f.write(json.dumps(dict(item), ensure_ascii = False, indent = 4))
        if item['link'] != None:
            request.urlretrieve(item['link'], "./images/" + item['author'] + ".jpg")
        return item
    def close_spider(self, spider):
        self.f.close()
```

(6) 在项目所在的目录中创建 images 目录,用于存放爬取的图片。

(7) 编写 bdtieba.py 文件,示例代码如下:

```
# 资源包\Code\chapter1\1.9\baidu\baidu\spiders\bdtieba.py
import re
import scrapy
from baidu.items import BaiduItem
# 改进 1:导入分布式爬虫的类
from scrapy_redis.spiders import RedisCrawlSpider
# 改进 2:修改爬虫类的继承
class BdtiebaSpider(RedisCrawlSpider):
    name = 'bdtieba'
    # 改进 3:注销变量 allowed_domains 和变量 start_urls
    # allowed_domains = ['tieba.baidu.com']
    # start_urls = ['http://tieba.baidu.com/']
```

```
    #改进 4:添加变量 redis_key,即 Redis 数据库中的键名为 bdtieba:start_urls
    redis_key = 'bdtieba:start_urls'
    def parse(self, response):
        body = re.sub("<!--", "", response.text)
        b = response.replace(body = body)
        div_list = b.xpath('//ul[@id = "thread_list"]/li')
        for div in div_list:
            item = BaiduItem()
            title = div.xpath('.//div[contains(@class,"threadlist_title")]/a/text()').
extract_first()
            author = div.xpath('.//span[@class = "frs-author-name-wrap"]/a/text()').
extract_first()
            link = div.xpath('.//img[contains(@class,"threadlist_pic")]/@bpic').extract_
first()
            item['title'] = title
            item['author'] = author
            item['link'] = link
            info_link = div.xpath('.//div[contains(@class,"threadlist_title")]/a/@href').
extract_first()
            new_link = 'https://tieba.baidu.com/' + info_link
            yield scrapy.Request(url = new_link, callback = self.info_parse, meta = {'item':
item})
        #多页爬取
        base_url = "https://tieba.baidu.com/f?kw = python&ie = utf-8&pn = %s"
        for i in range(1, 5):
            page = i * 50
            full_url = base_url % page
            yield scrapy.Request(url = full_url, callback = self.parse)
    #详细页爬取
    def info_parse(self, response):
        item = response.meta['item']
        content = response.xpath('//div[contains(@class,"d_post_content j_d_post_
content")]/text()').extract_first()
        item['content'] = content
        yield item
```

（8）修改 settings.py 文件，首先，解开常量 USER_AGENT 的注释，并设置 UA 值；其次，将常量 ROBOTSTXT_OBEY 的值更改为 False，表示拒绝遵循 Robot 协议；再次，添加与 scrapy-redis 模块配置相关的常量，示例代码如下：

```
#资源包\Code\chapter1\1.9\baidu\baidu\settings.py
#Redis 的 IP
REDIS_HOST = "192.168.31.13"
#Redis 的端口号
REDIS_PORT = "6379"
REDIS_PARAMS = {
    #Redis 的密码
    'password': '123456',
}
```

```
#引入 scrapy-redis 模块中的去重过滤器(Duplication Filter)
DUPEFILTER_CLASS = "scrapy_redis.dupefilter.RFPDupeFilter"
#引入 scrapy-redis 模块中的调度器(Scheduler)
SCHEDULER = "scrapy_redis.scheduler.Scheduler"
#调度状态持久化,不清理 Redis 缓存
SCHEDULER_PERSIST = True
```

最后，解开常量 ITEM_PIPELINES 的注释，并启用 scrapy-redis 的数据管道，示例代码如下：

```
#资源包\Code\chapter1\1.9\baidu\baidu\settings.py
ITEM_PIPELINES = {
'baidu.pipelines.BaiduPipeline': 300,
#启用 scrapy-redis 的数据管道(Item Pipline)
    'scrapy_redis.pipelines.RedisPipeline': 400,
}
```

第 4 步，在计算机 B 和计算机 C 中分别运行 run.py 文件，启动分布式爬虫程序，如图 1-80 所示。

```
 'scrapy.downloadermiddlewares.useragent.UserAgentMiddleware',
 'scrapy.downloadermiddlewares.retry.RetryMiddleware',
 'scrapy.downloadermiddlewares.redirect.MetaRefreshMiddleware',
 'scrapy.downloadermiddlewares.httpcompression.HttpCompressionMiddleware',
 'scrapy.downloadermiddlewares.redirect.RedirectMiddleware',
 'scrapy.downloadermiddlewares.cookies.CookiesMiddleware',
 'scrapy.downloadermiddlewares.httpproxy.HttpProxyMiddleware',
 'scrapy.downloadermiddlewares.stats.DownloaderStats']
2022-02-05 20:38:06 [scrapy.middleware] INFO: Enabled spider middlewares:
['scrapy.spidermiddlewares.httperror.HttpErrorMiddleware',
 'scrapy.spidermiddlewares.offsite.OffsiteMiddleware',
 'scrapy.spidermiddlewares.referer.RefererMiddleware',
 'scrapy.spidermiddlewares.urllength.UrlLengthMiddleware',
 'scrapy.spidermiddlewares.depth.DepthMiddleware']
2022-02-05 20:38:06 [scrapy.middleware] INFO: Enabled item pipelines:
['baidu.pipelines.BaiduPipeline', 'scrapy_redis.pipelines.RedisPipeline']
2022-02-05 20:38:06 [scrapy.core.engine] INFO: Spider opened
2022-02-05 20:38:07 [scrapy.extensions.logstats] INFO: Crawled 0 pages (at 0 pages/min), scraped 0 items (at 0 items/min)
2022-02-05 20:38:07 [scrapy.extensions.telnet] INFO: Telnet console listening on 127.0.0.1:6023
```

图 1-80 启动分布式爬虫程序

此时，由于没有给 Redis 中的键 bdtieba：start_urls 传值，所以调度队列为空，导致分布式爬虫程序阻塞。

第 5 步，在计算机 A 中进入 Redis 客户端，输入命令 lpush bdtieba：start_urls http：//tieba.baidu.com/f? kw=python，即给键 bdtieba：start_urls 传值，如图 1-81 所示。

```
D:\Redis>redis-cli.exe -h 127.0.0.1 -p 6379
127.0.0.1:6379> auth 123456
OK
127.0.0.1:6379> lpush bdtieba:start_urls http://tieba.baidu.com/f?kw=python
(integer) 1
127.0.0.1:6379>
```

图 1-81 给键 bdtieba：start_urls 传值

第6步，计算机B和计算机C中的分布式爬虫程序已经开始正常运行了，如图1-82所示。

```
2022-02-05 20:38:55 [scrapy.core.engine] DEBUG: Crawled (200) <GET https://tieba.baidu.com//p/5031425127> (referer: https://tieba.baidu.com/f?kw=python)
2022-02-05 20:38:55 [scrapy.core.engine] DEBUG: Crawled (200) <GET https://tieba.baidu.com//p/7715459413> (referer: https://tieba.baidu.com/f?kw=python)
2022-02-05 20:38:55 [scrapy.core.engine] DEBUG: Crawled (200) <GET https://tieba.baidu.com//p/7714204648> (referer: https://tieba.baidu.com/f?kw=python)
2022-02-05 20:38:55 [scrapy.core.scraper] DEBUG: Scraped from <200 https://tieba.baidu.com//p/7210153007>
{'author': '鸭脖桑',
 'content': '            本人爬虫岗位，小白遇到各种爬虫项目问题可以在此留言。',
 'link': 'https://tiebapic.baidu.com/forum/w%3D580%3B/sign=dfddb4f35010b912bfc1f6f6f3c6fd03/ac4bd11373f08202486362775cfbfbedaa641b80.jpg',
 'title': '解决各种爬虫问题或者Python基础问题'}
2022-02-05 20:38:55 [scrapy.core.engine] DEBUG: Crawled (200) <GET https://tieba.baidu.com//p/7506557162> (referer: https://tieba.baidu.com/f?kw=python)
2022-02-05 20:38:55 [scrapy.core.engine] DEBUG: Crawled (200) <GET https://tieba.baidu.com//p/7715504059> (referer: https://tieba.baidu.com/f?kw=python)
2022-02-05 20:38:55 [scrapy.core.scraper] DEBUG: Scraped from <200 https://tieba.baidu.com//p/7715588497>
{'author': '月初君泠阁',
 'content': '            ',
 'link': 'https://tiebapic.baidu.com/forum/w%3D580%3B/sign=f340f2bef9c27d1ea5263bcc2beeac6e/79f0f736afc379312d2ac633b6c4b74543a9116d.jpg',
 'title': '请教一下这题思路，没学过栈'}
2022-02-05 20:38:55 [scrapy.core.scraper] DEBUG: Scraped from <200 https://tieba.baidu.com//p/5931386994>
{'author': '太多的风...',
 'content': "            错误代码：ModuleNotFoundError: No module named 'pkgutil'",
 'link': None,
 'title': 'virtualenv创建虚拟环境失败'}
```

图1-82　分布式爬虫正常运行

第7步，爬虫运行完毕后，进入项目所在的目录，可以查看新创建的文件bdtieba.json和目录images中所爬取的图片，如图1-83所示。

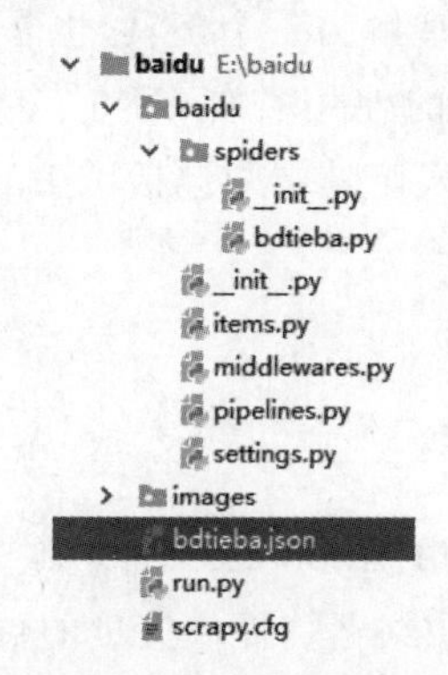

图1-83　新创建的文件bdtieba.json和目录images中所爬取的图片

第2章

NumPy

从本章起至第3章，将学习数据分析的相关技术，包括NumPy和Pandas，并且开发环境也将更换为在数据分析领域中最常使用的Anaconda。

Anaconda是一个用于科学计算的Python发行版，支持Linux、Mac和Windows，提供了包管理与环境管理的功能，可以很方便地解决多版本Python并存、切换，以及各种第三方包安装的问题。

Anaconda包含了conda、Python解释器、Python开发工具、与数据科学相关的第三方库及其依赖项等，其中，conda可以理解为一个工具，也是一个可执行命令，其核心功能是包管理与环境管理，而包管理与pip的使用类似，环境管理则能够允许用户使用不同版本Python，并能灵活切换；Python开发工具中则包括了Jupyter Notebook和Spyder等，而本书将使用Spyder进行开发。

2.1 NumPy简介

NumPy(Numerical Python)是Python的一种开源的数值计算扩展库，其支持大量的维度数组与矩阵运算，也可以针对数组运算提供大量的数学函数库，并且NumPy还是学习Pandas、SciPy等数据处理或科学计算库的重要基础。

在NumPy中，有4个概念贯穿始终，即数组对象、数组对象的维度、数组对象的轴和数组对象的形状。

1. 数组对象

数组对象是NumPy中的核心，其包括两个特性，一是数组对象是用于存放同类型元素的多维度数组；二是数组对象中的每个元素在内存中都拥有相同大小的存储空间。

2. 数组对象的维度

数组对象的维度指的是数组对象的轴的数量，又称为秩。例如，一维数组的秩为1，二维数组的秩为2，三维数组的秩为3，以此类推。

而本章根据数组对象的维度将其分为3类进行重点学习，即一维数组对象、二维数组对象和高维数组对象中的三维数组对象。

3. 数组对象的轴

1）一维数组对象

一维数组对象具有1个轴，其轴索引为0，又称为0轴，即可沿水平方向横穿，又可以沿垂直方向向下，如图 2-1 所示。

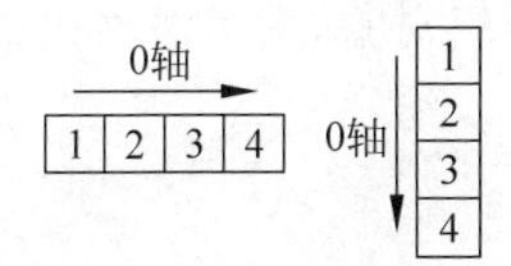

图 2-1 一维数组对象

2）二维数组对象

二维数组对象具有两个轴，其轴索引为 0 和 1，又称为 0 轴和 1 轴，分别沿行垂直向下和沿列水平横穿，如图 2-2 所示。

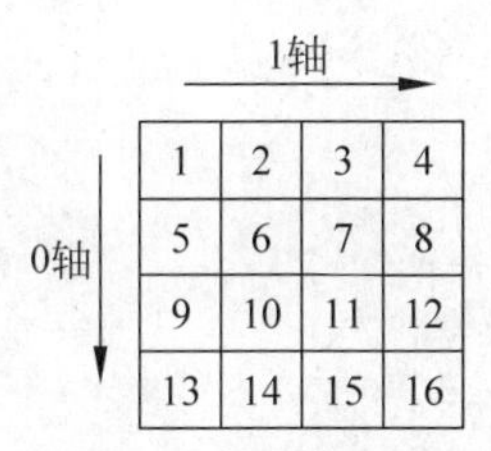

图 2-2 二维数组对象

3）三维数组对象

三维数组对象具有 3 个轴，其轴索引为 0、1 和 2，又称为 0 轴、1 轴和 2 轴，分别沿所有层垂直向下、沿每层的行垂直向下和沿每层的列水平横穿，如图 2-3 所示。

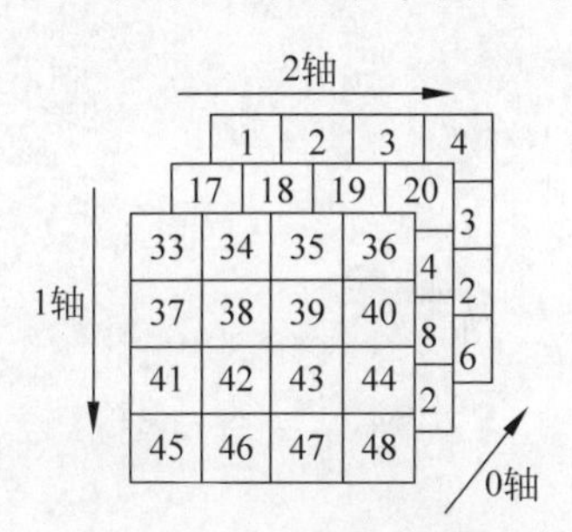

图 2-3 三维数组对象

4. 数组对象的形状

数组对象的形状使用元组进行表示，指的是每个轴中元素的数量。例如，当数组对象的形状为(3,)时，表示一维数组对象，并且其 0 轴中具有 3 个元素；当数组对象的形状为(3,4)时，表示二维数组对象，并且其 0 轴和 1 轴中分别具有 3 个元素和 4 个元素；当数组对象的形状为(3,4,5)时，表示三维数组对象，并且其 0 轴、1 轴和 2 轴中分别具有 3 个元素、4 个元素和 5 个元素。

2.2 数组对象的创建

在 NumPy 中，数组对象的类型为 ndarray，可以通过 NumPy 模块中的相关函数进行创建，具体如下。

1. array()函数

该函数用于创建任意维度的数组对象，其语法格式如下：

```
array(p_object,dtype)
```

其中，参数 p_object 表示数组对象或序列；参数 dtype 表示数组对象中元素的数据类型，示例代码如下：

```
#资源包\Code\chapter2\2.2\0201.py
import numpy as np
#创建一维数组对象
a = np.array([1, 2, 3, 4, 5])
print(a)
print(type(a))
print('========================')
#创建二维数组对象
b = np.array([[1, 2, 3, 4],
              [5, 6, 7, 8],
              [9, 10, 11, 12]])
print(b)
print(type(b))
print('========================')
#创建三维数组对象
c = np.array([[[1, 2, 3],
               [4, 5, 6]],
              [[7, 8, 9],
               [10, 11, 12]],
              [[13, 14, 15],
               [16, 17, 18]]])
print(c)
print(type(c))
```

2. arange()函数

该函数用于创建指定起始值、结束值和步长的一维数组对象，并且该数组对象中的元素不包括结束值，其语法格式如下：

```
arange(start,stop,step,dtype)
```

其中，参数 start 表示开始值，如果省略该值，则默认值为 0；参数 stop 表示结束值；参数 step 表示步长，并且该值可以为负数，用于创建递减的数组对象，如果省略该值，则默认值为 1；参数 dtype 表示数组对象中元素的数据类型，示例代码如下：

```
#资源包\Code\chapter2\2.2\0202.py
import numpy as np
a = np.arange(stop = 10)
print(a)
```

```
print('========================')
b = np.arange(1, 10, 2)
print(b)
print('========================')
c = np.arange(1, -10, -3)
print(c)
```

3. linspace()函数

该函数用于创建指定起始值、结束值和元素个数的等差一维数组对象，其语法格式如下：

```
linspace(start,stop,num,endpoint,retstep,dtype)
```

其中，参数 start 表示开始值，如果省略该值，则默认值为 0；参数 stop 表示结束值；参数 num 表示数组对象中元素的个数；参数 endpoint 用于设置数组对象中的元素是否包含结束值，如果省略该参数，则默认值为 True，即包含结束值；参数 retstep 用于设置是否返回数组对象和公差组成的二元组，如果省略该值，则默认值为 False；参数 dtype 表示数组对象中元素的数据类型，示例代码如下：

```
#资源包\Code\chapter2\2.2\0203.py
import numpy as np
a = np.linspace(0, 10, 9)
print(a)
print('========================')
b = np.linspace(0, 10, 10, endpoint = False)
print(b)
print('========================')
c = np.linspace(0, 10, 10, endpoint = False, retstep = True)
print(f'{c} ==== {c[0]} ==== {c[1]}')
```

4. logspace()函数

该函数用于创建指定起始值、结束值和元素个数的等比一维数组对象，其语法格式如下：

```
logspace(start,stop,num,endpoint,base,dtype)
```

其中，参数 start 表示开始值，该值为 base ** start；参数 stop 表示结束值，该值为 base ** stop；参数 num 表示数组对象中元素的个数；参数 endpoint 用于设置数组对象中的元素是否包含结束值，如果省略该参数，则默认值为 True，即包含结束值；参数 base 表示底数；参数 dtype 表示数组对象中元素的数据类型，示例代码如下：

```
#资源包\Code\chapter2\2.2\0204.py
import numpy as np
a = np.logspace(0, 3, 4)
print(a)
```

```
print('========================')
b = np.logspace(0, 3, 4, base = 2)
print(b)
print('========================')
c = np.logspace(0, 3, 3, endpoint = False)
print(c)
```

5. identity()函数

该函数用于创建对角线元素为1,其余元素为0的单位矩阵,其语法格式如下:

```
identity(n,dtype)
```

其中,参数n表示单位矩阵的阶数;参数dtype表示数组对象中元素的数据类型,示例代码如下:

```
#资源包\Code\chapter2\2.2\0205.py
import numpy as np
#2 阶单位矩阵
a = np.identity(2)
print(a)
print('========================')
#5 阶单位矩阵
b = np.identity(5)
print(b)
```

6. eye()函数

该函数用于创建对角线元素为1,其余元素为0的二维数组对象,其语法格式如下:

```
eye(n,M,k,dtype)
```

其中,参数n表示二维数组对象的行数;参数M表示二维数组对象的列数,如果省略该值,则默认值为参数n的值;参数k表示对角线在1轴上的索引;参数dtype表示数组对象中元素的数据类型,示例代码如下:

```
#资源包\Code\chapter2\2.2\0206.py
import numpy as np
a = np.eye(3, 4)
print(a)
print('========================')
b = np.eye(3, 4, k = 1)
print(b)
```

7. ones()函数

该函数用于创建元素全为1的任意维度的数组对象,其语法格式如下:

```
ones(shape,dtype)
```

其中,参数 shape 表示数组对象的形状;参数 dtype 表示数组对象中元素的数据类型,示例代码如下:

```
#资源包\Code\chapter2\2.2\0207.py
import numpy as np
#创建一维数组对象
a = np.ones((3,))
print(a)
print('========================')
#创建二维数组对象
b = np.ones((3, 3))
print(b)
print('========================')
#创建三维数组对象
c = np.ones((3, 4, 5))
print(c)
```

8. zeros()函数

该函数用于创建元素全为 0 的任意维度的数组对象,其语法格式如下:

```
zeros(shape,dtype)
```

其中,参数 shape 表示数组对象的形状;参数 dtype 表示数组对象中元素的数据类型,示例代码如下:

```
#资源包\Code\chapter2\2.2\0208.py
import numpy as np
#创建一维数组对象
a = np.zeros((3,))
print(a)
print('========================')
#创建二维数组对象
b = np.zeros((3, 3))
print(b)
print('========================')
#创建三维数组对象
c = np.zeros((3, 4, 5))
print(c)
```

9. empty()函数

该函数用于创建元素为随机初始化值的任意维度的数组对象,其语法格式如下:

```
empty(shape,dtype)
```

其中,参数 shape 表示数组对象的形状;参数 dtype 表示数组对象中元素的数据类型,示例代码如下:

```
#资源包\Code\chapter2\2.2\0209.py
import numpy as np
#创建一维数组对象
a = np.empty((3,))
print(a)
print('========================')
#创建二维数组对象
b = np.empty((3, 3))
print(b)
print('========================')
#创建三维数组对象
c = np.empty((3, 4, 5))
print(c)
```

10. full()函数

该函数用于创建所有元素为指定数值的任意维度的数组对象，其语法格式如下：

```
full(shape,fill_value,dtype)
```

其中，参数 shape 表示数组对象的形状；参数 fill_value 表示元素的值；参数 dtype 表示数组对象中元素的数据类型，示例代码如下：

```
#资源包\Code\chapter2\2.2\0210.py
import numpy as np
#创建一维数组对象
a = np.full((3,), 7)
print(a)
print('========================')
#创建二维数组对象
b = np.full((3, 3), 8)
print(b)
print('========================')
#创建三维数组对象
c = np.full((3, 4, 5), 9)
print(c)
```

2.3 数组对象的数据类型

为了达到更精确的科学计算和更强大的数学能力等目的，NumPy 提供了相对于 Python 更为丰富的数据类型，具体如表 2-1 所示。

表 2-1 NumPy 中的数据类型

数据类型	类型代码	描　述
bool_		布尔型
int_		默认的整数类型

续表

数据类型	类型代码	描　述
int8	i1	1字节整数,范围为－128～127
int16	i2	2字节整数,范围为－32 768～32 767
int32	i4	4字节整数,范围为－2 147 483 648～2 147 483 647
int64	i8	8字节整数,范围为－9 223 372 036 854 775 808～9 223 372 036 854 775 807
uint8	u1	1字节无符号整数,范围为0～255
uint16	u2	2字节无符号整数,范围为0～65 535
uint32	u4	4字节无符号整数,范围为0～4 294 967 295
uint64	u8	8字节无符号整数,范围为0～18 446 744 073 709 551 615
float_		float64类型的简写
float16	f2	半精度浮点数,其包括1个符号位,5个指数位,10个尾数位
float32	f4或f	单精度浮点数,其包括1个符号位,8个指数位,23个尾数位
float64	f8或d	双精度浮点数,其包括1个符号位,11个指数位,52个尾数位
complex_		complex128类型的简写
complex64	c8	实部和虚部共享32位的复数
complex128	c16	实部和虚部共享64位的复数
string_	S	ASCII类型的字符串
unicode_	U	Unicode类型的字符串

示例代码如下：

```
#资源包\Code\chapter2\2.3\0211.py
import numpy as np
a = np.array([1, 2, 3, 4, 5, 6])
print(a)
print('========================')
b = np.array([1, 2, 3, 4, 5, 6], dtype = np.float32)
print(b)
print('========================')
c = np.array([1, 2, 3, 4, 5, 6], dtype = 'f4')
print(c)
print('========================')
d = np.array(['a', 'b', 'c', 'd'])
print(d)
print('========================')
e = np.array([b'a', b'b', b'c', b'd'])
print(e)
```

2.4 数组对象的属性和方法

1. 属性ndim

该属性用于获取数组对象的维度。

2. 属性 shape

该属性用于获取数组对象的形状。

3. 属性 size

该属性用于获取数组对象中元素的总个数。

4. 属性 itemsize

该属性用于获取数组对象中每个元素的字节大小。

5. 属性 nbytes

该属性用于获取数组对象中所有元素的总字节大小。

6. 属性 dtype

该属性用于获取数组对象中元素的数据类型。

7. 属性 T

该属性用于对数组对象进行转置，即当数组对象的形状为(a_0,a_1,…,a_{n-1},a_n)时，在进行转置之后，其形状为(a_n,a_{n-1},…,a_1,a_0)，需要注意的是，一维数组对象不能进行转置。

8. astype()方法

该方法用于对数组对象中元素的数据类型进行转换，并返回一个新的数组对象，其语法格式如下：

```
astype(dtype)
```

其中，参数 dtype 表示数组对象中元素的数据类型。

9. reshape()方法

该方法用于修改数组对象的形状，并返回一个新的数组对象，需要注意的是，修改之后的数组对象的总元素个数必须与原数组对象的总元素个数一致，语法格式如下：

```
reshape(shape)
```

其中，参数 shape 表示数组对象的形状。

示例代码如下：

```
#资源包\Code\chapter2\2.4\0212.py
import numpy as np
#一维数组对象
a = np.full((3,), 7, dtype = np.int64)
print(a)
print('========================')
print(f'数组对象的维度为{a.ndim}')
print('========================')
print(f'数组对象的形状为{a.shape}')
print('========================')
print(f'数组对象中元素的总个数为{a.size}')
print('========================')
print(f'数组对象中每个元素的字节大小为{a.itemsize}')
print('========================')
print(f'数组对象中所有元素的总字节大小为{a.nbytes}')
```

```
print('=========================')
print(f'数组对象的数据类型为{a.dtype}')
print('=========================')
print(f"原数组对象中元素转换数据类型后的新数组对象为{a.astype('f4')}")
print('=========================')
print(f'原数组对象修改形状后的新数组对象为{a.reshape((3, 1))}')
print('=========================')
#二维数组对象
b = np.full((2, 3), b'oldxia')
print(b)
print('=========================')
print(f'数组对象的维度为{b.ndim}')
print('=========================')
print(f'数组对象的形状为{b.shape}')
print('=========================')
print(f'数组对象中元素的总个数为{b.size}')
print('=========================')
print(f'数组对象中每个元素的字节大小为{b.itemsize}')
print('=========================')
print(f'数组对象中所有元素的总字节大小为{b.nbytes}')
print('=========================')
print(f'数组对象的数据类型为{b.dtype}')
print('=========================')
print(f'原数组对象转置后的新数组对象为{b.T}')
print('=========================')
print(f'原数组对象修改形状后的新数组对象为{b.reshape((3, 1, 2))}')
print('=========================')
#三维数组对象
c = np.full((2, 3, 4), 'xzd')
print(c)
print('=========================')
print(f'数组对象的维度为{c.ndim}')
print('=========================')
print(f'数组对象的形状为{c.shape}')
print('=========================')
print(f'数组对象中元素的总个数为{c.size}')
print('=========================')
print(f'数组对象中每个元素的字节大小为{c.itemsize}')
print('=========================')
print(f'数组对象中所有元素的总字节大小为{c.nbytes}')
print('=========================')
print(f'数组对象的数据类型为{c.dtype}')
print('=========================')
print(f'原数组对象转置后的新数组对象为{c.T}')
print('=========================')
print(f'原数组对象修改形状后的新数组对象为{c.reshape((3, 1, 4, 2))}')
```

2.5 数组对象的访问

在 NumPy 中,可以通过数组对象的索引访问和迭代访问获取其中的元素。

2.5.1 索引访问

同 Python 内置的序列一样,数组对象每个轴所对应的元素均支持下标索引,其每个轴中元素的索引从 0 开始,即第 1 个元素的索引为 0,第 2 个元素的索引为 1,以此类推。

在 NumPy 中,索引访问又可以分为指定索引访问和切片索引访问。

1. 指定索引访问

相对于 Python 内置的序列,NumPy 支持多种形式的指定索引访问,其包括以下 7 种。

1) 索引值为整数

(1) 一维数组对象,可以通过 ndarray[index]的格式获取一维数组对象中的元素,其中,ndarray 表示一维数组对象,index 表示 0 轴中元素的整数索引,示例代码如下:

```
#资源包\Code\chapter2\2.5\0213.py
import numpy as np
a = np.array([1, 2, 3, 4, 5])
#0 轴中索引为 2 的元素
print(a[2])
```

(2) 二维数组对象,可以通过 ndarray[index][index1]或 ndarray[index,index1]的格式获取二维数组对象中的元素,其中,ndarray 表示二维数组对象,index 表示 0 轴中元素的整数索引,index1 表示 1 轴中元素的整数索引,示例代码如下:

```
#资源包\Code\chapter2\2.5\0214.py
import numpy as np
b = np.array([[1, 2, 3],
              [4, 5, 6],
              [7, 8, 9]])
#0 轴中索引为 2 和 1 轴中索引为 1 的元素
print(b[2][1])
print('========================')
print(b[2, 1])
```

(3) 三维数组对象,可以通过 ndarray[index][index1][index2]或 ndarray[index,index1,index2]的格式获取三维数组对象中的元素,其中,ndarray 表示三维数组对象,index 表示 0 轴中元素的整数索引,index1 表示 1 轴中元素的整数索引,index2 表示 2 轴中元素的整数索引,示例代码如下:

```
#资源包\Code\chapter2\2.5\0215.py
import numpy as np
c = np.array([[[1, 2, 3],
               [4, 5, 6],
```

```
                [7, 8, 9]],
                [[10, 11, 12],
                [13, 14, 15],
                [16, 17, 18]]])
#0 轴中索引为 0、1 轴中索引为 1 和 2 轴中索引为 1 的元素
print(c[0][1][1])
print('========================')
print(c[0, 1, 1])
```

2）索引值为布尔值运算表达式

可以通过 ndarray[index]的格式获取数组对象中的元素，其中，ndarray 表示数组对象，index 表示布尔值运算表达式，用于保留符合布尔值运算表达式条件的元素。需要注意的是，使用该索引将返回由保留的元素所组成的一维数组对象，示例代码如下：

```
#资源包\Code\chapter2\2.5\0216.py
import numpy as np
#一维数组对象
a = np.array([1, 2, 3, 4, 5])
new_a = a[a > 2]
print(new_a, new_a.ndim)
print('========================')
#二维数组对象
b = np.array([[1, 2, 3],
              [4, 5, 6],
              [7, 8, 9]])
new_b = b[b > 2]
print(new_b, new_b.ndim)
print('========================')
#三维数组对象
c = np.array([[[1, 2, 3],
               [4, 5, 6],
               [7, 8, 9]],
              [[10, 11, 12],
               [13, 14, 15],
               [16, 17, 18]]])
new_c = c[c > 2]
print(new_c, new_c.ndim)
```

3）索引值为布尔值数组对象

可以通过 ndarray[index]的格式获取数组对象中的元素，其中，ndarray 表示数组对象，index 表示布尔值数组对象，用于对当前数组对象中的元素进行过滤操作，即当元素下标索引对应的值为 True 时，该元素保留，否则舍弃。需要注意的是，使用该索引将返回由保留的元素所组成的一维数组对象，示例代码如下：

```
#资源包\Code\chapter2\2.5\0217.py
import numpy as np
#一维数组对象
```

```
a = np.array([1, 2, 3, 4, 5])
bool_array = np.array([True, False, True, True, False])
new_a = a[bool_array]
print(new_a, new_a.ndim)
print('======================== ')
#二维数组对象
b = np.array([[1, 2, 3],
              [4, 5, 6],
              [7, 8, 9]])
bool_array = np.array([[True, False, True],
                       [False, True, True],
                       [True, True, False]])
new_b = b[bool_array]
print(new_b, new_b.ndim)
print('======================== ')
#三维数组对象
c = np.array([[[1, 2, 3],
               [4, 5, 6],
               [7, 8, 9]],
              [[10, 11, 12],
               [13, 14, 15],
               [16, 17, 18]]])
bool_array = np.array([[[True, False, False],
                        [True, True, False],
                        [True, False, True]],
                       [[True, False, False],
                        [True, False, True],
                        [True, True, False]]])
new_c = c[bool_array]
print(new_c, new_c.ndim)
```

4）索引值为整数列表

（1）一维数组对象，可以通过 ndarray[index]的格式获取一维数组对象中的元素，其中，ndarray 表示一维数组对象，index 表示整数列表，并且该列表中的值为 0 轴上待获取元素所对应的索引。需要注意的是，使用该索引将返回由获取的元素所组成的一维数组对象，示例代码如下：

```
#资源包\Code\chapter2\2.5\0218.py
import numpy as np
a = np.array([1, 2, 3, 4, 5])
lt = [1, 1, 2, 2]
#最终的结果为 a[1] = 2,a[1] = 2,a[2] = 3,a[2] = 3,即[2 2 3 3]
print(a[lt])
```

（2）二维数组对象，可以通过 ndarray[index,index1]的格式获取二维数组对象中的元素，其中，ndarray 表示二维数组对象，index 表示整数列表，并且该列表中的值为 0 轴上待获取元素所对应的索引，index1 表示整数列表，并且该列表中的值为 1 轴上待获取元素所对应的索引。需要注意的是，使用该索引将返回由获取的元素所组成的一维数组对象，示例代码如下：

```
#资源包\Code\chapter2\2.5\0219.py
import numpy as np
b = np.array([[1, 2, 3],
              [4, 5, 6],
              [7, 8, 9]])
lt1 = [1, 1, 2, 0]
lt2 = [1, 0, 2, 0]
#最终的结果为 b[1][1] = 5,b[1][0] = 4,b[2][2] = 9,b[0][0] = 1,即[5 4 9 1]
print(b[lt1, lt2])
```

(3) 三维数组对象，可以通过 ndarray[index,index1,index2]的格式获取三维数组对象中的元素，其中，ndarray 表示三维数组对象，index 表示整数列表，并且该列表中的值为 0 轴上待获取元素所对应的索引，index1 表示整数列表，并且该列表中的值为 1 轴上待获取元素所对应的索引，index2 表示整数列表，并且该列表中的值为 2 轴上待获取元素所对应的索引。需要注意的是，使用该索引将返回由获取的元素所组成的一维数组对象，示例代码如下：

```
#资源包\Code\chapter2\2.5\0220.py
import numpy as np
c = np.array([[[1, 2, 3],
               [4, 5, 6],
               [7, 8, 9]],
              [[10, 11, 12],
               [13, 14, 15],
               [16, 17, 18]]])
lt1 = [1, 1, 0, 0]
lt2 = [1, 0, 2, 0]
lt3 = [1, 0, 2, 0]
#最终的结果为 c[1][1][1] = 14,c[1][0][0] = 10,c[0][2][2] = 9,c[0][0][0] = 1
即[14 10 9 1]
print(c[lt1, lt2, lt3])
```

5) 索引值为整数一维数组对象

(1) 一维数组对象，可以通过 ndarray[index]的格式获取一维数组对象中的元素，其中，ndarray 表示一维数组对象，index 表示整数一维数组对象，并且该数组对象中的元素值为 0 轴上待获取元素所对应的索引。需要注意的是，使用该索引将返回由获取的元素所组成的一维数组对象，并且该数组对象的形状与 index 所表示的数组对象的形状相同，示例代码如下：

```
#资源包\Code\chapter2\2.5\0221.py
import numpy as np
a = np.array([1, 2, 3, 4, 5])
lt_array = np.array([1, 1, 2, 2])
```

```
#最终的结果为a[1]=2,a[1]=2,a[2]=3,a[2]=3,即[2 2 3 3]
print(a[lt_array])
```

(2) 二维数组对象,可以通过 ndarray[index,index1]的格式获取二维数组对象中的元素,其中,ndarray 表示二维数组对象,index 表示整数一维数组对象,并且该数组对象中的元素值为 0 轴上待获取元素所对应的索引,index1 表示整数一维数组对象,并且该数组对象中的元素值为 1 轴上待获取元素所对应的索引。需要注意的是,使用该索引将返回由获取的元素所组成的一维数组对象,并且该数组对象的形状与 index 或 index1 所表示的数组对象的形状相同,示例代码如下:

```
#资源包\Code\chapter2\2.5\0222.py
import numpy as np
b = np.array([[1, 2, 3],
              [4, 5, 6],
              [7, 8, 9]])
lt_array1 = np.array([1, 1, 2, 0])
lt_array2 = np.array([1, 0, 2, 0])
#最终的结果为b[1][1]=5,b[1][0]=4,b[2][2]=9,b[0][0]=1,即[5 4 9 1]
print(b[lt_array1, lt_array2])
```

(3) 三维数组对象,可以通过 ndarray[index,index1,index2]的格式获取三维数组对象中的元素,其中,ndarray 表示三维数组对象,index 表示整数一维数组对象,并且该数组对象中的元素值为 0 轴上待获取元素所对应的索引,index1 表示整数一维数组对象,并且该数组对象中的元素值为 1 轴上待获取元素所对应的索引,index2 表示整数一维数组对象,并且该数组对象中的元素值为 2 轴上待获取元素所对应的索引。需要注意的是,使用该索引将返回由获取的元素所组成的一维数组对象,并且该数组对象的形状与 index、index1 或 index2 所表示的数组对象的形状相同,示例代码如下:

```
#资源包\Code\chapter2\2.5\0223.py
import numpy as np
c = np.array([[[1, 2, 3],
               [4, 5, 6],
               [7, 8, 9]],
              [[10, 11, 12],
               [13, 14, 15],
               [16, 17, 18]]])
lt_array1 = np.array([1, 1, 0, 0])
lt_array2 = np.array([1, 0, 2, 0])
lt_array3 = np.array([1, 0, 2, 0])
#最终的结果为c[1][1][1]=14,c[1][0][0]=10,c[0][2][2]=9,c[0][0][0]=1
即[14 10 9 1]
print(c[lt_array1, lt_array2, lt_array3])
```

6) 索引值为整数二维数组对象

(1) 一维数组对象,可以通过 ndarray[index]的格式获取一维数组对象中的元素,其中，ndarray 表示一维数组对象，index 表示整数二维数组对象，并且该数组对象中的元素值为 0 轴上待获取元素所对应的索引。需要注意的是，使用该索引将返回由获取的元素所组成的二维数组对象，并且该数组对象的形状与 index 所表示的数组对象的形状相同，示例代码如下：

```
#资源包\Code\chapter2\2.5\0224.py
import numpy as np
a = np.array([1, 2, 3, 4, 5])
lt_array = np.array([[0, 1, 2],
                     [2, 1, 3]])
#最终的结果为 a[0] = 1,a[1] = 2,a[2] = 3,a[2] = 3,a[1] = 2,a[3] = 4,a[2] = 3 所组成的二维数组
#对象
#[[1 2 3]
#[3 2 4]]
print(a[lt_array])
```

(2) 二维数组对象，可以通过 ndarray[index,index1]的格式获取二维数组对象中的元素，其中，ndarray 表示二维数组对象，index 表示整数二维数组对象，并且该数组对象中的元素值为 0 轴上待获取元素所对应的索引，index1 表示整数二维数组对象，并且该数组对象中的元素值为 1 轴上待获取元素所对应的索引。需要注意的是，使用该索引将返回由获取的元素所组成的二维数组对象，并且该数组对象的形状与 index 或 index1 所表示的数组对象的形状相同，示例代码如下：

```
#资源包\Code\chapter2\2.5\0225.py
import numpy as np
b = np.array([[1, 2, 3],
              [4, 5, 6],
              [7, 8, 9]])
lt_array1 = np.array([[0, 1, 2],
                      [2, 1, 0]])
lt_array2 = np.array([[0, 1, 0],
                      [2, 2, 1]])
#最终的结果为 b[0][0] = 1,b[1][1] = 5,b[2][0] = 7,b[2][2] = 9,b[1][2] = 6,b[0][1] = 2 所组成
#的二维数组对象
#[[1 5 7]
#[9 6 2]]
print(b[lt_array1, lt_array2])
```

(3) 三维数组对象，可以通过 ndarray[index,index1,index2]的格式获取三维数组对象中的元素，其中，ndarray 表示三维数组对象，index 表示整数二维数组对象，并且该数组对象中的元素值为 0 轴上待获取元素所对应的索引，index1 表示整数二维数组对象，并且该数组对象中的元素值为 1 轴上待获取元素所对应的索引，index2 表示整数二维数组对象，并且该数组对象中的元素值为 2 轴上待获取元素所对应的索引。需要注意的是，使用该索引将返回由获取的元素所组成的二维数组对象，并且该数组对象的形状与 index、index1 或 index2 所表示的数组对象的形状相同，示例代码如下：

```
#资源包\Code\chapter2\2.5\0226.py
import numpy as np
c = np.array([[[1, 2, 3],
               [4, 5, 6],
               [7, 8, 9]],
              [[10, 11, 12],
               [13, 14, 15],
               [16, 17, 18]]])
lt_array1 = np.array([[0, 1, 0],
                      [0, 1, 0]])
lt_array2 = np.array([[0, 1, 0],
                      [2, 2, 1]])
lt_array3 = np.array([[0, 1, 0],
                      [2, 2, 1]])
#最终的结果为 c[0][0][0] = 1,c[1][1][1] = 14,c[0][0][0] = 1,c[0][2][2] = 9,c[1][2][2] = 18,
#c[0][1][1] = 5 所组成的二维数组对象
#[[1 14 1]
#[9 18 5]]
print(c[lt_array1, lt_array2, lt_array3])
```

7）索引值为整数三维数组对象

(1) 一维数组对象，可以通过 ndarray[index]的格式获取一维数组对象中的元素，其中，ndarray 表示一维数组对象，index 表示整数三维数组对象，并且该数组对象中的元素值为 0 轴上待获取元素所对应的索引。需要注意的是，使用该索引将返回由获取的元素所组成的三维数组对象，并且该数组对象的形状与 index 所表示的数组对象的形状相同，示例代码如下：

```
#资源包\Code\chapter2\2.5\0227.py
import numpy as np
a = np.array([1, 2, 3, 4, 5])
lt_array = np.array([[[1, 2],
                      [4, 1]],
                     [[0, 2],
                      [1, 3]]])
#最终的结果为 a[1] = 2,a[2] = 3,a[4] = 5,a[1] = 2,a[0] = 1,a[2] = 3,a[1] = 2,a[3] = 4 所组成的
#三维数组对象
#[[[2 3]
#[5 2]]
#[[1 3]
#[2 4]]]
print(a[lt_array])
```

(2) 二维数组对象，可以通过 ndarray[index,index1]的格式获取二维数组对象中的元素，其中，ndarray 表示二维数组对象，index 表示整数三维数组对象，并且该数组对象中的元素值为 0 轴上待获取元素所对应的索引，index1 表示整数三维数组对象，并且该数组对象中的元素值为 1 轴上待获取元素所对应的索引。需要注意的是，使用该索引将返回由获取的元素所组成的三维数组对象，并且该数组对象的形状与 index 或 index1 所表示的数组对

象的形状相同，示例代码如下：

```
#资源包\Code\chapter2\2.5\0228.py
import numpy as np
b = np.array([[1, 2, 3],
              [4, 5, 6],
              [7, 8, 9]])
lt_array1 = np.array([[[1, 2],
                       [2, 1]],
                      [[0, 2],
                       [1, 1]]])
lt_array2 = np.array([[[1, 2],
                       [2, 1]],
                      [[0, 2],
                       [1, 0]]])
#最终的结果为 b[1][1] = 5,b[2][2] = 9,b[2][2] = 9,b[1][1] = 5,b[0][0] = 5,b[2][2] = 9,
#b[1][1] = 5,b[1][0] = 4 所组成的三维数组对象
#[[[5 9]
#[9 5]]
#[[1 9]
#[5 4]]]
print(b[lt_array1, lt_array2])
```

(3) 三维数组对象，可以通过 ndarray[index,index1,index2]的格式获取三维数组对象中的元素，其中，ndarray 表示三维数组对象，index 表示整数三维数组对象，并且该数组对象中的元素值为 0 轴上待获取元素所对应的索引，index1 表示整数三维数组对象，并且该数组对象中的元素值为 1 轴上待获取元素所对应的索引，index2 表示整数三维数组对象，并且该数组对象中的元素值为 2 轴上待获取元素所对应的索引。需要注意的是，使用该索引将返回由获取的元素所组成的三维数组对象，并且该数组对象的形状与 index、index1 或 index2 所表示的数组对象的形状相同，示例代码如下：

```
#资源包\Code\chapter2\2.5\0229.py
import numpy as np
c = np.array([[[1, 2, 3],
               [4, 5, 6],
               [7, 8, 9]],
              [[10, 11, 12],
               [13, 14, 15],
               [16, 17, 18]]])
lt_array1 = np.array([[[1, 0],
                       [1, 1]],
                      [[0, 1],
                       [1, 1]]])
lt_array2 = np.array([[[1, 2],
                       [2, 1]],
                      [[0, 2],
                       [1, 0]]])
```

```
lt_array3 = np.array([[[1, 2],
                       [2, 1]],
                      [[0, 2],
                       [1, 0]]])
#最终的结果为 c[1][1][1] = 14,c[0][2][2] = 9,c[1][2][2] = 18,c[1][1][1] = 14,c[0][0][0] =
#1,c[1][2][2] = 18,c[1][1][1] = 14,c[1][0][0] = 10 所组成的三维数组对象
#[[[14  9]
#[18 14]]
#[[ 1 18]
#[14 10]]]
print(c[lt_array1, lt_array2, lt_array3])
```

2. 切片索引访问

在 NumPy 中，切片索引访问的使用方式与 Python 中内置序列的分片索引访问的使用方式一致。

1）一维数组对象

可以通过 ndarray[start：end：step]的格式获取一维数组对象中的元素，其中，ndarray 表示一维数组对象，start 表示 0 轴上待获取元素所对应的开始索引，end 表示 0 轴上待获取元素所对应的结束索引，step 表示 0 轴上的步长，可以为正整数，也可以为负整数。需要注意的是，使用该索引获取的元素中包括开始索引对应的元素，但不包括结束索引对应的元素，示例代码如下：

```
#资源包\Code\chapter2\2.5\0230.py
import numpy as np
a = np.array([1, 2, 3, 4, 5, 6])
print(a[1:3])
print('========================')
print(a[:3])
print('========================')
print(a[0:])
print('========================')
print(a[:])
print('========================')
print(a[1: - 1])
print('========================')
print(a[0:3:2])
print('========================')
print(a[:: - 1])
```

2）二维数组对象

可以通过 ndarray[start：end：step，start1：end1：step1]的格式获取二维数组对象中的元素，其中，ndarray 表示二维数组对象，start 表示 0 轴上待获取元素所对应的开始索引，end 表示 0 轴上待获取元素所对应的结束索引，step 表示 0 轴上的步长，可以为正整数，也可为负整数，start1 表示 1 轴上待获取元素所对应的开始索引，end1 表示 1 轴上待获取元素所对应的结束索引，step1 表示 1 轴上的步长，可以为正整数，也可为负整数。此外，还需要

注意两点，一是使用该索引获取的元素中包括开始索引对应的元素，但不包括结束索引对应的元素；二是如果混合使用切片索引和指定索引，则返回由获取元素所组成的一维数组对象，示例代码如下：

```
#资源包\Code\chapter2\2.5\0231.py
import numpy as np
b = np.array([[1, 2, 3],
              [4, 5, 6],
              [7, 8, 9]])
print(b[1:, 1:2])
print('========================')
print(b[1:, 1:])
print('========================')
print(b[1:, 1])
```

3）三维数组对象

可以通过ndarray[start：end：step，start1：end1：step1，start2：end2：step2]的格式获取三维数组对象中的元素，其中，ndarray表示三维数组对象，start表示0轴上待获取元素所对应的开始索引，end表示0轴上待获取元素所对应的结束索引，step表示0轴上的步长，可以为正整数，也可为负整数，start1表示1轴上待获取元素所对应的开始索引，end1表示1轴上待获取元素所对应的结束索引，step1表示1轴上的步长，可以为正整数，也可为负整数，start2表示2轴上待获取元素所对应的开始索引，end2表示2轴上待获取元素所对应的结束索引，step2表示2轴上的步长，可以为正整数，也可为负整数。此外，还需要注意两点，一是使用该索引获取的元素中包括开始索引对应的元素，但不包括结束索引对应的元素；二是如果混合使用切片索引和指定索引，则返回由获取元素所组成的二维数组对象，示例代码如下：

```
#资源包\Code\chapter2\2.5\0232.py
import numpy as np
c = np.array([[[1, 2, 3],
               [4, 5, 6],
               [7, 8, 9]],
              [[10, 11, 12],
               [13, 14, 15],
               [16, 17, 18]],
              [[19, 20, 21],
               [22, 23, 24],
               [25, 26, 27]]])
print(c[1:, 1:2, 1:])
print('========================')
print(c[1:, 1:, 0:])
print('========================')
print(c[1:, 1:, 2])
```

2.5.2 迭代访问

NumPy中的数组对象支持循环遍历，但是该种方式会导致访问的效率较低，因为随着数组对象的维度增加，循环遍历的层数也将随之增加，例如，遍历二维数组对象，需要使用两层循环，而遍历三维数组对象，就需要使用三层循环。

此时，可以通过NumPy模块中的nditer类进行迭代访问，以提高访问效率，该类返回一个可迭代对象，通过一层循环即可将数组对象中的元素遍历出来，示例代码如下：

```
#资源包\Code\chapter2\2.5\0233.py
import numpy as np
a = np.arange(0, 12).reshape(3, 4)
print('原始数组是：')
print(a)
print('迭代输出元素：')
for n in np.nditer(a):
    print(n, end = " ")
```

2.6 数组对象的算术运算

在NumPy中，数组对象支持使用算术运算符进行运算，包括加、减、乘、除、取模、幂和整除。需要注意的是，参与运算的数组对象必须具有相同的形状，或者符合数组对象的广播规则才可以正常执行，示例代码如下：

```
#资源包\Code\chapter2\2.6\0234.py
import numpy as np
a1 = np.array([1, 2, 3, 4, 5])
a2 = np.array([6, 7, 8, 9, 10])
print(a1 + a2)
print('=========================')
print(a1 - a2)
print('=========================')
print(a1 * a2)
print('=========================')
print(a1 / a2)
print('=========================')
print(a1 % a2)
print('=========================')
print(a1 ** a2)
print('=========================')
print(a1//a2)
print('=========================')
b1 = np.array([[1, 2],
               [3, 4]])
b2 = np.array([[5, 6],
               [7, 8]])
print(b1 + b2)
```

```
print('=========================')
print(b1 - b2)
print('=========================')
print(b1 * b2)
print('=========================')
print(b1 / b2)
print('=========================')
print(b1 % b2)
print('=========================')
print(b1 ** b2)
print('=========================')
print(b1//b2)
print('=========================')
c1 = np.array([[[1, 2, 3],
                [4, 5, 6],
                [7, 8, 9]],
               [[10, 11, 12],
                [13, 14, 15],
                [16, 17, 18]]])
c2 = np.array([[[1, 2, 3],
                [4, 5, 6],
                [7, 8, 9]],
               [[10, 11, 12],
                [13, 14, 15],
                [16, 17, 18]]])
print(c1 + c2)
print('=========================')
print(c1 - c2)
print('=========================')
print(c1 * c2)
print('=========================')
print(c1 / c2)
print('=========================')
print(c1 % c2)
print('=========================')
print(c1 ** c2)
print('=========================')
print(c1//c2)
```

2.7 数组对象的广播

数组对象的广播旨在解决不同形状的数组对象之间的算术运算问题，其核心就是对形状较小的数组对象，在其水平或垂直方向上进行一定次数的重复，使其拥有与形状较大的数组对象相同的形状，进而可以进行算术运算，如图 2-4 所示，具体步骤如下：

第 1 步，判断两个数组对象的形状是否相等，如果相等，则直接进行算术运算；如果不相等,则进行下一判断。

第 2 步,判断两个数组对象的维度是否相等,如果相等,则直接进行下一步判断;如果不相等,则进行广播,即在维度较低的数组对象的形状的左侧填充 1,直到其维度与高维度的数组对象相等,然后进行下一步判断。

第 3 步,当两个数组对象的维度相等后,继续判断两个数组对象的每个轴中的元素数量是否相等,如果相等,则直接进行算术运算;如果不相等,则再次判断两个数组对象中是否存在元素数量等于 1 的轴,如果没有,则无法进行算术运算,如果有,则进行广播,即对该轴进行一定次数的重复,直到两个数组对象的形状相等,即可进行算术运算。

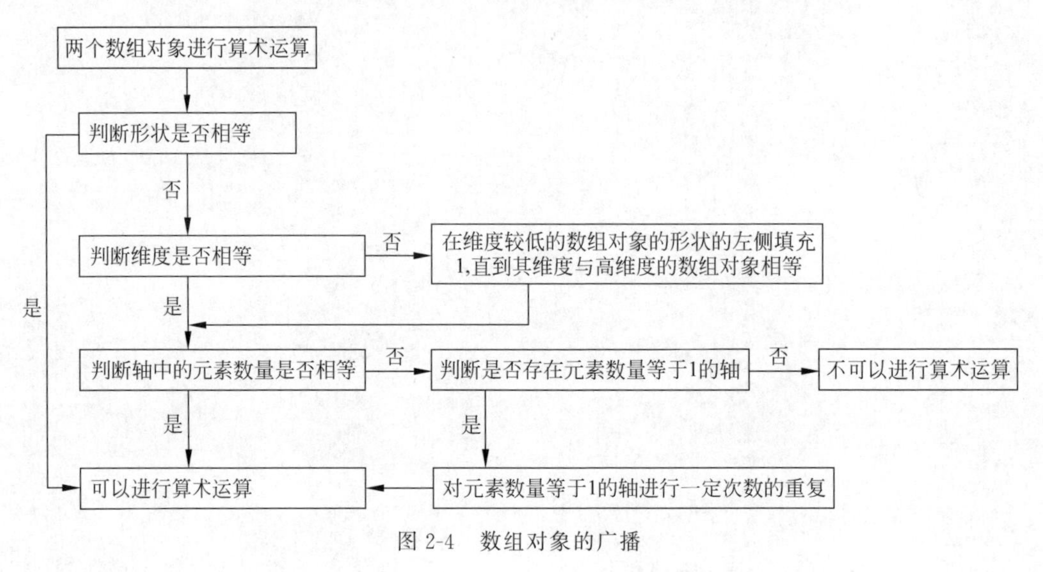

图 2-4　数组对象的广播

示例代码如下:

```
#资源包\Code\chapter2\2.7\0235.py
import numpy as np
#可以进行广播
a = np.array([1, 2])
b = np.array([[5, 6],
              [7, 8]])
print(a + b)
print('========================')
a = np.array([[1, 2]])
b = np.array([[5],
              [7]])
print(a + b)
print('========================')
#无法进行广播
a = np.array([[1, 2]])
b = np.array([[5, 6, 7],
              [7, 8, 9]])
print(a + b)
```

2.8 NumPy的通用函数

2.8.1 算术运算函数

1. add()函数

该函数用于实现加法运算,其语法格式如下:

```
add(x1,x2)
```

其中,参数x1表示数组对象;参数x2表示数组对象。

2. subtract()函数

该函数用于实现减法运算,其语法格式如下:

```
subtract(x1,x2)
```

其中,参数x1表示数组对象;参数x2表示数组对象。

3. multiple()函数

该函数用于实现乘法运算,其语法格式如下:

```
multiple(x1,x2)
```

其中,参数x1表示数组对象;参数x2表示数组对象。

4. divide()函数

该函数用于实现除法运算,其语法格式如下:

```
divide(x1,x2)
```

其中,参数x1表示数组对象;参数x2表示数组对象。

5. power()函数

该函数用于实现幂运算,其语法格式如下:

```
power(x1,x2)
```

其中,参数x1表示数组对象;参数x2表示数组对象。

6. floor_divide()函数

该函数用于实现整除运算,其语法格式如下:

```
floor_divide(x1,x2)
```

其中,参数x1表示数组对象;参数x2表示数组对象。

7. mod()函数

该函数用于实现取模运算,其语法格式如下:

```
mod(x1,x2)
```

其中,参数 x1 表示数组对象；参数 x2 表示数组对象。

示例代码如下：

```
#资源包\Code\chapter2\2.8\0236.py
import numpy as np
#一维数组对象
a1 = np.array([1, 2, 3, 4, 5])
a2 = np.array([6, 7, 8, 9, 10])
print(np.add(a1, a2))
print('=========================')
print(np.subtract(a1, a2))
print('=========================')
print(np.multiply(a1, a2))
print('=========================')
print(np.divide(a1, a2))
print('=========================')
print(np.power(a1, a2))
print('=========================')
print(np.floor_divide(a1, a2))
print('=========================')
print(np.mod(a1, a2))
print('=========================')
#二维数组对象
b1 = np.array([[1, 2],
               [3, 4]])
b2 = np.array([[5, 6],
               [7, 8]])
print(np.add(b1, b2))
print('=========================')
print(np.subtract(b1, b2))
print('=========================')
print(np.multiply(b1, b2))
print('=========================')
print(np.divide(b1, b2))
print('=========================')
print(np.power(b1, b2))
print('=========================')
print(np.floor_divide(b1, b2))
print('=========================')
print(np.mod(b1, b2))
print('=========================')
#三维数组对象
c1 = np.array([[[1, 2, 3],
                [4, 5, 6],
                [7, 8, 9]],
               [[10, 11, 12],
                [13, 14, 15],
```

```
                 [16, 17, 18]]])
c2 = np.array([[[1, 2, 3],
                 [4, 5, 6],
                 [7, 8, 9]],
                [[10, 11, 12],
                 [13, 14, 15],
                 [16, 17, 18]]])
print(np.add(c1, c2))
print('========================')
print(np.subtract(c1, c2))
print('========================')
print(np.multiply(c1, c2))
print('========================')
print(np.divide(c1, c2))
print('========================')
print(np.power(c1, c2))
print('========================')
print(np.floor_divide(c1, c2))
print('========================')
print(np.mod(c1, c2))
```

2.8.2 数学运算函数

1. sin()函数

该函数用于计算数组对象中元素所代表的弧度的正弦值,其语法格式如下:

```
sin(a)
```

其中,参数 a 表示数组对象。

2. cos()函数

该函数用于计算数组对象中元素所代表的弧度的余弦值,其语法格式如下:

```
cos(a)
```

其中,参数 a 表示数组对象。

3. tan()函数

该函数用于计算数组对象中元素所代表的弧度的正切值,其语法格式如下:

```
tan(a)
```

其中,参数 a 表示数组对象。

4. arcsin()函数

该函数用于计算数组对象中元素所代表的弧度的反正弦值,其语法格式如下:

```
arcsin(a)
```

其中,参数 a 表示数组对象。

5. arccos()函数

该函数用于计算数组对象中元素所代表的弧度的反余弦值,其语法格式如下:

```
arccos(a)
```

其中,参数 a 表示数组对象。

6. arctan()函数

该函数用于计算数组对象中元素所代表的弧度的反正切值,其语法格式如下:

```
arctan(a)
```

其中,参数 a 表示数组对象。

7. around()函数

该函数用于对数组对象中的每个元素采用四舍五入法求近似值,其语法格式如下:

```
around(a)
```

其中,参数 a 表示数组对象。

8. floor()函数

该函数用于对数组对象中的每个元素向下取整,其语法格式如下:

```
floor(a)
```

其中,参数 a 表示数组对象。

9. ceil()函数

该函数用于对数组对象中的每个元素向上取整,其语法格式如下:

```
ceil(a)
```

其中,参数 a 表示数组对象。

10. square()函数

该函数用于计算数组对象中的每个元素的平方,其语法格式如下:

```
square(x)
```

其中,参数 x 表示数组对象。

示例代码如下:

```
#资源包\Code\chapter2\2.8\0237.py
import numpy as np
#一维数组对象
a = np.array([1.6, 2.3, 3.56, 4.9, 5.2])
print(np.sin(a))
```

```
print('========================')
print(np.cos(a))
print('========================')
print(np.tan(a))
print('========================')
print(np.arcsin(np.sin(a)))
print('========================')
print(np.arccos(np.cos(a)))
print('========================')
print(np.arctan(np.tan(a)))
print('========================')
print(np.around(a))
print('========================')
print(np.around(a, 1))
print('========================')
print(np.floor(a))
print('========================')
print(np.ceil(a))
print('========================')
print(np.square(a))
print('========================')
#二维数组对象
b = np.array([[1.1, 2.6],
              [3.55, 4.3]])
print(np.sin(b))
print('========================')
print(np.cos(b))
print('========================')
print(np.tan(b))
print('========================')
print(np.arcsin(np.sin(b)))
print('========================')
print(np.arccos(np.cos(b)))
print('========================')
print(np.arctan(np.tan(b)))
print('========================')
print(np.around(b))
print('========================')
print(np.around(b, 1))
print('========================')
print(np.floor(b))
print('========================')
print(np.ceil(b))
print('========================')
print(np.square(b))
print('========================')
#三维数组对象
c = np.array([[[1.1, 2.2, 3.3],
               [4.8, 5.28, 6.6],
               [7.8, 8.2, 9.1]],
```

```
                [[10.21, 11.36, 12.2],
                 [13.23, 14.12, 15.67],
                 [16.67, 17.34, 18.12]]])
print(np.sin(c))
print('========================')
print(np.cos(c))
print('========================')
print(np.tan(c))
print('========================')
print(np.arcsin(np.sin(c)))
print('========================')
print(np.arccos(np.cos(c)))
print('========================')
print(np.arctan(np.tan(c)))
print('========================')
print(np.around(c))
print('========================')
print(np.around(c, 1))
print('========================')
print(np.floor(c))
print('========================')
print(np.ceil(c))
print('========================')
print(np.square(c))
```

2.8.3 连接函数

1. concatenate()函数

该函数用于沿指定轴连接相同形状的多个数组对象，其语法格式如下：

```
concatenate(ndarrays,axis)
```

其中，参数 ndarrays 表示待连接的多个数组对象所组成的元组；参数 axis 表示数组对象的轴索引，该参数为可选参数，其默认值为 0。

2. hstack()函数

该函数用于沿 1 轴堆叠多个数组对象，其语法格式如下：

```
hstack(ndarrays)
```

其中，参数 ndarrays 表示待连接的多个数组对象所组成的元组。

3. vstack()函数

该函数用于沿 0 轴堆叠多个数组对象，其语法格式如下：

```
vstack(ndarrays)
```

其中，参数 ndarrays 表示待连接的多个数组对象所组成的元组。

示例代码如下：

```
#资源包\Code\chapter2\2.8\0238.py
import numpy as np
#一维数组对象
a1 = np.array([1, 2, 3, 4, 5])
a2 = np.array([6, 7, 8, 9, 10])
print(np.concatenate((a1, a2)))
print('========================')
print(np.hstack((a1, a2)))
print('========================')
print(np.vstack((a1, a2)))
print('========================')
#二维数组对象
b1 = np.array([[1, 2],
               [3, 4]])
b2 = np.array([[5, 6],
               [7, 8]])
print(np.concatenate((b1, b2)))
print('========================')
print(np.concatenate((b1, b2), axis = 1))
print('========================')
print(np.hstack((b1, b2)))
print('========================')
print(np.vstack((b1, b2)))
print('========================')
#三维数组对象
c1 = np.array([[[1, 2, 3],
                [4, 5, 6],
                [7, 8, 9]],
               [[10, 11, 12],
                [13, 14, 15],
                [16, 17, 18]]])
c2 = np.array([[[19, 20, 21],
                [22, 23, 24],
                [25, 26, 27]],
               [[28, 29, 30],
                [31, 32, 33],
                [34, 35, 36]]])
print(np.concatenate((c1, c2)))
print('========================')
print(np.concatenate((c1, c2), axis = 1))
print('========================')
print(np.concatenate((c1, c2), axis = 2))
print('========================')
print(np.hstack((c1, c2)))
print('========================')
print(np.vstack((c1, c2)))
```

2.8.4 分割函数

1. split()函数

该函数用于沿指定轴将数组对象分割为子数组对象，其语法格式如下：

```
split(ary,indices_or_sections,axis)
```

其中，参数 ary 表示待分割的数组对象；参数 indices_or_sections 表示整数或列表，如果为整数，则为平均分割后得到数组对象的数量，如果为列表，则进行切片索引访问；参数 axis 表示数组对象的轴索引，该参数为可选参数，其默认值为 0。

2. hsplit()函数

该函数用于沿 1 轴将数组对象分割为子数组对象，其语法格式如下：

```
hsplit(ary,indices_or_sections)
```

其中，参数 ary 表示待分割的数组对象；参数 indices_or_sections 表示整数或列表，如果为整数，则为平均分割后得到数组对象的数量，如果为列表，则进行切片索引访问。

3. vsplit()函数

该函数用于沿 0 轴将数组对象分割为子数组对象，需要注意的是，该函数不可用于一维数组对象，其语法格式如下：

```
vsplit(ary,indices_or_sections)
```

其中，参数 ary 表示待分割的数组对象；参数 indices_or_sections 表示整数或列表，如果为整数，则为平均分割后得到数组对象的数量，如果为列表，则进行切片索引访问。

示例代码如下：

```
#资源包\Code\chapter2\2.8\0239.py
import numpy as np
#一维数组对象
a = np.array([1, 2, 3, 4, 5, 6])
print(np.split(a, 3))
print('=========================')
print(np.hsplit(a, [1, 4]))
print('=========================')
#二维数组对象
b = np.array([[1, 2, 3, 4],
              [5, 6, 7, 8],
              [9, 10, 11, 12],
              [13, 14, 15, 16]])
print(np.split(b, 2))
print('=========================')
print(np.hsplit(b, [1, 3]))
print('=========================')
print(np.vsplit(b, 2))
print('=========================')
```

```
#三维数组对象
c = np.array([[[1, 2, 3, 4],
               [5, 6, 7, 8],
               [9, 10, 11, 12]],
              [[13, 14, 15, 16],
               [17, 18, 19, 20],
               [21, 22, 23, 24]],
              [[25, 26, 27, 28],
               [29, 30, 31, 32],
               [33, 34, 35, 36]]])
print(np.split(c, 3))
print('========================')
print(np.hsplit(c, [1, 3]))
print('========================')
print(np.vsplit(c, 3))
```

2.8.5 统计函数

1. amax()函数

该函数用于计算数组对象中元素的最大值，其语法格式如下：

```
amax(a,axis)
```

其中，参数 a 表示数组对象；参数 axis 表示数组对象中的轴索引，该参数为可选参数，其默认值为 None，需要注意的是，如果省略该参数，则计算所有元素中的最大值，如果给定值为数组对象中的轴索引，则计算沿指定轴方向上所有元素中的最大值。

2. argmax()函数

该函数用于获取数组对象中最大值元素所对应的索引，其语法格式如下：

```
argmax(a,axis)
```

其中，参数 a 表示数组对象；参数 axis 表示数组对象中的轴索引，该参数为可选参数，其默认值为 None，需要注意的是，如果省略该参数，则获取所有元素中最大值元素所对应的索引，如果给定值为数组对象中的轴索引，则获取沿指定轴方向上所有元素中最大值元素所对应的索引。

3. nanmax()函数

该函数用于计算数组对象中元素的最大值，并且可以忽略 NaN 值，其语法格式如下：

```
nanmax(a,axis)
```

其中，参数 a 表示数组对象；参数 axis 表示数组对象中的轴索引，该参数为可选参数，其默认值为 None，需要注意的是，如果省略该参数，则计算所有元素中的最大值，如果给定值为数组对象中的轴索引，则计算沿指定轴方向上所有元素中的最大值。

4. amin()函数

该函数用于计算数组对象中元素的最小值，其语法格式如下：

```
amin(a,axis)
```

其中,参数 a 表示数组对象;参数 axis 表示数组对象中的轴索引,该参数为可选参数,其默认值为 None,需要注意的是,如果省略该参数,则计算所有元素中的最小值,如果给定值为数组对象中的轴索引,则计算沿指定轴方向上所有元素中的最小值。

5. argmin()函数

该函数用于获取数组对象中最小值元素所对应的索引,其语法格式如下:

```
argmin(a,axis)
```

其中,参数 a 表示数组对象;参数 axis 表示数组对象中的轴索引,该参数为可选参数,其默认值为 None,需要注意的是,如果省略该参数,则获取所有元素中最小值元素所对应的索引,如果给定值为数组对象中的轴索引,则获取沿指定轴方向上所有元素中最小值元素所对应的索引。

6. nanmin()函数

该函数用于计算数组对象中元素的最小值,并且可以忽略 NaN 值,其语法格式如下:

```
nanmin(a,axis)
```

其中,参数 a 表示数组对象;参数 axis 表示数组对象中的轴索引,该参数为可选参数,其默认值为 None,需要注意的是,如果省略该参数,则计算所有元素中的最小值,如果给定值为数组对象中的轴索引,则计算沿指定轴方向上所有元素中的最小值。

7. sum()函数

该函数用于计算数组对象中元素的和,其语法格式如下:

```
sum(a,axis)
```

其中,参数 a 表示数组对象;参数 axis 表示数组对象中的轴索引,该参数为可选参数,其默认值为 None,需要注意的是,如果省略该参数,则计算所有元素的和,如果给定值为数组对象中的轴索引,则计算沿指定轴方向上所有元素的和。

8. mean()函数

该函数用于计算数组对象中元素的算术平均值,其语法格式如下:

```
mean(a,axis)
```

其中,参数 a 表示数组对象;参数 axis 表示数组对象中的轴索引,该参数为可选参数,其默认值为 None,需要注意的是,如果省略该参数,则计算所有元素的算术平均值,如果给定值为数组对象中的轴索引,则计算沿指定轴方向上所有元素的算术平均值。

9. nanmean()函数

该函数用于计算数组对象中元素的算术平均值,并且可以忽略 NaN 值,其语法格式如下:

```
nanmean(a,axis)
```

其中,参数 a 表示数组对象;参数 axis 表示数组对象中的轴索引,该参数为可选参数,其默认值为 None,需要注意的是,如果省略该参数,则计算所有元素的算术平均值,如果给定值为数组对象中的轴索引,则计算沿指定轴方向上所有元素的算术平均值。

10. average()函数

该函数用于计算数组对象中元素的加权平均值,其语法格式如下:

```
average(a,axis,weights)
```

其中,参数 a 表示数组对象;参数 axis 表示数组对象中的轴索引,该参数为可选参数,其默认值为 None,需要注意的是,如果省略该参数,则计算所有元素的加权平均值,如果给定值为数组对象中的轴索引,则计算沿指定轴方向上所有元素的加权平均值;参数 weights 表示权值,如果省略该参数,则该函数等价于 mean()函数。

11. ptp()函数

该函数用于计算数组对象中元素的最大值和最小值的差,其语法格式如下:

```
ptp(a,axis)
```

其中,参数 a 表示数组对象;参数 axis 表示数组对象中的轴索引,该参数为可选参数,其默认值为 None,需要注意的是,如果省略该参数,则计算所有元素的最大值和最小值的差,如果给定值为数组对象中的轴索引,则计算沿指定轴方向上所有元素的最大值和最小值的差。

12. median()函数

该函数用于计算数组对象中元素的中位数,其语法格式如下:

```
median(a,axis)
```

其中,参数 a 表示数组对象;参数 axis 表示数组对象中的轴索引,该参数为可选参数,其默认值为 None,需要注意的是,如果省略该参数,则计算所有元素的中位数,如果给定值为数组对象中的轴索引,则计算沿指定轴方向上所有元素的中位数。

示例代码如下:

```
#资源包\Code\chapter2\2.8\0240.py
import numpy as np
a = np.array([1, 2, 3, 4, 5, 6])
print(np.amax(a))
print('=========================')
print(np.argmax(a))
print('=========================')
print(np.nanmax(a))
print('=========================')
print(np.amin(a))
print('=========================')
print(np.argmin(a))
```

```
print('========================')
print(np.nanmin(a))
print('========================')
print(np.sum(a))
print('========================')
print(np.mean(a))
print('========================')
print(np.nanmean(a))
print('========================')
print(np.average(a))
print('========================')
#加权平均值 = (1 * 6.5 + 2 * 5.5 + 3 * 4.5 + 4 * 3.5 + 5 * 2.5 + 6 * 1.5)/(6.5 + 5.5 + 4.5 + 3.5 +
#2.5 + 1.5)
print(np.average(a, weights = [6.5, 5.5, 4.5, 3.5, 2.5, 1.5]))
print('========================')
print(np.ptp(a))
print('========================')
print(np.median(a))
print('========================')
b = np.array([[1, 2, 3, 4],
              [5, 6, 7, 8],
              [9, 10, 11, 12],
              [13, 14, 15, 16]])
print(np.amax(b))
print('========================')
print(np.amax(b, 0))
print('========================')
print(np.argmax(b))
print('========================')
print(np.argmax(b, 0))
print('========================')
print(np.nanmax(b))
print('========================')
print(np.nanmax(b, 0))
print('========================')
print(np.amin(b))
print('========================')
print(np.amin(b, 1))
print('========================')
print(np.argmin(b))
print('========================')
print(np.argmin(b, 0))
print('========================')
print(np.nanmin(b))
print('========================')
print(np.nanmin(b, 0))
print('========================')
print(np.sum(b))
print('========================')
print(np.sum(b, 1))
```

```
print('========================')
print(np.mean(b))
print('========================')
print(np.mean(b, 0))
print('========================')
print(np.nanmean(b))
print('========================')
print(np.nanmean(b, 0))
print('========================')
print(np.average(b))
print('========================')
b_average = np.arange(16).reshape((4, 4))
print(np.average(b, weights = b_average))
print('========================')
print(np.ptp(b))
print('========================')
print(np.ptp(b, 0))
print('========================')
print(np.median(b))
print('========================')
print(np.median(b, 1))
print('========================')
c = np.array([[[1, 2, 3, 4],
               [5, 6, 7, 8],
               [9, 10, 11, 12]],
              [[13, 14, 15, 16],
               [17, 18, 19, 20],
               [21, 22, 23, 24]],
              [[25, 26, 27, 28],
               [29, 30, 31, 32],
               [33, 34, 35, 36]]])
print(np.amax(c))
print('========================')
print(np.amax(c, 1))
print('========================')
print(np.argmax(c))
print('========================')
print(np.argmax(c, 1))
print('========================')
print(np.nanmax(c))
print('========================')
print(np.nanmax(c, 1))
print('========================')
print(np.amin(c))
print('========================')
print(np.amin(c, 2))
print('========================')
print(np.argmin(c))
print('========================')
print(np.argmin(c, 2))
```

```
print('========================')
print(np.nanmin(c))
print('========================')
print(np.nanmin(c, 1))
print('========================')
print(np.sum(c))
print('========================')
print(np.sum(c, 0))
print('========================')
print(np.mean(c))
print('========================')
print(np.mean(c, 1))
print('========================')
print(np.nanmean(c))
print('========================')
print(np.nanmean(c, 1))
print('========================')
print(np.average(c))
print('========================')
c_average = np.arange(36).reshape((3, 3, 4))
print(np.average(c, weights = c_average))
print('========================')
print(np.ptp(c))
print('========================')
print(np.ptp(c, 0))
print('========================')
print(np.median(c))
print('========================')
print(np.median(c, 1))
```

2.8.6 排序函数

1. sort()函数

该函数用于按照指定轴对数组对象中的元素进行排序，其语法格式如下：

```
sort(a,axis,kind,order)
```

其中，参数 a 表示数组对象；参数 axis 表示轴索引，该参数为可选参数，其默认值为−1，表示数组对象中的最后一个轴；参数 kind 表示排序类型，包括 quicksort(快速排序，默认值)，mergesort(归并排序)和 heapsort(堆排序)；参数 order 表示待排序的字段。

2. argsort()函数

该函数用于按照指定轴对数组对象中的元素进行排序，并返回排序后元素所对应的索引，其语法格式如下：

```
argsort(a,axis,kind,order)
```

其中，参数 a 表示数组对象；参数 axis 表示轴索引，该参数为可选参数，其默认值为−1，表示数组对象中的最后一个轴；参数 kind 表示排序类型，包括 quicksort（快速排序，默认值），mergesort（归并排序）和 heapsort（堆排序）；参数 order 表示待排序的字段。

3. msort()函数

该函数用于按照第 1 个轴对数组对象中的元素进行排序，其语法格式如下：

```
msort(a)
```

其中，参数 a 表示数组对象。

示例代码如下：

```
#资源包\Code\chapter2\2.8\0241.py
import numpy as np
a = np.array([7, 3, 4, 6, 1, 12, 3])
print(np.sort(a))
print('========================')
print(np.argsort(a))
print('========================')
print(np.msort(a))
print('========================')
b = np.array([[14, 2, 32, 12],
              [15, 6, 11, 8],
              [92, 10, 7, 12],
              [13, 8, 4, 6]])
print(np.sort(b))
print('========================')
print(np.sort(b, 1))
print('========================')
print(np.argsort(b))
print('========================')
print(np.argsort(b, 1))
print('========================')
print(np.msort(b))
print('========================')
c = np.array([[[13, 21, 3, 42],
               [15, 62, 6, 1],
               [2, 21, 33, 7]],
              [[16, 18, 21, 31],
               [66, 51, 41, 13],
               [65, 23, 22, 51]],
              [[54, 22, 43, 14],
               [14, 12, 34, 21],
               [33, 34, 5, 12]]])
print(np.sort(c))
print('========================')
print(np.sort(c, 1))
print('========================')
print(np.argsort(c))
print('========================')
print(np.argsort(c, 1))
print('========================')
print(np.msort(c))
```

2.8.7 条件筛选函数

1. unique()函数

该函数用于对数组对象进行唯一化处理，即删除数组对象中重复的元素，并进行排序，其语法格式如下：

```
unique(ar,return_index,axis)
```

其中，参数 ar 表示数组对象；参数 return_index 表示是否返回由唯一化数组对象、唯一化数组对象中的轴索引，以及数组对象类型所组成的元组，该参数为可选参数，其默认值为 False；参数 axis 表示轴索引，该参数为可选参数，其默认值为 None，需要注意的是，如果省略该参数，则数组对象将被转换为一维数组对象后再进行唯一化，如果给定值为数组对象中的轴索引，则在指定的轴上进行唯一化处理。

2. where()函数

该函数用于获取数组对象中符合给定条件的元素所对应的索引，其语法格式如下：

```
where(condition,x,y)
```

其中，参数 condition 表示给定的条件；参数 x 表示符合给定条件的元素所执行的表达式；参数 y 表示不符合给定条件的元素所执行的表达式。

3. extract()函数

该函数用于获取数组对象中符合给定条件的元素，其语法格式如下：

```
extract(condition,a)
```

其中，参数 condition 表示给定的条件；参数 a 表示数组对象。

4. nonzero()函数

该函数用于获取非零元素所对应的索引，其语法格式如下：

```
nonzero(a)
```

其中，参数 a 表示数组对象。

示例代码如下：

```
#资源包\Code\chapter2\2.8\0242.py
import numpy as np
a = np.array([7, 3, 4, 0, 1, 12, 0])
print(np.unique(a))
print('========================')
print(np.unique(a, True))
print('========================')
print(np.where(a > 5))
print('========================')
print(np.where(a > 5, a, a + 100))
print('========================')
```

```
print(np.extract(a > 5, a))
print('========================')
print(np.nonzero(a))
print('========================')
b = np.array([[14, 2, 32, 12],
              [15, 6, 0, 8],
              [92, 0, 7, 12],
              [14, 2, 32, 12]])
print(np.unique(b))
print('========================')
print(np.unique(b, True, axis = 0))
print('========================')
print(np.where(b > 5))
print('========================')
print(np.where(b > 1, b, b + 100))
print('========================')
print(np.extract(b > 30, b))
print('========================')
print(np.nonzero(b))
print('========================')
c = np.array([[[13, 21, 3, 42],
               [15, 0, 6, 1],
               [2, 21, 33, 7]],
              [[16, 18, 21, 31],
               [66, 0, 41, 13],
               [65, 23, 22, 51]],
              [[54, 22, 43, 14],
               [14, 12, 0, 21],
               [33, 34, 5, 12]]])
print(np.unique(c))
print('========================')
print(np.unique(c, True, axis = 0))
print('========================')
print(np.where(c > 10))
print('========================')
print(np.where(c > 50, c, c + 100))
print('========================')
print(np.extract(c > 50, c))
print('========================')
print(np.nonzero(c))
```

2.8.8 随机数函数

在 NumPy 中,可以通过 numpy.random 模块中的相关函数获取元素为随机数的数组对象。

1. rand()函数

该函数用于获取指定形状的数组对象,其元素为大于或等于 0 且小于 1 的随机浮点数,其语法格式如下:

```
rand( * dn)
```

其中，参数 dn 表示数组对象的形状，示例代码如下：

```
#资源包\Code\chapter2\2.8\0243.py
import numpy as np
#一维数组对象
a = np.random.rand(10)
print(a)
print('========================')
#二维数组对象
b = np.random.rand(3, 5)
print(b)
print('========================')
#三维数组对象
c = np.random.rand(2, 3, 4)
print(c)
```

2. randint()函数

该函数用于获取指定形状的数组对象，其元素为大于或等于给定最小值且小于给定最大值的随机整数，其语法格式如下：

```
randint(low,high,size,dtype)
```

其中，参数 low 表示最小值；参数 high 表示最大值，该参数为可选参数，如果省略该参数，则元素的取值范围为大于或等于 0 且小于参数 low 的随机整数；参数 size 表示数组对象的形状；参数 dtype 表示数组对象中元素的数据类型，示例代码如下：

```
#资源包\Code\chapter2\2.8\0244.py
import numpy as np
#一维数组对象
a = np.random.randint(5, size = (3,))
print(a)
print('========================')
#二维数组对象
b = np.random.randint(5, 10, size = (3, 2))
print(b)
print('========================')
#三维数组对象
c = np.random.randint(10, 100, size = (2, 3, 4))
print(c)
```

3. randn()函数

该函数用于获取指定形状的数组对象，其元素为标准正态分布中的一个或多个样本值，其语法格式如下：

```
randn( * dn)
```

其中,参数 dn 表示数组对象的形状,示例代码如下:

```
#资源包\Code\chapter2\2.8\0245.py
import numpy as np
#一维数组对象
a = np.random.randn(10)
print(a)
print('========================')
#二维数组对象
b = np.random.randn(3, 5)
print(b)
print('========================')
#三维数组对象
c = np.random.randn(2, 3, 4)
print(c)
```

4. normal()函数

该函数用于获取指定形状的数组对象,其元素为正态分布中的一个或多个样本值,其语法格式如下:

```
normal(loc,scale,size)
```

其中,参数 loc 表示平均值;参数 scale 表示标准差;参数 size 表示数组对象的形状,示例代码如下:

```
#资源包\Code\chapter2\2.8\0246.py
import numpy as np
#一维数组对象
a = np.random.normal(loc = 0.0, scale = 1.0, size = (3,))
print(a)
print('========================')
#二维数组对象
b = np.random.normal(loc = 0.0, scale = 1.0, size = (3, 2))
print(b)
print('========================')
#三维数组对象
c = np.random.normal(loc = 0.0, scale = 1.0, size = (2, 3, 4))
print(c)
```

2.9 NumPy 的线性代数函数

在 NumPy 中,可以通过 NumPy 模块和 numpy.linalg 模块中的相关函数进行线性代数的计算。

1. dot()函数

该函数用于计算两个数组对象的点积,其语法格式如下:

```
dot(a,b,out)
```

其中，参数 a 表示数组对象；参数 b 表示数组对象；参数 out 表示保存计算结果的数组对象，示例代码如下：

```
#资源包\Code\chapter2\2.9\0247.py
import numpy as np
a1 = np.array([[1, 2],
               [3, 4]])
a2 = np.array([[5, 6],
               [7, 8]])
#结果为[[1 * 5 + 2 + 7,1 * 6 + 2 * 8],[3 * 5 + 4 * 7,3 * 6 + 4 * 8]]
print(np.dot(a1, a2))
```

2. vdot()函数

该函数用于计算两个数组对象的点积，其与 dot()函数的区别在于，vdot()函数会将输入的数组对象展开为一维数组对象后进行点积计算，其语法格式如下：

```
vdot(a,b)
```

其中，参数 a 表示数组对象；参数 b 表示数组对象，示例代码如下：

```
#资源包\Code\chapter2\2.9\0248.py
import numpy as np
a1 = np.array([[1, 2],
               [3, 4]])
a2 = np.array([[5, 6],
               [7, 8]])
#结果为 1 * 5 + 2 * 6 + 3 * 7 + 4 * 8
print(np.vdot(a1, a2))
```

3. inner()函数

该函数用于计算两个数组对象的内积，其语法格式如下：

```
inner(a,b)
```

其中，参数 a 表示数组对象；参数 b 表示数组对象，示例代码如下：

```
#资源包\Code\chapter2\2.9\0249.py
import numpy as np
a1 = np.array([[1, 2],
               [3, 4]])
a2 = np.array([[5, 6],
               [7, 8]])
#结果为[[1 * 5 + 2 * 6,1 * 7 + 2 * 8],[3 * 5 + 4 * 6,3 * 7 + 4 * 8]]
print(np.inner(a1, a2))
```

4. det()函数

该函数用于计算矩阵的行列式,其语法格式如下:

```
det(a)
```

其中,参数 a 表示数组对象,示例代码如下:

```
#资源包\Code\chapter2\2.9\0250.py
import numpy as np
a = np.array([[1, 2],
              [3, 4]])
#结果为 1 * 4 - 2 * 3
print(np.linalg.det(a))
```

5. inv()函数

该函数用于计算矩阵的逆矩阵,其语法格式如下:

```
inv(a)
```

其中,参数 a 表示数组对象,示例代码如下:

```
#资源包\Code\chapter2\2.9\0251.py
import numpy as np
a = np.array([[1, 2],
              [3, 4]])
print(np.linalg.inv(a))
```

6. solve()函数

该函数用于计算矩阵形式的线性方程的解,其语法格式如下:

```
solve(a,b)
```

其中,参数 a 和 b 都表示数组对象。

例如,求解如图 2-5 所示的线性方程组。

$$\begin{cases} x+y+z=6 \\ 2y+5z=-4 \\ 2x+5y-z=27 \end{cases}$$

图 2-5 线性方程组

首先,使用矩阵 **A**、**X** 和 **B** 表示该线性方程组,如图 2-6 所示。

$$\overset{\boldsymbol{A}}{\begin{bmatrix} 1 & 1 & 1 \\ 0 & 2 & 5 \\ 2 & 5 & -1 \end{bmatrix}} \overset{\boldsymbol{X}}{\begin{bmatrix} x \\ y \\ z \end{bmatrix}} = \overset{\boldsymbol{B}}{\begin{bmatrix} 6 \\ -4 \\ 27 \end{bmatrix}}$$

图 2-6 使用矩阵表示线性方程

则线性方程组可以变为 $AX=B$，而题目的要求是计算 X，所以最终变为 $X = A(-1)B$，示例代码如下：

```
#资源包\Code\chapter2\2.9\0252.py
import numpy as np
A = np.array([[1, 1, 1],
              [0, 2, 5],
              [2, 5, -1]])
print("A矩阵:\n", A)
print('=========================')
Ainv = np.linalg.inv(A)
print("A的逆矩阵:\n", Ainv)
print('=========================')
B = np.array([[6],
              [-4],
              [27]])
print("B矩阵:\n", B)
print('=========================')
#计算X
X = np.linalg.solve(A, B)
print("X = \n", X)
print('=========================')
print(f'x = {X[0][0]},y = {X[1][0]},z = {X[2][0]}')
```

2.10 数组对象的保存和读取

2.10.1 数组对象的保存

1. save()函数

该函数可以将数组对象保存到以“.npy”为后缀名的二进制文件中，其语法格式如下：

```
save(file,arr)
```

其中，参数 file 表示文件名，其扩展名为“.npy”；参数 arr 表示待保存的数组对象。

2. savez()函数

该函数可以将多个数组对象保存到以“.npz”为后缀名的二进制文件中，其语法格式如下：

```
savez(file, *args)
```

其中，参数 file 表示文件名，其扩展名为“.npz”；参数 args 表示待保存的多个数组对象，其形式为“数组对象的名称=待保存的数组对象”。

3. savetext()函数

该函数可以将数组对象保存到文本文件中，其语法格式如下：

```
savetext(fname,X)
```

其中，参数 fname 表示文件名；参数 X 表示待保存的数组对象。

示例代码如下：

```
#资源包\Code\chapter2\2.10\0253.py
import numpy as np
a = np.array([1, 2, 3, 4, 5, 6])
b = np.arange(9).reshape((3, 3))
np.save('NumPy1.npy', a)
#数组对象的名称为 arr_a 和 arr_b
np.savez('NumPy2.npz', arr_a = a, arr_b = b)
np.savetxt('NumPy3.txt', b)
```

2.10.2 数组对象的读取

1. load()函数

该函数用于读取保存在".npy"和".npz"文件中的数组对象，其语法格式如下：

```
load(file)
```

其中，参数 file 表示文件名。

2. loadtxt()函数

该函数用于读取保存在文本文件中的数组对象，其语法格式如下：

```
loadtxt(fname)
```

其中，参数 fname 表示文件名。

示例代码如下：

```
#资源包\Code\chapter2\2.10\0254.py
import numpy as np
np1 = np.load('NumPy1.npy')
print(np1)
np2 = np.load('NumPy2.npz')
print(np2)
#读取名称为 arr_a 的数组对象
print(np2['arr_a'])
#读取名称为 arr_b 的数组对象
print(np2['arr_b'])
np3 = np.loadtxt('NumPy3.txt')
print(np3)
```

第3章

Pandas

3.1 Pandas 简介

Pandas 一词源自于 Panel Data(面板数据)和 Python Data Analysis(Python 数据分析),是一个开源的 Python 数据分析库,其广泛应用于学术、金融、统计学、经济学和分析学等各个数据分析领域。

在 Pandas 中,其主要的数据结构有两种,即 Series 和 DataFrame。

3.2 Series

3.2.1 Series 简介

Series 是一种类似于一维数组对象的结构,由一组元素和与之相关的一组标签组成,其结构如图 3-1 所示。

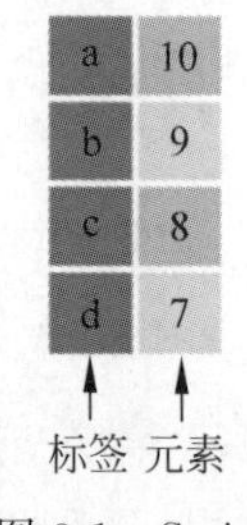

图 3-1 Series

需要重点注意的是,Series 中元素的数据类型需为 NumPy 中的数据类型。

3.2.2 Series 的创建

可以通过 pandas 模块中的 Series 类创建 Series 对象,进而完成 Series 的创建,其语法格式如下:

```
Series(data,index,dtype,name)
```

其中,参数 data 表示元素;参数 index 表示标签,其默认值为从 0 开始的整数;参数 dtype 表示元素的数据类型,其值需为 NumPy 中的数据类型;参数 name 表示名称,示例代码如下:

```
#资源包\Code\chapter3\3.2\0301.py
import pandas as pd
import numpy as np
#使用标量创建 Series 对象(默认标签)
s1 = pd.Series(6)
print(s1)
```

```
print('=================')
#使用标量创建 Series 对象(指定标签)
s2 = pd.Series(6, ['a', 'b', 'c', 'd'])
print(s2)
print('=================')
#使用列表创建 Series 对象(默认标签)
s3 = pd.Series([3, 2, 1, 0])
print(s3)
print('=================')
#使用列表创建 Series 对象(指定标签)
s4 = pd.Series([3, 2, 1, 0], ['a', 'b', 'c', 'd'])
print(s4)
print('=================')
#使用字典创建 Series 对象
#需要注意的是,字典中的键就是 Series 中的标签
s5 = pd.Series({'a': 3, 'b': 2, 'c': 0, 'd': 1})
print(s5)
print('=================')
#需要注意的是,如果指定的标签在字典中不存在,则其对应的数据部分使用 NaN 补齐
s6 = pd.Series({'a': 3, 'b': 2, 'c': 0, 'd': 1}, ['a', 'b', 'c', 'd', 'e'])
print(s6)
print('=================')
#使用 NumPy 中的数组对象创建 Series 对象(默认标签)
s7 = pd.Series(np.array([3, 2, 0, 1]))
print(s7)
print('=================')
#使用 NumPy 中的数组对象创建 Series 对象(指定标签)
s8 = pd.Series(np.array([3, 2, 0, 1]), ['a', 'b', 'c', 'd'])
print(s8)
```

3.2.3 Series 的访问

在 Pandas 中,可以通过位置、标签或布尔值的方式访问 Series,其中,位置和标签的关系如图 3-2 所示。

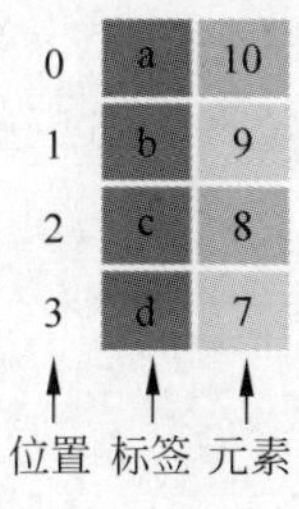

图 3-2 Series 中位置和标签的关系

1. 位置

1)默认位置

可以通过 Series[pos]的格式访问 Series,并获取 Series 中的元素,其中,Series 表示

Series 对象，pos 表示位置，示例代码如下：

```
#资源包\Code\chapter3\3.2\0302.py
import pandas as pd
data = {'a': 3, 'b': 2, 'c': 0, 'd': 1}
s = pd.Series(data)
print(s[0])
```

2）位置列表

可以通过 Series[list]的格式访问 Series，并获取新的 Series，其中，Series 表示 Series 对象，list 表示由位置组成的列表，示例代码如下：

```
#资源包\Code\chapter3\3.2\0303.py
import pandas as pd
data = {'a': 3, 'b': 2, 'c': 0, 'd': 1}
s = pd.Series(data)
lt = [1, 3]
print(s[lt])
```

3）位置数组对象

可以通过 Series[ndarray]的格式访问 Series，并获取新的 Series，其中，Series 表示 Series 对象，ndarray 表示由位置组成的数组对象，示例代码如下：

```
#资源包\Code\chapter3\3.2\0304.py
import pandas as pd
import numpy as np
data = {'a': 3, 'b': 2, 'c': 0, 'd': 1}
s = pd.Series(data)
nnp = np.array([0, 2])
print(s[nnp])
```

4）位置切片

可以通过 Series[start：end：step]的格式访问 Series，并获取新的 Series，其中，Series 表示 Series 对象，start 表示开始位置，参数 end 表示结束位置，step 表示步长。需要注意的是，使用该格式获取的 Series 包括开始位置所对应的元素，但不包括结束位置所对应的元素，示例代码如下：

```
#资源包\Code\chapter3\3.2\0305.py
import pandas as pd
data = {'a': 3, 'b': 2, 'c': 0, 'd': 1}
s = pd.Series(data)
print(s[0:4:2])
print('=========================')
print(s[0:4])
print('=========================')
print(s[:1])
```

2. 标签

1）指定标签

可以通过 Series[index]的格式访问 Series，并获取 Series 中的元素，其中，Series 表示 Series 对象，index 表示标签名，示例代码如下：

```
#资源包\Code\chapter3\3.2\0306.py
import pandas as pd
data = {'a': 3, 'b': 2, 'c': 0, 'd': 1}
s = pd.Series(data)
print(s['a'])
```

2）标签列表

可以通过 Series[list]的格式访问 Series，并获取新的 Series，其中，Series 表示 Series 对象，list 表示由标签组成的列表，示例代码如下：

```
#资源包\Code\chapter3\3.2\0307.py
import pandas as pd
data = {'a': 3, 'b': 2, 'c': 0, 'd': 1}
s = pd.Series(data)
lt = ['c', 'd']
print(s[lt])
```

3）标签数组对象

可以通过 Series[ndarray]的格式访问 Series，并获取新的 Series，其中，Series 表示 Series 对象，ndarray 表示由标签组成的数组对象，示例代码如下：

```
#资源包\Code\chapter3\3.2\0308.py
import pandas as pd
import numpy as np
data = {'a': 3, 'b': 2, 'c': 0, 'd': 1}
s = pd.Series(data)
nnp = np.array(['a', 'b'])
print(s[nnp])
```

4）标签切片

可以通过 Series[start：end：step]的格式访问 Series，并获取新的 Series，其中，Series 表示 Series 对象，start 表示开始标签，参数 end 表示结束标签，step 表示步长。需要注意的是，使用该格式获取的 Series 包括开始标签和结束标签所对应的元素，示例代码如下：

```
#资源包\Code\chapter3\3.2\0309.py
import pandas as pd
data = {'a': 3, 'b': 2, 'c': 0, 'd': 1}
s = pd.Series(data)
print(s['a':'d':2])
print('=========================')
print(s['a':'d'])
print('=========================')
print(s[:'b'])
```

3. 布尔值

1）布尔值列表

可以通过 Series[list]的格式访问 Series，并获取过滤后的 Series，其中，Series 表示 Series 对象，list 表示由布尔值组成的列表，并且当值为 True 时，其对应的元素保留，否则舍弃。需要注意的是，布尔值列表中的元素个数必须与 Series 中的元素个数相等，示例代码如下：

```
#资源包\Code\chapter3\3.2\0310.py
import pandas as pd
data = {'a': 3, 'b': 2, 'c': 0, 'd': 1}
s = pd.Series(data)
bl = [True, False, True, False]
print(s[bl])
```

2）布尔值数组对象

可以通过 Series[ndarray]的格式访问 Series，并获取过滤后的 Series，其中，Series 表示 Series 对象，ndarray 表示由布尔值组成的数组对象，并且当值为 True 时，其对应的元素保留，否则舍弃。需要注意的是，布尔值数组对象中的元素个数必须与 Series 中的元素个数相等，示例代码如下：

```
#资源包\Code\chapter3\3.2\0311.py
import pandas as pd
import numpy as np
data = {'a': 3, 'b': 2, 'c': 0, 'd': 1}
s = pd.Series(data)
nnp = np.array([True, False, True, False])
print(s[nnp])
```

3）布尔值 Series

可以通过 Series[Series]的格式访问 Series，并获取过滤后的 Series，其中，第 1 个 Series 表示 Series 对象，第 2 个 Series 表示由布尔值组成的 Series 对象，并且当值为 True 时，其对应的元素保留，否则舍弃。需要注意的是，布尔值 Series 中的元素个数必须与 Series 中的元素个数相等，示例代码如下：

```
#资源包\Code\chapter3\3.2\0312.py
import pandas as pd
data = {'a': 3, 'b': 2, 'c': 0, 'd': 1}
s = pd.Series(data)
bs = pd.Series({'a': False, 'b': True, 'c': False, 'd': True})
print(s[bs])
```

4）布尔值运算表达式

可以通过 Series[expression]的格式访问 Series，并获取过滤后的 Series，其中，Series 表示 Series 对象，expression 表示布尔值运算表达式，用于保留符合布尔值运算表达式条件的元素，示例代码如下：

```
#资源包\Code\chapter3\3.2\0313.py
import pandas as pd
data = {'a': 3, 'b': 2, 'c': 0, 'd': 1}
s = pd.Series(data)
print(s[s > 1])
```

3.3 DataFrame

3.3.1 DataFrame 简介

DataFrame 是一张表格型的数据结构,可以保存任何 NumPy 中的数据类型的元素,其结构如图 3-3 所示。

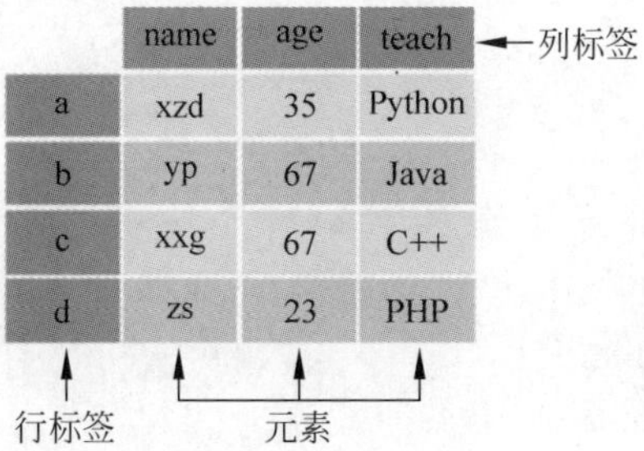

	name	age	teach
a	xzd	35	Python
b	yp	67	Java
c	xxg	67	C++
d	zs	23	PHP

列标签

行标签　元素

图 3-3　DataFrame

3.3.2 DataFrame 的创建

可以通过 pandas 模块中的 DataFrame 类创建 DataFrame 对象,进而完成 DataFrame 的创建,其语法格式如下:

```
DataFrame(data, index, columns, dtype)
```

其中,参数 data 表示元素;参数 index 表示行标签,其默认值为从 0 开始的整数;参数 columns 表示列标签,其默认值为从 0 开始的整数;参数 dtype 表示元素的数据类型,其值需为 NumPy 中的数据类型,示例代码如下:

```
#资源包\Code\chapter3\3.3\0314.py
import pandas as pd
#使用列表创建 DataFrame 对象(默认行标签和列标签)
lt = [[0, 1, 2], [3, 4, 5], [6, 7, 8]]
df = pd.DataFrame(lt)
print(df)
print('================')
#使用列表创建 DataFrame 对象(指定行标签和列标签)
lt = [['xzd', 35, 'Python'], ['yp', 67, 'Java'], ['xxg', 67, 'C++']]
df1 = pd.DataFrame(lt, columns = ['name', 'age', 'teach'])
print(df1)
```

```
df2 = pd.DataFrame(lt, columns = ['name', 'age', 'teach'], index = ['a', 'b', 'c'])
print(df2)
print('==================')
#使用字典创建 DataFrame 对象(默认行标签)
#需要注意的是,字典中的键就是 DataFrame 对象中的列标签
data = {'name': ['xzd', 'yp', 'xxg'], 'age': [35, 67, 67], 'teach': ['Python', 'Java', 'C++']}
df = pd.DataFrame(data)
print(df)
print('==================')
#使用字典创建 DataFrame 对象(指定行标签)
data = {'name': ['xzd', 'yp', 'xxg'], 'age': [35, 67, 67], 'teach': ['Python', 'Java', 'C++']}
df = pd.DataFrame(data, index = ['a', 'b', 'c'])
print(df)
print('==================')
#使用列表嵌套字典创建 DataFrame 对象(默认行标签)
data = [{'name': 'xzd', 'age': 35, 'teach': 'Python'},
        {'name': 'yp', 'age': 67, 'teach': 'Java'},
        {'name': 'xxg', 'age': 67, 'teach': 'C++'}]
df = pd.DataFrame(data)
print(df)
print('==================')
#使用列表嵌套字典创建 DataFrame 对象(指定行标签)
data = [{'name': 'xzd', 'age': 35, 'teach': 'Python'},
        {'name': 'yp', 'age': 67, 'teach': 'Java'},
        {'name': 'xxg', 'age': 67, 'teach': 'C++'}]
df = pd.DataFrame(data, index = ['a', 'b', 'c'])
print(df)
print('==================')
#使用字典嵌套 Series 对象创建 DataFrame 对象(默认行标签)
data = {'name': pd.Series(['xzd', 'yp', 'xxg']),
        'age': pd.Series([35, 67, 67]),
        'teach': pd.Series(['Python', 'Java', 'C++'])}
df = pd.DataFrame(data)
print(df)
print('==================')
#使用字典嵌套 Series 对象创建 DataFrame 对象(指定行标签)
data = {'name': pd.Series(['xzd', 'yp', 'xxg'], index = ['a', 'b', 'c']),
        'age': pd.Series([35, 67, 67], index = ['a', 'b', 'c']),
        'teach': pd.Series(['Python', 'Java', 'C++'], index = ['a', 'b', 'c'])}
df = pd.DataFrame(data)
print(df)
```

3.3.3 DataFrame 的操作

在 Pandas 中,可以通过位置、标签、布尔值或存取器等方式操作 DataFrame,其中,位置和标签的关系如图 3-4 所示。

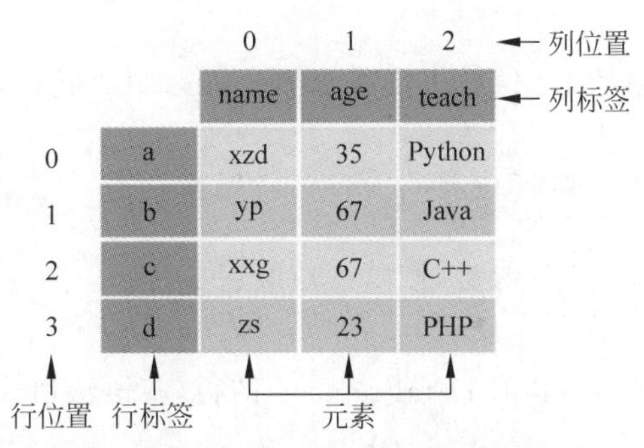

图 3-4 DataFrame 中位置和标签的关系

1. 获取 DataFrame 的行

1）行位置切片

可以通过 DataFrame[start：end：step]的格式访问 DataFrame，并获取 DataFrame 中的多行，其中，DataFrame 表示 DataFrame 对象，start 表示开始的行位置，参数 end 表示结束的行位置，step 表示步长。需要注意的是，使用该格式获取的 DataFrame 包括开始行位置所对应的行，但不包括结束行位置所对应的行。

2）行标签切片

可以通过 DataFrame[start：end：step]的格式访问 DataFrame，并获取 DataFrame 中的多行，其中，DataFrame 表示 DataFrame 对象，start 表示开始的行标签，参数 end 表示结束的行标签，step 表示步长。需要注意的是，使用该方式获取的 DataFrame 包括开始行标签和结束行标签所对应的行。

3）布尔值列表

可以通过 DataFrame[list]的格式访问 DataFrame，并获取过滤后的 DataFrame 的行，其中，DataFrame 表示 DataFrame 对象，list 表示由布尔值组成的列表，并且当值为 True 时，其对应的行保留，否则舍弃。需要注意的是，布尔值列表中的元素个数必须与 DataFrame 中的行数相等。

4）query()方法

通过 DataFrame 对象的 query()方法获取 DataFrame 中的行，即按照 DataFrame 中某列的规则进行过滤操作，其语法格式如下：

```
query(expr)
```

其中，参数 expr 表示布尔值运算表达式。

5）head()方法

通过 DataFrame 对象的 head()方法获取 DataFrame 中的前 n 行，其语法格式如下：

```
head(n)
```

其中，参数 n 表示行数，如省略该参数，则默认获取前 5 行。

6）tail()方法

通过 DataFrame 对象的 tail()方法获取 DataFrame 中的后 n 行，其语法格式如下：

```
tail(n)
```

其中，参数 n 表示行数，如省略该参数，则默认获取后 5 行。

7）存取器 loc

该存取器可以通过行标签获取 DataFrame 中的行，其语法格式如下：

```
loc[m]
```

其中，参数 m 可以表示行标签列表、行标签数组对象、行标签切片或者布尔值列表。

8）存取器 iloc

该存取器可以通过行位置获取 DataFrame 中的行，其语法格式如下：

```
loc[m]
```

其中，参数 m 可以表示行位置列表、行位置数组对象、行位置切片或者布尔值列表。

示例代码如下：

```
#资源包\Code\chapter3\3.3\0315.py
import numpy as np
import pandas as pd
data = {'name': ['xzd', 'yp', 'xxg', 'zs', 'ls', 'ww'],
        'age': [35, 67, 67, 22, 18, 45],
        'teach': ['Python', 'Java', 'C++', 'C', 'JavaScript', 'Linux']}
df = pd.DataFrame(data, index = ['a', 'b', 'c', 'd', 'e', 'f'])
#行位置切片访问
print(df[0:2])
print('========================')
print(type(df[0:2]))
print('========================')
#行标签切片访问
print(df['a':'b'])
print('========================')
print(type(df['a':'b']))
print('========================')
#布尔值列表访问
print(df[[True, True, False, True, False, False]])
print('========================')
print(type(df[[True, True, False, True, False, False]]))
print('========================')
#query()方法访问
print(df.query("age > 30"))
print('========================')
print(df.query("name == 'xzd'"))
print('========================')
#head()方法访问
```

```
print(df.head())
print('========================')
print(df.head(2))
print('========================')
#tail()方法访问
print(df.tail())
print('========================')
print(df.tail(2))
print('========================')
#存取器 loc 访问
print(df.loc[['a']])
print('========================')
print(df.loc[np.array(['a', 'c'])])
print('========================')
print(df.loc['a':'c'])
print('========================')
print(df.loc[[True, False, True, True, False, False]])
print('========================')
#存取器 iloc 访问
print(df.iloc[[0]])
print('========================')
print(df.iloc[np.array([0, 2])])
print('========================')
print(df.iloc[0:3])
print('========================')
print(df.iloc[[True, False, True, True, False, False]])
```

2. 获取 DataFrame 的列

DataFrame 的列只能通过列标签进行获取，并且 DataFrame 中的每列就是一个 Series。

1）指定列标签

可以通过 DataFrame[columns]的格式访问 DataFrame，并获取 DataFrame 中的单个列，其中，DataFrame 表示 DataFrame 对象，columns 表示列标签。

2）列标签列表

可以通过 DataFrame[list]的格式访问 DataFrame，并获取 DataFrame 中的多个列，其中，DataFrame 表示 DataFrame 对象，list 表示由列标签组成的列表。

3）列标签数组对象

可以通过 DataFrame[ndarray]的格式访问 DataFrame，并获取 DataFrame 中的多个列，其中，DataFrame 表示 DataFrame 对象，ndarray 表示由列标签组成的数组对象。

示例代码如下：

```
#资源包\Code\chapter3\3.3\0316.py
import numpy as np
import pandas as pd
lt = [[3, 0, 1],
      [2, 1, 2],
      [0, 2, 1],
```

```
        [1, 3, 0],
        [1, 2, 3],
        [7, 4, 2]]
df1 = pd.DataFrame(lt)
data = {'name': ['xzd', 'yp', 'xxg', 'zs', 'ls', 'ww'],
        'age': [35, 67, 67, 22, 18, 45],
        'teach': ['Python', 'Java', 'C++', 'C', 'JavaScript', 'Linux']}
df2 = pd.DataFrame(data, index = ['a', 'b', 'c', 'd', 'e', 'f'])
#默认列标签访问
print(df1[0])
print('========================')
print(type(df1[0]))
print('=================')
#指定列标签访问
print(df2['name'])
print('========================')
print(type(df2['name']))
print('=================')
#默认列标签列表访问
print(df1[[0, 2]])
print('========================')
print(type(df1[[0, 2]]))
print('=================')
#指定列标签列表访问
print(df2[['name', 'teach']])
print('========================')
print(type(df2[['name', 'teach']]))
print('=================')
#默认列标签数组对象访问
print(df1[np.array([0, 2])])
print('========================')
print(type(df1[np.array([0, 2])]))
print('=================')
#指定列标签数组对象访问
print(df2[np.array(['name', 'age'])])
print('========================')
print(type(df2[np.array(['name', 'age'])]))
```

3. 获取 DataFrame 的元素

1）存取器 loc

该存取器可以通过标签获取 DataFrame 中的元素，其语法格式如下：

```
loc[m,n]
```

其中，参数 m 表示单个行标签；参数 n 表示单个列标签。

2）存取器 iloc

该存取器可以通过位置获取 DataFrame 中的元素，其语法格式如下：

```
loc[m,n]
```

其中,参数 m 表示单个行位置;参数 n 表示单个列位置。

3）存取器 at

该存取器可以通过标签获取 DataFrame 中的元素,其语法格式如下:

```
at[m,n]
```

其中,参数 m 表示单个行标签;参数 n 表示单个列标签。

4）存取器 iat

该存取器可以通过位置获取 DataFrame 中的元素,其语法格式如下:

```
iat[m,n]
```

其中,参数 m 表示单个行位置;参数 n 表示单个列位置。

示例代码如下:

```
#资源包\Code\chapter3\3.3\0317.py
import pandas as pd
data = {'name': ['xzd', 'yp', 'xxg', 'zs', 'ls', 'ww'],
        'age': [35, 67, 67, 22, 18, 45],
        'teach': ['Python', 'Java', 'C++', 'C', 'JavaScript', 'Linux']}
df = pd.DataFrame(data, index = ['a', 'b', 'c', 'd', 'e', 'f'])
#存取器 loc 访问
print(df.loc['a', 'name'])
print('=================')
#存取器 iloc 访问
print(df.iloc[0, 0])
print('=================')
#存取器 at 访问
print(df.at['a', 'name'])
print('=================')
#存取器 iat 访问
print(df.iat[0, 0])
```

4. 删除 DataFrame 的行

通过 DataFrame 对象的 drop()方法删除 DataFrame 的行,其语法格式如下:

```
drop(index, inplace)
```

其中,参数 index 表示行标签;参数 inplace 表示是否在原 DataFrame 中删除指定的行,该参数为可选参数,其默认值为 False,示例代码如下:

```
#资源包\Code\chapter3\3.3\0318.py
import pandas as pd
data = {'name': ['xzd', 'yp', 'xxg', 'zs', 'ls', 'ww'],
```

```
        'age': [35, 67, 67, 22, 18, 45],
        'teach': ['Python', 'Java', 'C++', 'C', 'JavaScript', 'Linux']}
df = pd.DataFrame(data, index = ['a', 'b', 'c', 'd', 'e', 'f'])
#当 inplace 为 False 时,有返回值
print(df.drop(index = 'b'))
print('================= ')
#当 inplace 为 False 时,无返回值
df.drop(index = 'b', inplace = True)
print(df)
```

5. 添加 DataFrame 的行

通过 DataFrame 对象的 append()方法添加 DataFrame 的行,其语法格式如下:

```
append(other, ignore_index)
```

其中,参数 other 表示列表、字典、Series 对象或 DataFrame 对象;参数 ignore_index 表示是否忽略原列标签,该参数为可选参数,其默认值为 False,当值为 True 时,使用默认列标签,其值为从 0 开始的整数,示例代码如下:

```
#资源包\Code\chapter3\3.3\0319.py
import pandas as pd
lt = [[3, 0, 1],
      [2, 1, 2],
      [0, 2, 1]]
df1 = pd.DataFrame(lt)
data = {'name': ['xzd', 'yp', 'xxg', 'zs', 'ls', 'ww'],
        'age': [35, 67, 67, 22, 18, 45],
        'teach': ['Python', 'Java', 'C++', 'C', 'JavaScript', 'Linux']}
df2 = pd.DataFrame(data, index = ['a', 'b', 'c', 'd', 'e', 'f'])
#参数 other 为列表
append_lt = [[6, 6, 6], [7, 7, 7]]
new_df1 = df1.append(append_lt, ignore_index = True)
print(new_df1)
print('================= ')
#参数 other 为字典
append_dt = {0: 7, 1: 7, 2: 7}
new_df2 = df1.append(append_dt, ignore_index = True)
print(new_df2)
print('================= ')
#参数 other 为 Series 对象
append_s = pd.Series({'name': 'zl', 'age': 25, 'teach': 'jQuery'}, name = 'g')
new_df3 = df2.append(append_s)
print(new_df3)
print('================= ')
#参数 other 为 DataFrame 对象
lt = [['zl', 28, 'jQuery'],
      ['sq', 32, 'HTML + CSS']]
append_df = pd.DataFrame(lt, columns = ['name', 'age', 'teach'], index = ['g', 'h'])
```

```
new_df4 = df2.append(append_df)
print(new_df4)
```

6. 删除 DataFrame 的列

1）drop()方法

通过 DataFrame 对象的 drop()方法删除 DataFrame 的列，其语法格式如下：

```
drop(columns,inplace)
```

其中，参数 columns 表示列标签；参数 inplace 表示是否在原 DataFrame 中删除指定的列，该参数为可选参数，默认值为 False，示例代码如下：

```
#资源包\Code\chapter3\3.3\0320.py
import pandas as pd
data = {'name': ['xzd', 'yp', 'xxg', 'zs', 'ls', 'ww'],
        'age': [35, 67, 67, 22, 18, 45],
        'teach': ['Python', 'Java', 'C++', 'C', 'JavaScript', 'Linux']}
df = pd.DataFrame(data, index = ['a', 'b', 'c', 'd', 'e', 'f'])
#当 inplace 为 False 时，有返回值
print(df.drop(columns = 'age'))
print('=================')
#当 inplace 为 False 时，无返回值
df.drop(columns = 'age', inplace = True)
print(df)
```

2）del 语句

通过 del 语句删除 DataFrame 的列，示例代码如下：

```
#资源包\Code\chapter3\3.3\0321.py
import pandas as pd
data = {'name': ['xzd', 'yp', 'xxg', 'zs', 'ls', 'ww'],
        'age': [35, 67, 67, 22, 18, 45],
        'teach': ['Python', 'Java', 'C++', 'C', 'JavaScript', 'Linux']}
df = pd.DataFrame(data, index = ['a', 'b', 'c', 'd', 'e', 'f'])
del df['name']
print(df)
```

3）pop()方法

通过 DataFrame 对象的 pop()方法删除 DataFrame 中的列，并返回被删除的列，其语法格式如下：

```
pop(columns)
```

其中，参数 columns 表示列标签，示例代码如下：

```
#资源包\Code\chapter3\3.3\0322.py
import pandas as pd
```

```
data = {'name': ['xzd', 'yp', 'xxg', 'zs', 'ls', 'ww'],
        'age': [35, 67, 67, 22, 18, 45],
        'teach': ['Python', 'Java', 'C++', 'C', 'JavaScript', 'Linux']}
df = pd.DataFrame(data, index = ['a', 'b', 'c', 'd', 'e', 'f'])
print(df.pop("teach"))
print('========================')
print(df)
```

7. 添加 DataFrame 的列

通过 DataFrame[columns]=Series 的格式添加 DataFrame 的列，其中，DataFrame 表示 DataFrame 对象，columns 表示待添加的列标签，Series 表示 Series 对象，示例代码如下：

```
#资源包\Code\chapter3\3.3\0323.py
import pandas as pd
data = {'name': ['xzd', 'yp', 'xxg', 'zs', 'ls', 'ww'],
        'age': [35, 67, 67, 22, 18, 45],
        'teach': ['Python', 'Java', 'C++', 'C', 'JavaScript', 'Linux']}
df = pd.DataFrame(data, index = ['a', 'b', 'c', 'd', 'e', 'f'])
df['city'] = pd.Series(['dl', 'bj', 'sh', 'gz', 'sz', 'cd'], index = ['a', 'b', 'c', 'd', 'e', 'f'])
print(df)
```

8. 更改 DataFrame 的行标签

通过 DataFrame 对象的 rename()方法更改 DataFrame 的行标签，其语法格式如下：

```
rename(index)
```

其中，参数 index 表示行标签，示例代码如下：

```
#资源包\Code\chapter3\3.3\0324.py
import pandas as pd
data = {'name': ['xzd', 'yp', 'xxg', 'zs', 'ls', 'ww'],
        'age': [35, 67, 67, 22, 18, 45],
        'teach': ['Python', 'Java', 'C++', 'C', 'JavaScript', 'Linux']}
df = pd.DataFrame(data, index = ['a', 'b', 'c', 'd', 'e', 'f'])
new_df = df.rename(index = {'a': 're_a', 'b': 're_b'})
print(new_df)
```

9. 更改 DataFrame 的列标签

通过 DataFrame 对象的 rename()方法更改 DataFrame 的列标签，其语法格式如下：

```
rename(columns)
```

其中，参数 columns 表示列标签，示例代码如下：

```
#资源包\Code\chapter3\3.3\0325.py
import pandas as pd
data = {'name': ['xzd', 'yp', 'xxg', 'zs', 'ls', 'ww'],
```

```
            'age': [35, 67, 67, 22, 18, 45],
            'teach': ['Python', 'Java', 'C++', 'C', 'JavaScript', 'Linux']}
df = pd.DataFrame(data, index = ['a', 'b', 'c', 'd', 'e', 'f'])
new_df = df.rename(columns = {'name': 're_name', 'teach': 're_teach'})
print(new_df)
```

3.4 数据形式

DataFrame具有两种形式的数据，即长型数据(Long Format Dataframe)与宽型数据(Wide Format Dataframe)。

3.4.1 长型数据

长型数据整体形状较长，一般是指数据集中的变量没有进行明确的细分，并且至少有一个变量中的值存在严重重复循环的情况。数据总体的表现为变量少而观察值多，即在一列中包含了所有的变量，而在另一列中则是与之相关的值。

图3-5中的数据集就是长型数据，其变量year和变量month存在严重重复循环的情况。

Index	year	month	passengers
0	1949	January	112
1	1949	February	118
2	1949	March	132
3	1949	April	129
4	1949	May	121
5	1949	June	135
6	1949	July	148
7	1949	August	148
8	1949	September	136
9	1949	October	119
10	1949	November	104
11	1949	December	118
12	1950	January	115
13	1950	February	126
14	1950	March	141
15	1950	April	135
16	1950	May	125
17	1950	June	149
18	1950	July	170
19	1950	August	170
20	1950	September	158
21	1950	October	133

图3-5 长型数据

3.4.2 宽型数据

宽型数据整体形状较宽，一般是指数据集的所有变量已经进行了明确的细分，并且各变量的值不存在重复循环的情况，也无法归类。数据总体的表现为变量多而观察值少，即每列为一个变量，每行为变量所对应的值。

图3-6中的数据集就是宽型数据，每列均为一个变量，并且不可再进行细分。

Index	April	August	December	February	January	July	June	March	May	November	October	September
1949	129	148	118	118	112	148	135	132	121	104	119	136
1950	135	170	140	126	115	170	149	141	125	114	133	158
1951	163	199	166	150	145	199	178	178	172	146	162	184
1952	181	242	194	180	171	230	218	193	183	172	191	209
1953	235	272	201	196	196	264	243	236	229	180	211	237
1954	227	293	229	188	204	302	264	235	234	203	229	259
1955	269	347	278	233	242	364	315	267	270	237	274	312
1956	313	405	306	277	284	413	374	317	318	271	306	355
1957	348	467	336	301	315	465	422	356	355	305	347	404
1958	348	505	337	318	340	491	435	362	363	310	359	404
1959	396	559	405	342	360	548	472	406	420	362	407	463
1960	461	606	432	391	417	622	535	419	472	390	461	508

图3-6 宽型数据

3.4.3 长型数据和宽型数据的相互转换

1. 长型数据转换为宽型数据

可以通过DataFrame对象的piovt()方法将长型数据转换为宽型数据，其语法格式如下：

```
piovt(index,columns,values)
```

其中，参数index表示转换后的行标签；参数columns表示转换后的列标签；参数values表示转换后的数据，示例代码如下：

```
#资源包\Code\chapter3\3.4\0326.py
import pandas as pd
data = [{'year': '1949', 'month': 'January', 'passengers': '112'},
        {'year': '1949', 'month': 'February', 'passengers': '118'},
        {'year': '1949', 'month': 'March', 'passengers': '132'},
        {'year': '1950', 'month': 'January', 'passengers': '115'},
        {'year': '1950', 'month': 'February', 'passengers': '126'},
        {'year': '1950', 'month': 'March', 'passengers': '141'},
        {'year': '1951', 'month': 'January', 'passengers': '145'},
        {'year': '1951', 'month': 'February', 'passengers': '150'},
        {'year': '1951', 'month': 'March', 'passengers': '178'},
        {'year': '1952', 'month': 'January', 'passengers': '171'},
        {'year': '1952', 'month': 'February', 'passengers': '180'},
        {'year': '1952', 'month': 'March', 'passengers': '193'}]
long_df = pd.DataFrame(data)
print(long_df)
print('========================')
wide_df = long_df.pivot(index = "year", columns = "month", values = "passengers")
print(wide_df)
```

2. 宽型数据转换为长型数据

可以通过DataFrame对象的melt()方法将宽型数据转换为长型数据，其语法格式如下：

```
melt(id_vars,value_vars,var_name,value_name)
```

其中，参数id_vars表示用于标识变量的列；参数value_vars表示待取消透视的列；参数var_name表示标识变量列的名称；参数value_name表示值列的名称，示例代码如下：

```
#资源包\Code\chapter3\3.4\0327.py
import pandas as pd
data = [{'year': '1949', 'month': 'January', 'passengers': '112'},
        {'year': '1949', 'month': 'February', 'passengers': '118'},
        {'year': '1949', 'month': 'March', 'passengers': '132'},
        {'year': '1950', 'month': 'January', 'passengers': '115'},
        {'year': '1950', 'month': 'February', 'passengers': '126'},
```

```
        {'year': '1950', 'month': 'March', 'passengers': '141'},
        {'year': '1951', 'month': 'January', 'passengers': '145'},
        {'year': '1951', 'month': 'February', 'passengers': '150'},
        {'year': '1951', 'month': 'March', 'passengers': '178'},
        {'year': '1952', 'month': 'January', 'passengers': '171'},
        {'year': '1952', 'month': 'February', 'passengers': '180'},
        {'year': '1952', 'month': 'March', 'passengers': '193'}]
long_df = pd.DataFrame(data)
print(long_df)
print('========================')
wide_df = long_df.pivot(index = "year", columns = "month", values = "passengers")
print(wide_df)
print('========================')
#重置索引
new_wide_df = wide_df.reset_index()
print(new_wide_df)
print('========================')
new_long_df = new_wide_df.melt(id_vars = ['year'], value_name = 'passengers')
print(new_long_df)
```

3.5 索引对象

在 Pandas 中,索引对象主要用于管理标签,是一个从索引到元素值的映射,当元素表示列时,索引对象为列标签;当元素表示行时,索引对象为行标签。

1. 一级索引对象

1) 创建一级索引对象

通过 pandas 模块中的 Index()方法创建一级索引对象,其语法格式如下:

```
Index(data,dtype,name)
```

其中,参数 data 表示一维的数据;参数 dtype 表示索引类型;参数 name 表示索引名称,示例代码如下:

```
#资源包\Code\chapter3\3.5\0328.py
import pandas as pd
index_object = pd.Index(['a', 'b', 'c', 'd', 'e'])
print(index_object)
print('========================')
print(type(index_object))
```

此外,由于在创建 Series 对象或 DataFrame 对象时,所用到的任何数据都会被转换成一个索引对象,所以可以直接使用索引对象创建 Series 对象或 DataFrame 对象,示例代码如下:

```
#资源包\Code\chapter3\3.5\0329.py
import pandas as pd
#创建 Series
index_object = pd.Index(['a', 'b', 'c', 'd', 'e'])
s = pd.Series(7, index = index_object)
print(s)
print('========================')
#创建 DataFrame
lt = [['xzd', 35, 'Python'],
      ['yp', 67, 'Java'],
      ['xxg', 67, 'C++'],
      ['zs', 22, 'C'],
      ['ls', 18, 'JavaScript'],
      ['ww', 45, 'Linux']]
row_index = pd.Index(['a', 'b', 'c', 'd', 'e', 'f'])
col_index = pd.Index(['name', 'age', 'teach'])
df = pd.DataFrame(lt, index = row_index, columns = col_index)
print(df)
```

2）获取一级索引对象

可以通过 Series 对象的 index 属性或使用 DataFrame 对象的 index 属性和 columns 属性获取一级索引对象，示例代码如下：

```
#资源包\Code\chapter3\3.5\0330.py
import pandas as pd
#获取 Series 中的一级索引对象
index_object = pd.Index(['a', 'b', 'c', 'd', 'e'])
s = pd.Series(7, index = index_object)
print(s.index)
print('========================')
#获取 DataFrame 中的一级索引对象
lt = [['xzd', 35, 'Python'],
      ['yp', 67, 'Java'],
      ['xxg', 67, 'C++'],
      ['zs', 22, 'C'],
      ['ls', 18, 'JavaScript'],
      ['ww', 45, 'Linux']]
row_index = pd.Index(['a', 'b', 'c', 'd', 'e', 'f'])
col_index = pd.Index(['name', 'age', 'teach'])
df = pd.DataFrame(lt, index = row_index, columns = col_index)
print(df.index)
print('========================')
print(df.columns)
```

3）重置一级索引对象

通过重置一级索引对象可以更改原 Series 的标签或 DataFrame 的行标签和列标签，并使更改后的标签或行标签和列标签与 Series 或 DataFrame 中的元素逐一匹配，这样便可完成对现有元素的重新排序。需要注意的是，如果重置的一级索引对象中的标签在原 Series

或 DataFrame 中不存在，则该标签对应的元素将全部填充为 NaN。

在 Pandas 中，可以通过 Series 对象或 DataFrame 对象的 reindex()方法重建一级索引对象，其语法格式如下：

```
reindex(index,columns)
```

其中，参数 index 表示 Series 中的标签或 DataFrame 中的行标签；参数 columns 表示 DataFrame 中的列标签，示例代码如下：

```
#资源包\Code\chapter3\3.5\0331.py
import pandas as pd
#重置 Series 中的一级索引对象
index_object = pd.Index(['a', 'b', 'c', 'd', 'e'])
s = pd.Series([1, 2, 3, 4, 5], index = index_object)
s1 = s.reindex(index = ['a', 'b', 'c'])
print(s1)
print('========================')
s2 = s.reindex(index = ['e', 'a', 'b', 'a'])
print(s2)
print('========================')
#重置 DataFrame 中的一级索引对象
lt = [['xzd', 35, 'Python'],
      ['yp', 67, 'Java'],
      ['xxg', 67, 'C++'],
      ['zs', 22, 'C'],
      ['ls', 18, 'JavaScript'],
      ['ww', 45, 'Linux']]
row_index = pd.Index(['a', 'b', 'c', 'd', 'e', 'f'])
col_index = pd.Index(['name', 'age', 'teach'])
df = pd.DataFrame(lt, index = row_index, columns = col_index)
new_df1 = df.reindex(columns = ['name', 'age'])
print(new_df1)
print('========================')
new_df2 = df.reindex(index = ['a', 'e', 'c'], columns = ['name', 'teach'])
print(new_df2)
```

2. 多级索引对象

多级索引对象是具有多个层次的索引对象。

1) 创建多级索引对象

可以通过 pandas 模块中的相关方法进行创建，具体如下。

(1) from_tuples 方法，该方法可以通过由元组组成的列表创建多级索引对象，其语法格式如下：

```
from_tuples(tuples,names)
```

其中，参数 tuples 表示由元组组成的列表；参数 names 表示多层索引的名称，示例代码如下：

```
#资源包\Code\chapter3\3.5\0332.py
import pandas as pd
keys = [('a', 'name'), ('a', 'age'), ('a', 'teach'),
        ('b', 'name'), ('b', 'age'), ('b', 'teach'),
        ('c', 'name'), ('c', 'age'), ('c', 'teach'),
        ('d', 'name'), ('d', 'age'), ('d', 'teach'),
        ('e', 'name'), ('e', 'age'), ('e', 'teach'),
        ('f', 'name'), ('f', 'age'), ('f', 'teach')]
multiindex = pd.MultiIndex.from_tuples(keys, names = ['types', 'info'])
print(multiindex)
print('========================= ')
print(type(multiindex))
print('========================= ')
data = ['xzd', 35, 'Python',
        'yp', 67, 'Java',
        'xxg', 67, 'C++',
        'zs', 22, 'C',
        'ls', 18, 'JavaScript',
        'ww', 45, 'Linux']
s = pd.Series(data, index = multiindex)
print(s)
print('========================= ')
print(type(s))
print('========================= ')
df = pd.DataFrame(data, index = multiindex)
print(df)
print('========================= ')
print(type(df))
```

（2）from_arrays方法，该方法可以通过由列表组成的列表创建多级索引对象，其语法格式如下：

```
from_arrays(arrays,names)
```

其中，参数arrays表示由列表组成的列表；参数names表示多层索引的名称，示例代码如下：

```
#资源包\Code\chapter3\3.5\0333.py
import pandas as pd
types = ['a', 'a', 'a',
         'b', 'b', 'b',
         'c', 'c', 'c',
         'd', 'd', 'd',
         'e', 'e', 'e',
         'f', 'f', 'f']
info = ['name', 'age', 'teach',
        'name', 'age', 'teach',
        'name', 'age', 'teach',
```

```
        'name', 'age', 'teach',
        'name', 'age', 'teach',
        'name', 'age', 'teach', ]
multiindex = pd.MultiIndex.from_arrays([types, info], names = ['types', 'info'])
print(multiindex)
print('========================')
print(type(multiindex))
print('========================')
data = ['xzd', 35, 'Python',
        'yp', 67, 'Java',
        'xxg', 67, 'C++',
        'zs', 22, 'C',
        'ls', 18, 'JavaScript',
        'ww', 45, 'Linux']
s = pd.Series(data, index = multiindex)
print(s)
print('========================')
print(type(s))
print('========================')
df = pd.DataFrame(data, index = multiindex)
print(df)
print('========================')
print(type(df))
```

(3) from_product 方法,该方法可以通过可迭代的列表创建多级索引对象,其语法格式如下:

```
from_product(iterables,names)
```

其中,参数 iterables 表示可迭代的列表;参数 names 表示多层索引的名称,示例代码如下:

```
#资源包\Code\chapter3\3.5\0334.py
import pandas as pd
lt = [['a', 'b', 'c', 'd', 'e', 'f'], ['name', 'age', 'teach']]
multiindex = pd.MultiIndex.from_product(lt, names = ['types', 'info'])
print(multiindex)
print('========================')
print(type(multiindex))
print('========================')
data = ['xzd', 35, 'Python',
        'yp', 67, 'Java',
        'xxg', 67, 'C++',
        'zs', 22, 'C',
        'ls', 18, 'JavaScript',
        'ww', 45, 'Linux']
s = pd.Series(data, index = multiindex)
print(s)
```

```
print('========================')
print(type(s))
print('========================')
df = pd.DataFrame(data, index = multiindex)
print(df)
print('========================')
print(type(df))
```

(4) from_frame()方法，该方法可以通过 DataFrame 对象创建多级索引对象，其语法格式如下：

```
from_frame(df,names)
```

其中，参数 df 表示 DataFrame 对象；参数 names 表示多层索引的名称，示例代码如下：

```
#资源包\Code\chapter3\3.5\0335.py
import pandas as pd
mul_df = pd.DataFrame([['a', 'name'], ['a', 'age'], ['a', 'teach'],
                        ['b', 'name'], ['b', 'age'], ['b', 'teach'],
                        ['c', 'name'], ['c', 'age'], ['c', 'teach'],
                        ['d', 'name'], ['d', 'age'], ['d', 'teach'],
                        ['e', 'name'], ['e', 'age'], ['e', 'teach'],
                        ['f', 'name'], ['f', 'age'], ['f', 'teach'], ])
multiindex = pd.MultiIndex.from_frame(mul_df, names = ['types', 'info'])
print(multiindex)
print('========================')
print(type(multiindex))
print('========================')
data = ['xzd', 35, 'Python',
        'yp', 67, 'Java',
        'xxg', 67, 'C++',
        'zs', 22, 'C',
        'ls', 18, 'JavaScript',
        'ww', 45, 'Linux']
s = pd.Series(data, index = multiindex)
print(s)
print('========================')
print(type(s))
print('========================')
df = pd.DataFrame(data, index = multiindex)
print(df)
print('========================')
print(type(df))
```

2) 多级索引对象的转换

(1) unstack()方法，通过 Series 对象的 unstack()方法可以将具有多级索引的 Series 对象转换为具有一级索引的 DataFrame 对象，其语法格式如下：

```
unstuck()
```

示例代码如下：

```
#资源包\Code\chapter3\3.5\0336.py
import pandas as pd
mul_df = pd.DataFrame([['a', 'name'], ['a', 'age'], ['a', 'teach'],
                       ['b', 'name'], ['b', 'age'], ['b', 'teach'],
                       ['c', 'name'], ['c', 'age'], ['c', 'teach'],
                       ['d', 'name'], ['d', 'age'], ['d', 'teach'],
                       ['e', 'name'], ['e', 'age'], ['e', 'teach'],
                       ['f', 'name'], ['f', 'age'], ['f', 'teach'], ])
multiindex = pd.MultiIndex.from_frame(mul_df, names = ['types', 'info'])
data = ['xzd', 35, 'Python',
        'yp', 67, 'Java',
        'xxg', 67, 'C++',
        'zs', 22, 'C',
        'ls', 18, 'JavaScript',
        'ww', 45, 'Linux']
s = pd.Series(data, index = multiindex)
print(s)
print('========================= ')
print(type(s))
print('========================= ')
df = s.unstack()
print(df)
print('========================= ')
print(type(df))
```

(2) stack()方法，通过 DataFrame 对象的 stack()方法可以将具有一级索引的 DataFrame 对象转换为具有多级索引的 Series 对象，其语法格式如下：

```
stack()
```

示例代码如下：

```
#资源包\Code\chapter3\3.5\0337.py
import pandas as pd
data = {'name': ['xzd', 'yp', 'xxg', 'zs', 'ls', 'ww'],
        'age': [35, 67, 67, 22, 18, 45],
        'teach': ['Python', 'Java', 'C++', 'C', 'JavaScript', 'Linux']}
df = pd.DataFrame(data, index = ['a', 'b', 'c', 'd', 'e', 'f'])
print(df)
print('========================= ')
print(type(df))
print('========================= ')
s = df.stack()
print(s)
print('========================= ')
print(type(s))
```

3）元素访问

可以通过标签、存取器或 xs()方法对具有多级索引的 Series 和 DataFrame 对象中的元素进行访问，示例代码如下：

```
#资源包\Code\chapter3\3.5\0338.py
import pandas as pd
lt = [['a', 'b', 'c', 'd', 'e', 'f'], ['name', 'age', 'teach']]
multiindex = pd.MultiIndex.from_product(lt, names = ['types', 'info'])
data = ['xzd', 35, 'Python',
        'yp', 67, 'Java',
        'xxg', 67, 'C++',
        'zs', 22, 'C',
        'ls', 18, 'JavaScript',
        'ww', 45, 'Linux']
s = pd.Series(data, index = multiindex)
df = pd.DataFrame(data, index = multiindex)
print(s['b', 'name'])
print('========================')
print(s.xs(('b', 'name')))
print('========================')
print(df.xs(('b', 'name')))
print('========================')
print(s.loc['b', 'name'])
print('========================')
print(df.loc['b', 'name'])
```

3.6 算术运算

Series 和 DataFrame 对象中的元素可以通过算术运算符和算术运算方法进行算术运算，如表 3-1 所示。

表 3-1 算术运算符和算术运算方法

算术运算符	算术运算方法	描述	算术运算符	算术运算方法	描述
+	add()	加	/	div()	除
−	sub()	减	//	floordiv()	整除
*	mul()	乘	**	pow()	幂

示例代码如下：

```
#资源包\Code\chapter3\3.6\0339.py
import pandas as pd
#Series 与 Series 进行算术运算
s1 = pd.Series([1, 2, 3], index = ['a', 'b', 'c'])
s2 = pd.Series([3, 5, 8], index = ['a', 'b', 'c'])
s3 = pd.Series([4, 2, 7], index = ['name', 'age', 'teach'])
print(s1 + s2)
```

```
print('========================')
print(s1.add(s2))
print('========================')
print(s1 + s3)
print('========================')
print(s1.add(s3))
print('========================')
#DataFrame 与 DataFrame 进行算术运算
data1 = {'name': [3, 2, 0, 1],
         'age': [0, 1, 2, 3]}
df1 = pd.DataFrame(data1, index = ['a', 'b', 'c', 'd'])
data2 = {'name': [1, 2, 3, 4],
         'age': [4, 2, 1, 1]}
df2 = pd.DataFrame(data2, index = ['a', 'b', 'c', 'd'])
data3 = {'name': [2, 2, 1],
         'age': [1, 1, 3],
         'teach': [1, 2, 1]}
df3 = pd.DataFrame(data3, index = ['a', 'b', 'c'])
print(df1 + df2)
print('========================')
print(df1.add(df2))
print('========================')
print(df1 + df3)
print('========================')
print(df1.add(df3))
print('========================')
#Series 与 DataFrame 进行算术运算
print(s3 + df3)
print('========================')
print(s3.add(df3))
print('========================')
print(s3 + df1)
print('========================')
print(s3.add(df1))
```

3.7 统计学方法

在 Pandas 中,有一组常用的统计学方法,如表 3-2 所示。

表 3-2 Pandas 中常用的统计学方法

方法	描述
count()	统计非空值元素的数量。需要注意的是,在对 DataFrame 中的元素进行统计时,包含一个可选参数 axis,默认值为 0,表示对列中的所有元素进行统计,当值为 1 时,表示对行中的所有元素进行统计
sum()	计算所有元素的和。需要注意的是,在对 DataFrame 中的元素进行统计时,包含一个可选参数 axis,默认值为 0,表示对列中的所有元素进行统计,当值为 1 时,表示对行中的所有元素进行统计

续表

方　法	描　述
mean()	计算所有元素的平均值。需要注意的是，在对 DataFrame 中的元素进行统计时，包含一个可选参数 axis，默认值为 0，表示对列中的所有元素进行统计，当值为 1 时，表示对行中的所有元素进行统计
median()	计算所有元素的中位数。需要注意的是，在对 DataFrame 中的元素进行统计时，包含一个可选参数 axis，默认值为 0，表示对列中的所有元素进行统计，当值为 1 时，表示对行中的所有元素进行统计
std()	计算所有元素的标准差。需要注意的是，在对 DataFrame 中的元素进行统计时，包含一个可选参数 axis，默认值为 0，表示对列中的所有元素进行统计，当值为 1 时，表示对行中的所有元素进行统计
min()	计算所有元素中的最小值。需要注意的是，在对 DataFrame 中的元素进行统计时，包含一个可选参数 axis，默认值为 0，表示对列中的所有元素进行统计，当值为 1 时，表示对行中的所有元素进行统计
max()	计算所有元素中的最大值。需要注意的是，在对 DataFrame 中的元素进行统计时，包含一个可选参数 axis，默认值为 0，表示对列中的所有元素进行统计，当值为 1 时，表示对行中的所有元素进行统计
abs()	计算所有元素的绝对值
prod()	计算所有元素的乘积。需要注意的是，在对 DataFrame 中的元素进行统计时，包含一个可选参数 axis，默认值为 0，表示对列中的所有元素进行统计，当值为 1 时，表示对行中的所有元素进行统计
cumsum()	计算所有元素的累加值。需要注意的是，在对 DataFrame 中的元素进行统计时，包含一个可选参数 axis，默认值为 0，表示对列中的所有元素进行统计，当值为 1 时，表示对行中的所有元素进行统计
cumprod()	计算所有元素的累乘积值。需要注意的是，在对 DataFrame 中的元素进行统计时，包含一个可选参数 axis，默认值为 0，表示对列中的所有元素进行统计，当值为 1 时，表示对行中的所有元素进行统计

示例代码如下：

```
#资源包\Code\chapter3\3.7\0340.py
import pandas as pd
s = pd.Series([1, 2, 3, 4, 5, 6, 7], index = ['a', 'b', 'c', 'd', 'e', 'f', 'g'])
print(s.count())
print('========================')
print(s.sum())
print('========================')
print(s.mean())
print('========================')
print(s.median())
print('========================')
print(s.std())
print('========================')
print(s.min())
print('========================')
print(s.max())
```

```
print('========================')
print(s.abs())
print('========================')
print(s.prod())
print('========================')
print(s.cumsum())
print('========================')
print(s.cumprod())
print('========================')
data = {'name': [1, 2, 3],
        'age': [4, 5, 6],
        'teach': [7, 8, 9]}
df = pd.DataFrame(data, index = ['a', 'b', 'c'])
print('========================')
print(df.count())
print('========================')
print(df.count(axis = 1))
print('========================')
print(df.sum())
print('========================')
print(df.sum(axis = 1))
print('========================')
print(df.mean())
print('========================')
print(df.mean(axis = 1))
print('========================')
print(df.median())
print('========================')
print(df.median(axis = 1))
print('========================')
print(df.std())
print('========================')
print(df.std(axis = 1))
print('========================')
print(df.min())
print('========================')
print(df.min(axis = 1))
print('========================')
print(df.max())
print('========================')
print(df.max(axis = 1))
print('========================')
print(df.abs())
print('========================')
print(df.prod())
print('========================')
print(df.prod(axis = 1))
print('========================')
print(df.cumsum())
```

```
print('=========================')
print(df.cumsum(axis = 1))
print('=========================')
print(df.cumprod())
print('=========================')
print(df.cumprod(axis = 1))
```

3.8 函数应用

在 Pandas 中提供了 3 种方法，用于将自定义函数或者其他库中的函数应用于 Series 或 DataFrame 中的每个元素。

1. map()方法

该方法仅适用于将自定义函数或者其他库中的函数应用于 Series 中的每个元素，其语法格式如下：

```
map(func)
```

其中，参数 func 表示自定义函数或者其他库中的函数，示例代码如下：

```
#资源包\Code\chapter3\3.8\0341.py
import pandas as pd
import numpy as np
def func(x):
    return x * 100
s = pd.Series([1, 2, 3, 4, 5, 6, 7], index = ['a', 'b', 'c', 'd', 'e', 'f', 'g'])
print(s.map(func))
print('=========================')
print(s.map(lambda x: x * 100))
print('=========================')
print(s.map(lambda x: np.square(x)))
```

2. applymap()方法

该方法仅适用于将自定义函数或者其他库中的函数应用于 DataFrame 中的每个元素，其语法格式如下：

```
applymap(func)
```

其中，参数 func 表示自定义函数或者其他库中的函数，示例代码如下：

```
#资源包\Code\chapter3\3.8\0342.py
import pandas as pd
import numpy as np
def func(x):
    return x * 100
data = {'name': [1, 2, 3],
```

```
        'age': [4, 5, 6],
        'teach': [7, 8, 9]}
df = pd.DataFrame(data, index = ['a', 'b', 'c'])
print(df.applymap(lambda x: x * 100))
print('========================')
print(df.applymap(lambda x: np.square(x)))
```

3. apply()方法

该方法相对于 map()方法和 applymap()方法而言更加强大，可将自定义函数或者其他库中的函数应用于 Series 和 DataFrame 中的每个元素，并且该方法支持传递参数。此外，在 DataFrame 中，该方法支持将自定义函数或者其他库中的函数应用于其行或列中的每个元素，其语法格式如下：

```
apply(func,axis)
```

其中，参数 func 表示自定义函数或者其他库中的函数；参数 axis 仅可用于 DataFrame，该参数为可选参数，其默认值为 0，表示对列中的每个元素进行应用，而当值为 1 时，表示对行中的每个元素进行应用，示例代码如下：

```
#资源包\Code\chapter3\3.8\0343.py
import pandas as pd
import numpy as np
def func(x):
    return x * 100
def argFunc(x, base):
    return x * base
s = pd.Series([1, 2, 3, 4, 5, 6, 7], index = ['a', 'b', 'c', 'd', 'e', 'f', 'g'])
print(s.apply(func))
print('========================')
print(s.apply(lambda x: x * 100))
print('========================')
print(s.apply(lambda x: np.square(x)))
print('========================')
print(s.apply(argFunc, args = (3,)))
print('========================')
data = {'name': [1, 2, 3],
        'age': [4, 5, 6],
        'teach': [7, 8, 9]}
df = pd.DataFrame(data, index = ['a', 'b', 'c'])
print(df.apply(lambda x: x * 100))
print('========================')
print(df.apply(lambda x: np.square(x)))
print('========================')
print(df.apply(argFunc, args = (3,)))
print('========================')
print(df.apply(lambda x: np.sum(x), axis = 1))
```

3.9 排序

在 Pandas 中提供了两种排序方法，即按标签排序和按元素值排序。

1. 按标签排序

通过 sort_index()方法可以对 Series 或 DataFrame 按照标签进行排序，其语法格式如下：

```
sort_index(ascending,axis)
```

其中，参数 ascending 表示排序的顺序，该参数为可选参数，其默认值为 True，表示升序，当值为 False 时，表示降序；参数 axis 仅可用于 DataFrame，该参数为可选参数，其默认值为 0，表示按照行标签排序，当值为 1 时，表示按照列标签排序，示例代码如下：

```
#资源包\Code\chapter3\3.9\0344.py
import pandas as pd
s = pd.Series(['a', 'b', 'c', 'd', 'e', 'f', 'g'], index = [4, 2, 5, 6, 1, 3, 7])
print(s.sort_index())
print('========================')
print(s.sort_index(ascending = False))
print('========================')
data = {'col2': [5, 2, 7, 5, 2, 1, 2],
        'col1': [11, 5, 6, 1, 3, 2, 6],
        'col3': [7, 6, 9, 5, 3, 1, 4]}
df = pd.DataFrame(data, index = [4, 2, 5, 6, 1, 3, 7])
print(df.sort_index())
print('========================')
print(df.sort_index(ascending = False))
print('========================')
print(df.sort_index(axis = 1))
print('========================')
print(df.sort_index(axis = 1, ascending = False))
```

2. 按元素值排序

通过 sort_values()方法可以将 Series 或 DataFrame 按照标签进行排序，其语法格式如下：

```
sort_values(ascending,by,axis)
```

其中，参数 ascending 表示排序的顺序，该参数为可选参数，其默认值为 True，表示升序，当值为 False 时，表示降序；参数 by 仅可用于 DataFrame，表示待排序的行标签或列标签；参数 axis 仅可用于 DataFrame，该参数为可选参数，其默认值为 0，表示对列中的元素值排序，当值为 1 时，表示对行中的元素值排序，示例代码如下：

```
#资源包\Code\chapter3\3.9\0345.py
import pandas as pd
s = pd.Series([4, 2, 5, 6, 1, 3, 7], index = ['a', 'b', 'c', 'd', 'e', 'f', 'g'])
```

```
print(s.sort_values())
print('========================')
print(s.sort_values(ascending = False))
print('========================')
data = {'col1': [5, 2, 7, 5, 2, 1, 2],
        'col2': [11, 5, 6, 1, 3, 2, 6],
        'col3': [7, 6, 9, 5, 3, 1, 4]}
df = pd.DataFrame(data, index = ['a', 'b', 'c', 'd', 'e', 'f', 'g'])
print(df.sort_values(by = 'col1'))
print('========================')
print(df.sort_values(by = 'col1', ascending = False))
print('========================')
print(df.sort_values(by = ['col1', 'col2']))
print('========================')
print(df.sort_values(by = 'a', axis = 1))
print('========================')
print(df.sort_values(by = 'a', axis = 1, ascending = False))
print('========================')
print(df.sort_values(by = ['a', 'b'], axis = 1))
```

3.10 去重

可以通过 drop_duplicates()方法对 Series 或 DataFrame 中的元素进行去重，其语法格式如下：

```
drop_duplicates(subset,keep,inplace)
```

其中，参数 subset 仅可用于 DataFrame，表示待删除重复元素的列名，该参数为可选参数，如果省略该参数，则删除重复的行；参数 keep 为可选参数，其具有 3 个值，即 first（只保留第 1 次出现的重复项，其余重复被删除）、last（只保留最后一次出现的重复项，其余重复项被删除）和 False（删除所有重复项），示例代码如下：

```
#资源包\Code\chapter3\3.10\0346.py
import pandas as pd
s = pd.Series([4, 1, 5, 6, 1, 3, 1], index = ['a', 'b', 'c', 'd', 'e', 'f', 'g'])
print(s.drop_duplicates())
print('========================')
print(s.drop_duplicates(keep = False))
print('========================')
data = {'col1': [2, 1, 2, 3, 2, 2],
        'col2': [3, 2, 3, 4, 3, 1],
        'col3': [2, 0, 2, 7, 2, 5]}
df = pd.DataFrame(data, index = ['a', 'b', 'c', 'd', 'e', 'f'])
print(df.drop_duplicates())
print('========================')
print(df.drop_duplicates(keep = False))
```

```
print('========================')
print(df.drop_duplicates(subset = 'col1'))
print('========================')
print(df.drop_duplicates(subset = 'col1', keep = False))
```

3.11 文件的读写

3.11.1 CSV 文件的读写

1. 读取 CSV 文件

可以通过 pandas 模块中的 read_csv() 函数读取 CSV 文件中的数据，并返回 DataFrame，其语法格式如下：

```
read_csv(filepath_or_buffer, sep, delimiter, header, names, index_col, usecols, skiprows, skipfooter, dtype, engine)
```

其中，参数 filepath_or_buffer 表示文件路径、URL、数据字符串、字节数据或文件对象；参数 sep 表示分隔符，其默认值为“,”；参数 delimiter 表示定界符，并且如果指定该参数，则参数 sep 失效；参数 header 用于指定文件中的某行作为 DataFrame 中的列标签；参数 names 用于指定 DataFrame 中的列标签；参数 index_col 用于指定文件中的某列作为 DataFrame 中的行标签；参数 usecols 用于读取指定的列；参数 skiprows 表示忽略文件头部的行数；参数 skipfooter 表示忽略文件尾部的行数；参数 dtype 表示数据类型；参数 engine 表示数据解析引擎，其包括 c(速度快)和 python(功能完善)，示例代码如下：

```
#资源包\Code\chapter3\3.11\0347.py
import pandas as pd
#忽略文件的第 1 行和最后一行
df1 = pd.read_csv('按行业分城镇单位就业人员平均工资.csv', skiprows = 2, skipfooter = 2, engine = 'python')
print(df1)
print('========================')
#忽略文件的第 1 行和最后一行,并使用文件中的第 1 列作为 DataFrame 中的行标签
df2 = pd.read_csv('按行业分城镇单位就业人员平均工资.csv', skiprows = 2, skipfooter = 2, index_col = 0, engine = 'python')
print(df2)
print('========================')
#忽略文件尾部的两行,并使用文件中的第 3 行作为 DataFrame 中的列标签
df3 = pd.read_csv('按行业分城镇单位就业人员平均工资.csv', header = 2, skipfooter = 2, index_col = 0, engine = 'python')
print(df3)
print('========================')
#忽略文件尾部的两行,使用文件中的第 3 行作为 DataFrame 中的列标签,并将该列标签设置为"行业、2020、2019、2018、2017、2016、2015、2014、2013 和 2012"
df4 = pd.read_csv('按行业分城镇单位就业人员平均工资.csv', header = 2, names = ['行业', '2020', '2019', '2018', '2017', '2016', '2015', '2014', '2013', '2012'], skipfooter = 2, index_col = 0, engine = 'python')
print(df4)
```

2. 写入 CSV 文件

可以通过 Series 对象或 DataFrame 对象的 to_csv()方法将数据写入 CSV 文件中,其语法格式如下:

```
to_csv(path_or_buf, sep, header, index, encoding)
```

其中,参数 path_or_buf 表示文件路径或文件对象;参数 sep 表示分隔符;参数 header 用于指定文件中的列名,并且当值为 False 时,表示不写入列名;参数 index 表示是否写入行名;参数 encoding 表示编码,示例代码如下:

```
#资源包\Code\chapter3\3.11\0348.py
import pandas as pd
#将 Series 写入 CSV 文件
apples = pd.Series([3, 2, 0, 1], index = ['a', 'b', 'c', 'd'])
apples.to_csv('series1.csv')
apples.to_csv('series2.csv', header = False)
data = {'name': ['xzd', 'yp', 'xxg', 'zs', 'ls', 'ww'],
        'age': [35, 67, 67, 22, 18, 45],
        'teach': ['Python', 'Java', 'C++', 'C', 'JavaScript', 'Linux']}
df = pd.DataFrame(data, index = ['a', 'b', 'c', 'd', 'e', 'f'])
#将 DataFrame 写入 CSV 文件
df_1 = df.to_csv('teacher1.csv')
#将 DataFrame 写入 CSV 文件,不写入行名
df_2 = df.to_csv('teacher2.csv', index = False)
#将 DataFrame 写入 CSV 文件,不写入列名
df.to_csv('teacher3.csv', header = False)
#将 DataFrame 写入 CSV 文件,并指定新的列名
df.to_csv('teacher4.csv', header = ['姓名', '年龄', '课程'])
#将 DataFrame 写入 CSV 文件,并指定新的列名和编码
df.to_csv('teacher5.csv', header = ['姓名', '年龄', '课程'], encoding = 'gbk')
```

3.11.2 Excel 文件的读写

1. 读取 Excel 文件

通过 pandas 模块中的 read_excel()函数读取 Excel 文件中的数据,并返回 DataFrame,其语法格式如下:

```
read_excel(io, sheet_name, header, names, index_col, skiprows, skipfooter, dtype)
```

其中,参数 io 表示文件路径、URL 或文件对象;参数 sheet_name 表示 Excel 文件中的工作表名称或位置索引;参数 header 用于指定文件中的某行作为 DataFrame 中的列标签;参数 names 用于指定 DataFrame 中的列标签;参数 index_col 用于指定文件中的某列作为 DataFrame 中的行标签;参数 skiprows 表示忽略文件头部的行数;参数 skipfooter 表示忽略文件尾部的行数;参数 dtype 表示数据类型,示例代码如下:

```
#资源包\Code\chapter3\3.11\0349.py
import pandas as pd
#读取 Excel 文件
df1 = pd.read_excel('按行业分城镇单位就业人员平均工资.xls')
print(df1)
print('========================')
#忽略文件的第 1 行和最后一行
df2 = pd.read_excel('按行业分城镇单位就业人员平均工资.xls', skiprows = 2, skipfooter = 2)
print(df2)
print('========================')
#忽略文件的第 1 行和最后一行,并使用文件中的第 1 列作为 DataFrame 中的行标签
df3 = pd.read_excel('按行业分城镇单位就业人员平均工资.xls', skiprows = 2, skipfooter = 2,
index_col = 0)
print(df3)
print('========================')
#忽略文件尾部的两行,并使用文件中的第 3 行作为 DataFrame 中的列标签
df4 = pd.read_excel('按行业分城镇单位就业人员平均工资.xls', skipfooter = 2, index_col = 0,
header = 2)
print(df4)
print('========================')
#忽略文件尾部的两行,使用文件中的第 3 行作为 DataFrame 中的列标签,并将该列标签设置为"行
业、2020、2019、2018、2017、2016、2015、2014、2013 和 2012"
df5 = pd.read_excel('按行业分城镇单位就业人员平均工资.xls', skipfooter = 2, index_col = 0,
header = 2, names = ['行业', '2020', '2019', '2018', '2017', '2016', '2015', '2014', '2013', '2012
'])
print(df5)
print('========================')
#读取工作表"年度数据"中的数据,注意,sheet_name = '年度数据'可替换为 sheet_name = 0
df6 = pd.read_excel('按行业分城镇单位就业人员平均工资.xls', sheet_name = '年度数据',
skiprows = 2, skipfooter = 2, index_col = 0)
print(df6)
```

2. 写入 Excel 文件

可以通过 Series 对象或 DataFrame 对象的 to_excel()方法将数据写入 Excel 文件中，其语法格式如下：

```
to_csv(excel_writer, sheet_name, header, index)
```

其中，参数 excel_writer 表示文件路径或文件对象；参数 sheet_name 表示 Excel 中工作表的名称；参数 header 用于指定文件中的列名，并且当值为 False 时，表示不写入列名；参数 index 表示是否写入行名，示例代码如下：

```
#资源包\Code\chapter3\3.11\0350.py
import pandas as pd
s = pd.Series([3, 2, 0, 1], index = ['a', 'b', 'c', 'd'])
#将 Series 写入 Excel 文件
s.to_excel('series1.xlsx')
s.to_excel('series2.xlsx', header = False)
```

```
data = {'name': ['xzd', 'yp', 'xxg', 'zs', 'ls', 'ww'],
        'age': [35, 67, 67, 22, 18, 45],
        'teach': ['Python', 'Java', 'C++', 'C', 'JavaScript', 'Linux']}
df = pd.DataFrame(data, index = ['a', 'b', 'c', 'd', 'e', 'f'])
#将 DataFrame 写入 Excel 文件
df.to_excel('dataframe1.xlsx')
#将 DataFrame 写入 Excel 文件,不写入行名
df.to_excel('dataframe2.xlsx', index = False)
#将 DataFrame 写入 Excel 文件,不写入列名
df.to_excel('dataframe3.xlsx', header = False)
#将 DataFrame 写入 Excel 文件,并将工作表名设置为"老师"
df.to_excel('dataframe4.xlsx', sheet_name = '老师')
#将 DataFrame 写入 Excel 文件,并自定义列名
df.to_excel('dataframe5.xlsx', sheet_name = '老师', header = ['姓名', '年龄', '课程'])
```

第 4 章

Matplotlib

从本章起至第 6 章，将学习数据可视化的相关技术，包括 Matplotlib、Seaborn 和 pyecharts，开发环境仍然使用数据分析领域中最常使用的 Anaconda。

4.1 Matplotlib 简介

Matplotlib 是一个流行的数据可视化库，其支持跨平台运行，可用于绘制二维图像，例如折线图、柱状图、条形图、饼图、散点图、直方图、面积图、箱形图、小提琴图和热力图等。Matplotlib 库使用简单，代码清晰易懂，并且可以在 Python 脚本、IPython Shell、Jupyter Notebook、Web 应用程序服务器和图形用户界面工具包中使用。

4.2 图表的组成

Matplotlib 库生成的图表一般由画布、绘图区、图表标题、数据、坐标轴、坐标轴标题、坐标轴刻度、坐标轴范围、图例、网格线、文本标签、注释和刻度线等元素组成，如图 4-1 所示。

1. 画布

画布是图表中其他元素的容器，可以通过 matplotlib.pyplot 模块中的 figure()函数进行创建，其语法格式如下：

```
figure(num,figsize,dpi,facecolor,edgecolor,frameon)
```

其中，参数 num 表示图表的编号或名称；参数 figsize 表示画布的宽和高，单位为英寸；参数 dpi 表示分辨率，即每英寸多少像素，默认值为 80；参数 facecolor 表示画布的背景颜色；参数 edgecolor 表示画布的边框颜色；参数 frameon 表示是否显示边框。

2. 绘图区

绘图区是用于显示具体图形的矩形区域，包括折线图、柱状图、条形图、饼图、散点图、直方图、面积图、箱形图、小提琴图和热力图等。

3. 图表标题

图表标题用于描述图表的内容，可以通过 matplotlib.pyplot 模块中的 title()函数设置图表标题，其语法格式如下：

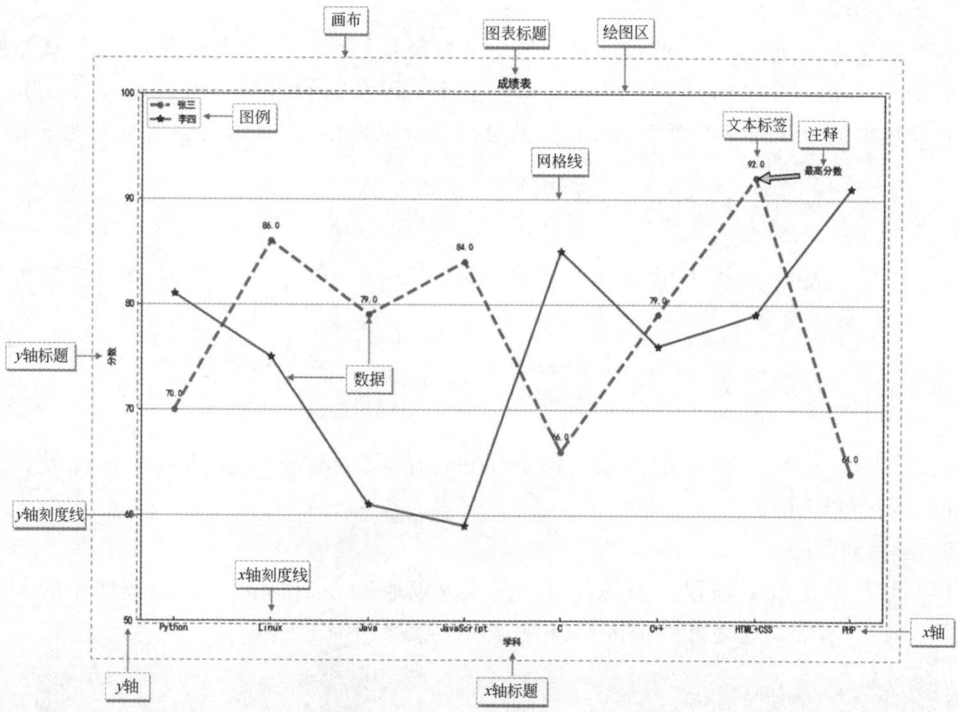

图 4-1 Matplotlib 图表的组成

```
title(label,fontdict,loc,pad)
```

其中,参数 label 表示图表标题的内容;参数 fontdict 表示图表标题字体的样式;参数 loc 表示图表标题的水平位置;参数 pad 表示图表标题距离图表顶部的距离。

4. 数据

数据是图表的核心,图表存在的意义就是为了以更直观的形式展示数据,所以没有数据的图表将毫无意义。

5. 坐标轴

坐标轴是标识数值大小或分类的垂直线和水平线。

6. 坐标轴标题

坐标轴标题主要用于说明坐标轴的内容。可以通过 matplotlib.pyplot 模块中的 xlabel()函数和 ylabel()函数设置坐标轴标题,其语法格式如下:

```
xlabel(xlabel)
```

其中,参数 xlabel 表示 x 轴的标题名称。

```
ylabel(ylabel)
```

其中,参数 ylabel 表示 y 轴的标题名称。

7. 坐标轴刻度

在绘制图表的过程中，x 轴和 y 轴所显示的数值往往无法满足实际需求，这时就需要使用坐标轴刻度，以达到对 x 轴和 y 轴的数值进行重新设置的目的。可以通过 matplotlib.pyplot 模块中的 xticks()函数和 yticks()函数设置坐标轴刻度，其语法格式分别如下：

```
xticks(locs,labels,rotation)
```

其中，参数 locs 表示 x 轴上的刻度；参数 labels 表示 x 轴上刻度所对应的标签；参数 rotation 表示旋转角度。

```
yticks(locs,labels,rotation)
```

其中，参数 locs 表示 y 轴上的刻度；参数 labels 表示 y 轴上刻度所对应的标签；参数 rotation 表示旋转角度。

8. 坐标轴范围

坐标轴范围是指 x 轴和 y 轴的取值范围。可以通过 matplotlib.pyplot 模块中的 xlim()函数和 ylim()函数设置坐标轴范围，其语法格式分别如下：

```
xlim(left,right)
```

其中，参数 left 表示 x 轴最小值；参数 right 表示 x 轴最大值。

```
ylim(bottom,top)
```

其中，参数 bottom 表示 y 轴最小值；参数 top 表示 y 轴最大值。

9. 图例

图例是由图例标识和图例项构成，其中，图例标识表示对应数据的图案，即不同颜色的矩形，而图例项则是对应数据的名称。可以通过 matplotlib.pyplot 模块中的 legend()函数创建图例，其语法格式如下：

```
legend(labels,loc)
```

其中，参数 labels 表示图例的名称；参数 loc 表示图例的位置，如表 4-1 所示。

表 4-1 图例的位置

位置字符串	位置代码	描　　述
best	0	自动寻找最佳位置
upper right	1	右上
upper left	2	左上
lower left	3	左下
lower right	4	右下
right	5	右边中间
center left	6	左边中间

续表

位置字符串	位置代码	描　述
center right	7	右边中间
lower center	8	中间下方
upper center	9	中间上方
center	10	正中间

10. 网格线

网格线是贯穿于绘图区的线条，使图标更加美观。可以通过 matplotlib.pyplot 模块中的 grid()函数生成网格线，其语法格式如下：

```
grid(color,linestyle,linewidth,axis)
```

其中，参数 color 表示网格线的颜色；参数 linestyle 表示网格线的样式；参数 linewidth 表示网格线的宽度；参数 axis 表示隐藏对应轴的网格线。

11. 文本标签

文本标签用于为数据添加说明文字，以便于更清晰、更直观地观察数据。可以通过 matplotlib.pyplot 模块中的 text()函数添加文本标签，其语法格式如下：

```
text(x,y,s,ha,va,fontsize)
```

其中，参数 x 表示 x 轴的坐标；参数 y 表示 y 轴的坐标；参数 s 表示显示的文本内容；参数 ha 表示垂直对齐的方式；参数 va 表示水平对齐的方式；参数 fontsize 表示字体大小。

12. 注释

注释是一个支持带箭头的画线工具，主要用于添加文本标签，以便于在合适的位置添加描述信息。可以通过 matplotlib.pyplot 模块中的 annotate()函数添加注释，其语法格式如下：

```
annotate(text,xy,xytext,xycoords,textcoords,arrowprops)
```

其中，参数 text 表示注释的文本内容；参数 xy 表示箭头所指的坐标；参数 xytext 表示注释文本内容的坐标，默认与参数 xy 相同；参数 xycoords 表示被注释点的坐标系属性，其值包括 data(默认值，以被注释的坐标 xy 为参考)、figure points(以绘图区左下角为参考，单位是点)、figure pixels(以绘图区左下角为参考，单位是像素)、figure fraction(以绘图区左下角为参考，单位是百分比)、axes points(以子绘图区左下角为参考，单位是点)、axes pixels(以子绘图区左下角为参考，单位是像素)、axes fraction(以子绘图区左下角为参考，单位是百分比)和 polar(不使用本地数据坐标系，而使用极坐标系)；参数 textcoords 表示注释文本内容的坐标系属性，默认与 xycoords 相同，其值除了包括参数 xycoords 相关的值外，还包括 offset points(相对于被注释的坐标 xy 的偏移量，单位是点)和 offset pixels(相对于被注释的坐标 xy 的偏移量，单位是像素)；参数 arrowprops 是一个字典类型的数据，表示箭头的样式，其字典中的键包括 width、headwidth、headlength、shrink 和 arrowstyle，需要注意的

是，当键为 arrowstyle 时，其他键不允许使用，并且该键允许的值为－、－＞、－[、|－|、－|＞、＜－、＜－＞、＜|－、＜|－|＞、fancy、simple 和 wedge。

13. 刻度线

刻度线指的是坐标轴上数值或分类的标记。可以通过 matplotlib. pyplot 模块中的 tick_params()函数显示刻度线，其语法格式如下：

```
tick_params(bottom,left,right,top)
```

其中，参数 bottom 表示底部坐标轴；参数 left 表示左侧坐标轴；参数 right 表示右侧坐标轴；参数 top 表示顶部坐标轴。

4.3 rc 参数

在学习如何绘制图像之前，先来了解一下 matplotlib. pyplot 模块中的 rc 参数。

rc 参数用于自定义图像的各种默认属性，例如，图像尺寸、图像分辨率、线条样式、线条宽度、线条标记、子图标题大小、子图标签大小和轴字体大小等。

rc 参数存储在字典中，通过变量 rcParams 进行控制，并且种类繁多，表 4-2 所示的参数为常用的 rc 参数。

表 4-2 常用的 rc 参数

参　数	描　述	示　例
figure. figsize	图像尺寸	rcParams['figure. figsize'] = (2,3)
figure. dpi	图像分辨率	rcParams['figure. dpi'] = 300
font. sans-serif	显示中文字体	rcParams['font. sans-serif'] = 'SimHei'
axes. unicode_minus	显示负号	rcParams['axes. unicode_minus'] = False
axes. titlesize	子图标题的大小	rcParams['axes. titlesize'] = 10
axes. labelsize	子图标签的大小	rcParams['axes. labelsize'] = 10
lines. linestyle	线条样式，其取值为－(实线)、－－(长虚线)、－.(点线)和：(短虚线)，默认值为－(实线)	rcParams['lines. linestyle'] = '－.'
lines. linewidth	线条宽度，其取值为 0 至 10 的数值，默认值为 1.5	rcParams['lines. linewidth'] = 3
lines. marker	线条标记类型，其取值为 o(圆圈)、D(菱形)、h(六边形)、H(六边形)、－(水平线)、8(八边形)、p(五边形)、,(像素)、＋(加号)、.(点)、s(正方形)、*(星号)、d(小菱形)、v(三角形)、＜(三角形)、＞(三角形)、?(三角形)、｜(竖线)、x(X)和 None(无)	rcParams['lines. marker'] = 'x'
lines. markersize	线条标记大小，其取值为 0 至 10 的数值，默认值为 1	rcParams['lines. markersize'] = 6

续表

参　数	描　述	示　例
xtick.labelsize	x 轴字体大小	rcParams['xtick.labelsize'] = 20
ytick.labelsize	y 轴字体大小	rcParams['ytick.labelsize'] = 20
xtick.direction	x 轴的刻度线朝向	rcParams['xtick.direction'] = 'in'
ytick.direction	y 轴的刻度线朝向	rcParams['ytick.direction'] = 'out'

4.4 图表的保存

在实际应用过程中，有时需要将绘制的图表另存为JPEG、PNG或TIFF格式的图片，以便于更加灵活地应用图表。此时，可以通过matplotlib.pyplot模块中的savefig()函数将绘制的图表进行保存，其语法格式如下：

```
savefig(fname,dpi)
```

其中，参数fname表示图片的名称；参数dpi表示图片的分辨率。

4.5 绘制折线图

折线图主要用于展现数据的变化趋势。可以通过matplotlib.pyplot模块中的plot()函数进行绘制，其语法格式如下：

```
plot(x,y,color,marker,mfc,ms,mec,linestyle,linewidth,alpha,label)
```

其中，参数x表示x轴对应的数据；参数y表示y轴对应的数据；参数color表示折线的颜色；参数marker表示折线中标记的类型；参数mfc表示折线中标记的颜色；参数ms表示折线中标记的尺寸；参数mec表示折线中标记的边框颜色；参数linestyle表示折线的类型；参数linewidth表示折线的宽度；参数alpha表示透明度；参数label表示图例内容，示例代码如下：

```
#资源包\Code\chapter4\4.5\0401.py
import matplotlib.pyplot as plt
#显示中文
plt.rcParams['font.sans-serif'] = 'SimHei'
#显示负号
plt.rcParams['axes.unicode_minus'] = False
#x轴的刻度线向内显示
plt.rcParams['xtick.direction'] = 'in'
#y轴的刻度线向外显示
plt.rcParams['ytick.direction'] = 'out'
#创建画布
plt.figure(figsize = (10, 8))
#折线图标题
```

```
plt.title('成绩表')
#数据
x = [0, 1, 2, 3, 4, 5, 6, 7]
y1 = [70, 86, 79, 84, 66, 79, 92, 64]
y2 = [81, 75, 61, 59, 85, 76, 79, 91]
#绘制折线图
plt.plot(x, y1, label = '张三', color = 'red', marker = 'H', linestyle = '--', linewidth = 3, alpha
= 0.6)
plt.plot(x, y2, label = '李四', color = 'green', marker = '*', linestyle = '-', linewidth = 2,
alpha = 0.8, mfc = 'red', ms = 8, mec = 'blue')
#创建隐藏y轴的网格线
plt.grid(axis = 'y')
#设置x轴标题
plt.xlabel('学科')
#设置y轴标题
plt.ylabel('分数')
#创建x轴刻度
plt.xticks(range(0, 8, 1), ['Python', 'Linux', 'Java', 'JavaScript', 'C', 'C++', 'HTML + CSS', 'PHP
'])
#创建y轴刻度
plt.yticks(range(50, 101, 10))
#创建文本标签
for a, b in zip(x, y1):
    plt.text(a, b + 1, '%.1f' % b, ha = 'center', va = 'bottom', fontsize = 9)
#创建注释
plt.annotate('最高分数', xy = (6, 92), xytext = (6.5, 92.5), xycoords = 'data', arrowprops =
dict(facecolor = 'yellow', shrink = 0.05))
#创建图例
plt.legend(labels = ['张三', '李四'], loc = 2)
```

上面代码的运行结果如图 4-2 所示。

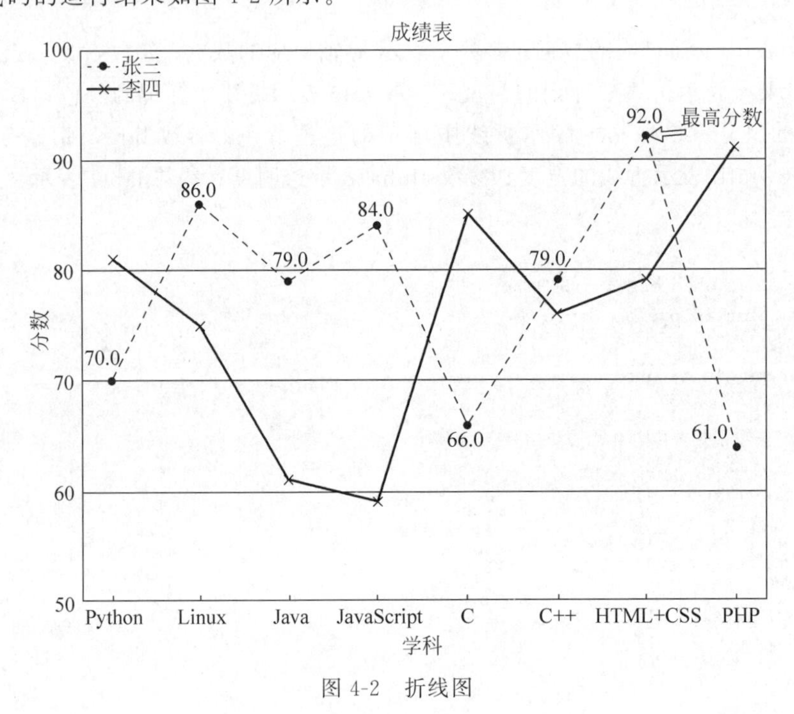

图 4-2　折线图

4.6 绘制柱状图

柱状图主要用于展现 x 轴上不同类别数据的分布特征，其可分为单柱状图和多柱状图。可以通过 matplotlib.pyplot 模块中的 bar()函数绘制柱状图，其语法格式如下：

```
bar(x, height, width, color, edgecolor, label)
```

其中，参数 x 表示 x 轴上数据的类别；参数 height 表示每种类别数据的数量；参数 width 表示柱体的宽度；参数 color 表示柱体的颜色；参数 edgecolor 表示柱体的边框颜色；参数 label 表示图例内容。

(1) 单柱状图，示例代码如下：

```
#资源包\Code\chapter4\4.6\0402.py
import matplotlib.pyplot as plt
#显示中文
plt.rcParams['font.sans-serif'] = 'SimHei'
#显示负号
plt.rcParams['axes.unicode_minus'] = False
#x轴的刻度线向内显示
plt.rcParams['xtick.direction'] = 'in'
#y轴的刻度线向外显示
plt.rcParams['ytick.direction'] = 'out'
#创建画布
plt.figure(figsize = (10, 8))
#柱状图标题
plt.title('销售量分析表')
#数据
x = [0, 1, 2, 3, 4, 5, 6, 7]
y = [25140, 68541, 36584, 35864, 57841, 78520, 46333, 35844]
#绘制柱状图
plt.bar(x, y, color = 'green', label = '销售量')
#创建隐藏y轴的网格线
plt.grid(axis = 'y')
#设置x轴标题
plt.xlabel('年份')
#设置y轴标题
plt.ylabel('销售量/本')
#创建x轴刻度
plt.xticks(range(0, 8, 1), ['2015', '2016', '2017', '2018', '2019', '2020', '2021', '2022'])
#创建y轴刻度
plt.yticks(range(10000, 100000, 10000))
#创建文本标签
for a, b in zip(x, y):
    plt.text(a, b + 1, '%.1f' % b, ha = 'center', va = 'bottom', fontsize = 9)
#创建图例
plt.legend(labels = ['销售量'], loc = 2)
```

上面代码的运行结果如图 4-3 所示。

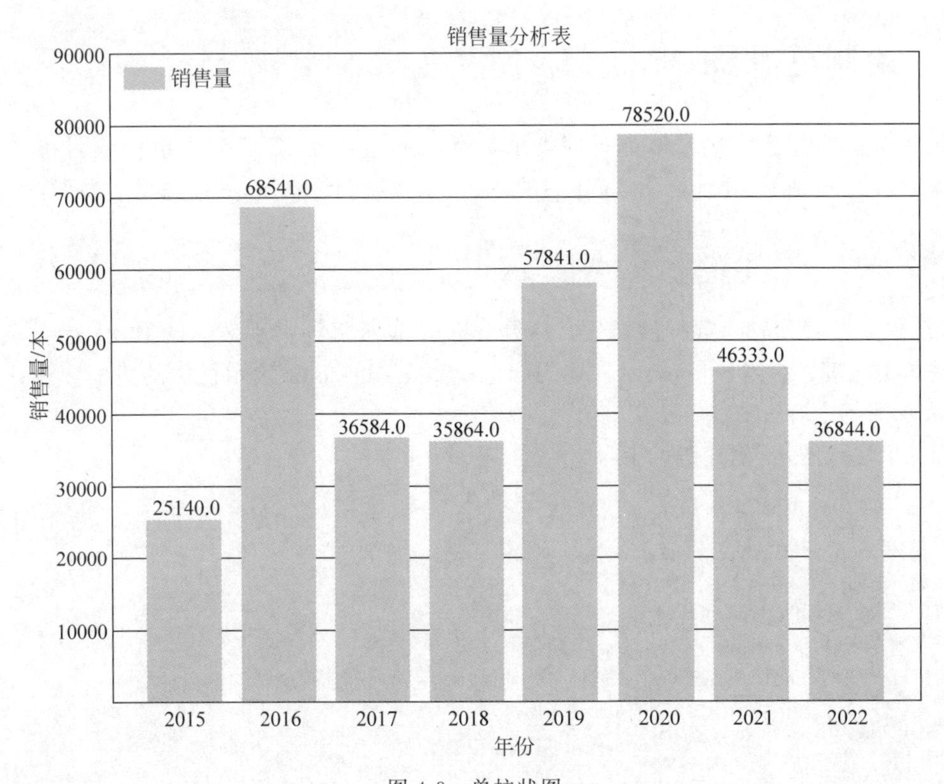

图 4-3 单柱状图

(2) 多柱状图，示例代码如下：

```
#资源包\Code\chapter4\4.6\0403.py
import matplotlib.pyplot as plt
#显示中文
plt.rcParams['font.sans-serif'] = 'SimHei'
#显示负号
plt.rcParams['axes.unicode_minus'] = False
#x轴的刻度线向内显示
plt.rcParams['xtick.direction'] = 'in'
#y轴的刻度线向外显示
plt.rcParams['ytick.direction'] = 'out'
#创建画布
plt.figure(figsize = (10, 8))
#柱状图标题
plt.title('销售量分析表')
#数据
x1 = [0, 1, 2, 3, 4, 5, 6, 7]
x2 = [0.2, 1.2, 2.2, 3.2, 4.2, 5.2, 6.2, 7.2]
x3 = [0.4, 1.4, 2.4, 3.4, 4.4, 5.4, 6.4, 7.4]
x4 = [0.6, 1.6, 2.6, 3.6, 4.6, 5.6, 6.6, 7.6]
y1 = [25140, 68541, 36584, 35864, 57841, 78520, 46333, 35844]
y2 = [35221, 45214, 45888, 100254, 52365, 84512, 75877, 75845]
y3 = [75222, 36525, 52364, 62541, 78555, 35214, 56241, 62541]
```

```
y4 = [35985, 42555, 75255, 42515, 92415, 12545, 66541, 44525]
#绘制柱状图
plt.bar(x1, y1, width = 0.2, color = 'green', label = '《Python 全栈开发——基础入门》')
plt.bar(x2, y2, width = 0.2, color = 'red', label = '《Python 全栈开发——高阶编程》')
plt.bar(x3, y3, width = 0.2, color = 'yellow', label = '《Python 全栈开发——数据分析》')
plt.bar(x4, y4, width = 0.2, color = 'pink', label = '《Python 全栈开发——Web 编程》')
#创建隐藏 y 轴的网格线
plt.grid(axis = 'y')
#设置 x 轴标题
plt.xlabel('年份')
#设置 y 轴标题
plt.ylabel('销售量/本')
#创建 x 轴刻度
plt.xticks(range(0, 8, 1), ['2015', '2016', '2017', '2018', '2019', '2020', '2021', '2022'])
#创建 y 轴刻度
plt.yticks(range(10000, 100000, 10000))
#创建文本标签
for a, b in zip(x1, y1):
    plt.text(a, b + 1, '%.1f' % b, ha = 'center', va = 'bottom', fontsize = 9)
#创建图例
plt.legend(labels = ['《Python 全栈开发——基础入门》', '《Python 全栈开发——高阶编程》',
'《Python 全栈开发——数据分析》', '《Python 全栈开发——Web 编程》'], loc = 2)
```

上面代码的运行结果如图 4-4 所示。

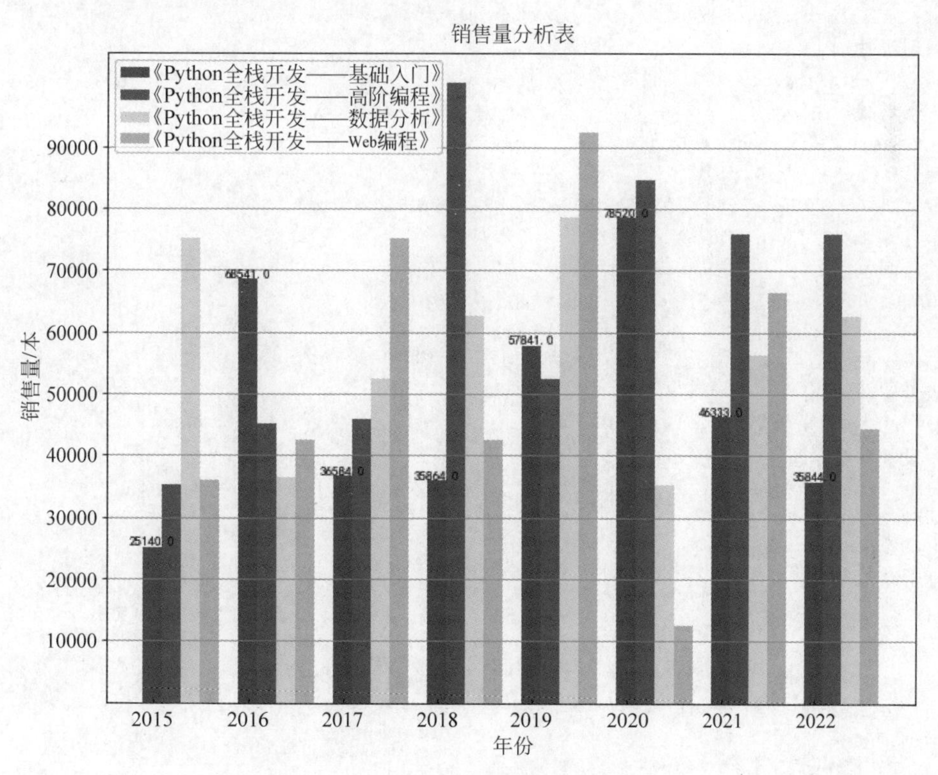

图 4-4　多柱状图

4.7 绘制条形图

条形图主要用于展现 y 轴上不同类别数据的分布特征，其可分为单条形图和多条形图。可以通过 matplotlib.pyplot 模块中的 barh()函数绘制条形图，其语法格式如下：

```
barh(y,width,height,color,edgecolor,label)
```

其中，参数 y 表示 y 轴上数据的类别；参数 width 表示每种类别数据的数量；参数 height 表示条形的宽度；参数 color 表示条形的颜色；参数 edgecolor 表示条形的边框颜色；参数 label 表示图例内容。

（1）单条形图，示例代码如下：

```
#资源包\Code\chapter4\4.7\0404.py
import matplotlib.pyplot as plt
#显示中文
plt.rcParams['font.sans-serif'] = 'SimHei'
#显示负号
plt.rcParams['axes.unicode_minus'] = False
#x轴的刻度线向内显示
plt.rcParams['xtick.direction'] = 'in'
#y轴的刻度线向外显示
plt.rcParams['ytick.direction'] = 'out'
#创建画布
plt.figure(figsize = (10, 8))
#条形图标题
plt.title('销售量分析表')
#数据
x = [25140, 68541, 36584, 35864, 57841, 78520, 46333, 35844]
y = [0, 1, 2, 3, 4, 5, 6, 7]
#绘制条形图
plt.barh(y, x, color = 'green', label = '销售量')
#创建隐藏x轴的网格线
plt.grid(axis = 'x')
#设置x轴标题
plt.xlabel('销售量/本')
#设置y轴标题
plt.ylabel('年份')
#创建x轴刻度
plt.xticks(range(10000, 100000, 10000))
#创建y轴刻度
plt.yticks(range(0, 8, 1), ['2015', '2016', '2017', '2018', '2019', '2020', '2021', '2022'])
#创建文本标签
for a, b in zip(x, y):
    plt.text(a, b, '%.1f' % a, ha = 'left', va = 'bottom', fontsize = 9)
#创建图例
plt.legend(labels = ['销售量'], loc = 1)
```

上面代码的运行结果如图 4-5 所示。

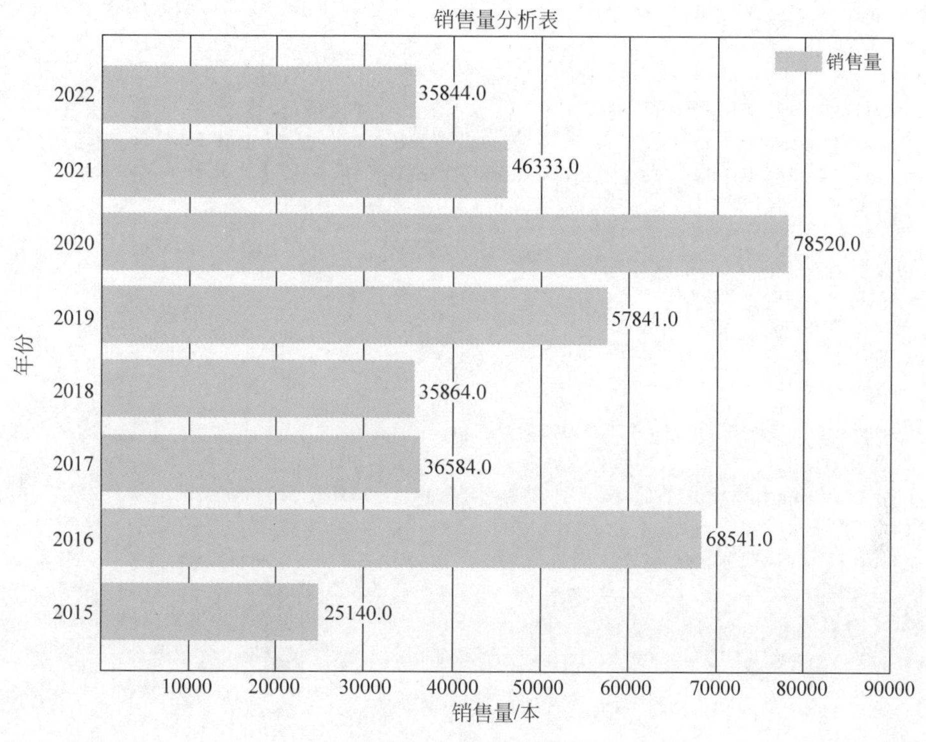

图 4-5 单条形图

（2）多条形图，示例代码如下：

```
#资源包\Code\chapter4\4.7\0405.py
import matplotlib.pyplot as plt
#显示中文
plt.rcParams['font.sans-serif'] = 'SimHei'
#显示负号
plt.rcParams['axes.unicode_minus'] = False
#x轴的刻度线向内显示
plt.rcParams['xtick.direction'] = 'in'
#y轴的刻度线向外显示
plt.rcParams['ytick.direction'] = 'out'
#创建画布
plt.figure(figsize = (10, 8))
#条形图标题
plt.title('销售量分析表')
#数据
x1 = [25140, 68541, 36584, 35864, 57841, 78520, 46333, 35844]
x2 = [35221, 45214, 45888, 100254, 52365, 84512, 75877, 75845]
x3 = [75222, 36525, 52364, 62541, 78555, 35214, 56241, 62541]
x4 = [35985, 42555, 75255, 42515, 92415, 12545, 66541, 44525]
y1 = [0, 1, 2, 3, 4, 5, 6, 7]
y2 = [0.2, 1.2, 2.2, 3.2, 4.2, 5.2, 6.2, 7.2]
```

```
y3 = [0.4, 1.4, 2.4, 3.4, 4.4, 5.4, 6.4, 7.4]
y4 = [0.6, 1.6, 2.6, 3.6, 4.6, 5.6, 6.6, 7.6]
#绘制条形图
plt.barh(y1, x1, height = 0.2, color = 'green', label = '《Python 全栈开发——基础入门》')
plt.barh(y2, x2, height = 0.2, color = 'red', label = '《Python 全栈开发——高阶编程》')
plt.barh(y3, x3, height = 0.2, color = 'yellow', label = '《Python 全栈开发——数据分析》')
plt.barh(y4, x4, height = 0.2, color = 'pink', label = '《Python 全栈开发——Web 编程》')
#创建隐藏 x 轴的网格线
plt.grid(axis = 'x')
#设置 x 轴标题
plt.xlabel('销售量/本')
#设置 y 轴标题
plt.ylabel('年份')
#创建 x 轴刻度
plt.xticks(range(10000, 100000, 10000))
#创建 y 轴刻度
plt.yticks(range(0, 8, 1), ['2015', '2016', '2017', '2018', '2019', '2020', '2021', '2022'])
#创建文本标签
for a, b in zip(x1, y1):
    plt.text(a, b, '%.1f' % a, ha = 'left', va = 'bottom', fontsize = 9)
#创建图例
plt.legend(labels = ['《Python 全栈开发——基础入门》', '《Python 全栈开发——高阶编程》',
'《Python 全栈开发——数据分析》', '《Python 全栈开发——Web 编程》'], loc = 4)
```

上面代码的运行结果如图 4-6 所示。

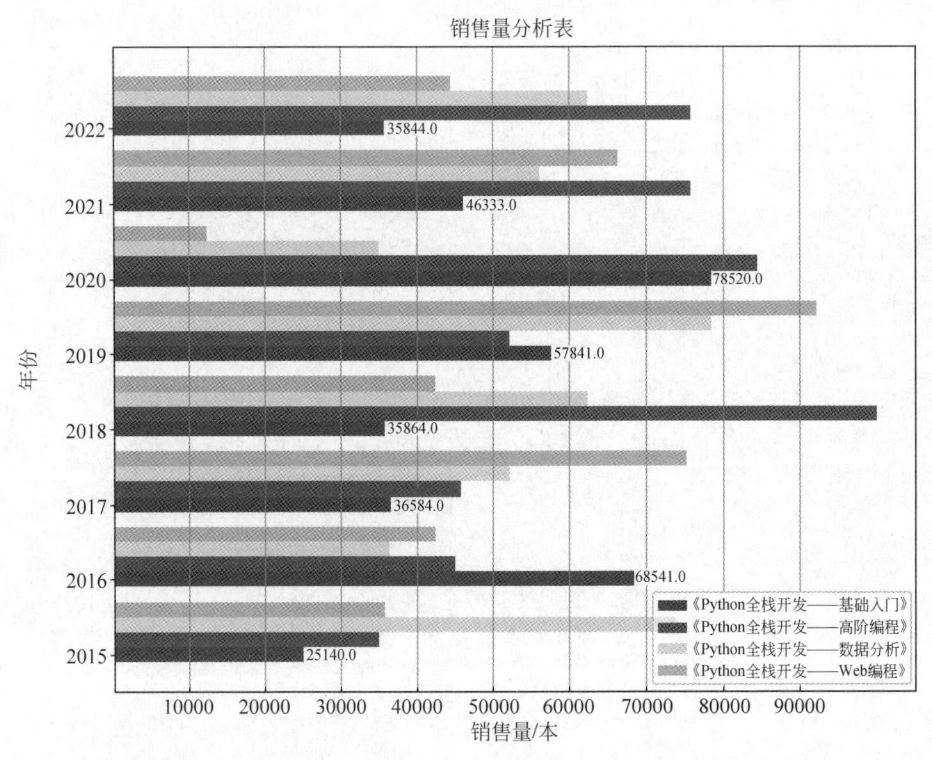

图 4-6 多条形图

4.8 绘制饼图

饼图主要用于展现不同类别的数据在整体中所占的百分比，其可分为基础饼图和圆环饼图。可以通过 matplotlib.pyplot 模块中的 pie()函数绘制饼图，其语法格式如下：

```
pie(x,labels,colors,explode,autopct,shadow,wedgeprops,radius)
```

其中，参数 x 表示扇面的数据；参数 labels 表示扇面的标签；参数 colors 表示扇面的颜色；参数 explode 表示扇面的偏移距离；参数 autopct 表示扇面的百分比格式；参数 shadow 表示是否设置扇面的阴影；参数 wedgeprops 用于设置饼图内外边界的属性，如边界线的粗细、颜色等；参数 radius 表示饼图的半径。

(1) 基础饼图，示例代码如下：

```
#资源包\Code\chapter4\4.8\0406.py
import matplotlib.pyplot as plt
#显示中文
plt.rcParams['font.sans-serif'] = 'SimHei'
#显示负号
plt.rcParams['axes.unicode_minus'] = False
#x 轴的刻度线向内显示
plt.rcParams['xtick.direction'] = 'in'
#y 轴的刻度线向外显示
plt.rcParams['ytick.direction'] = 'out'
#创建画布
plt.figure(figsize = (10, 8))
#饼图标题
plt.title('销售量分析表')
#扇面标签
book = ['《Python 全栈开发——基础入门》', '《Python 全栈开发——高阶编程》', '《Python 全栈开发——数据分析》', '《Python 全栈开发——Web 编程》']
#扇面数据
data = [510001, 725458, 854777, 625455]
#扇面颜色
colors = ['green', 'pink', 'red', 'gold']
#绘制饼图
plt.pie(data, labels = book, colors = colors, shadow = True, explode = (0, 0.1, 0, 0), autopct = '%.1f%%')
#创建图例
plt.legend(labels = ['《Python 全栈开发——基础入门》', '《Python 全栈开发——高阶编程》', '《Python 全栈开发——数据分析》', '《Python 全栈开发——Web 编程》'], loc = 4)
```

上面代码的运行结果如图 4-7 所示。

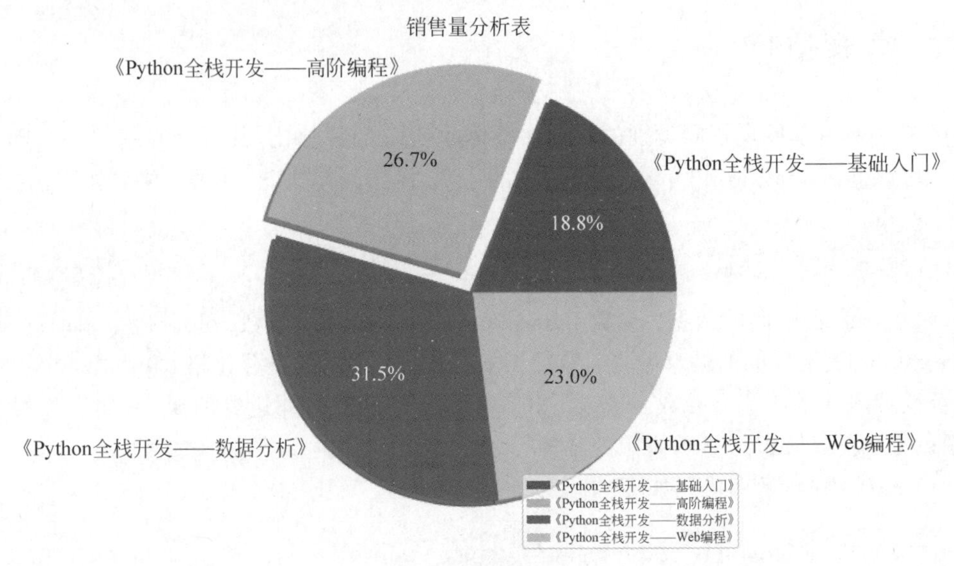

图 4-7 基础饼图

(2) 圆环饼图,示例代码如下:

```
#资源包\Code\chapter4\4.8\0407.py
import matplotlib.pyplot as plt
#显示中文
plt.rcParams['font.sans-serif'] = 'SimHei'
#显示负号
plt.rcParams['axes.unicode_minus'] = False
#x轴的刻度线向内显示
plt.rcParams['xtick.direction'] = 'in'
#y轴的刻度线向外显示
plt.rcParams['ytick.direction'] = 'out'
#创建画布
plt.figure(figsize = (10, 8))
#饼图标题
plt.title('销售量分析表')
#扇面标签
book = ['《Python 全栈开发——基础入门》', '《Python 全栈开发——高阶编程》', '《Python 全栈开
发——数据分析》', '《Python 全栈开发——Web 编程》']
#扇面数据
data = [510001, 725458, 854777, 625455]
#扇面颜色
colors = ['green', 'pink', 'red', 'gold']
#绘制饼图
plt.pie(data, labels = book, colors = colors, shadow = True, explode = (0, 0.1, 0, 0), autopct =
'%.1f%%', wedgeprops = {'width': 0.5, 'edgecolor': 'blue', 'linewidth': 3})
#创建图例
plt.legend(labels = ['《Python 全栈开发——基础入门》', '《Python 全栈开发——高阶编程》',
'《Python 全栈开发——数据分析》', '《Python 全栈开发——Web 编程》'], loc = 4)
```

上面代码的运行结果如图 4-8 所示。

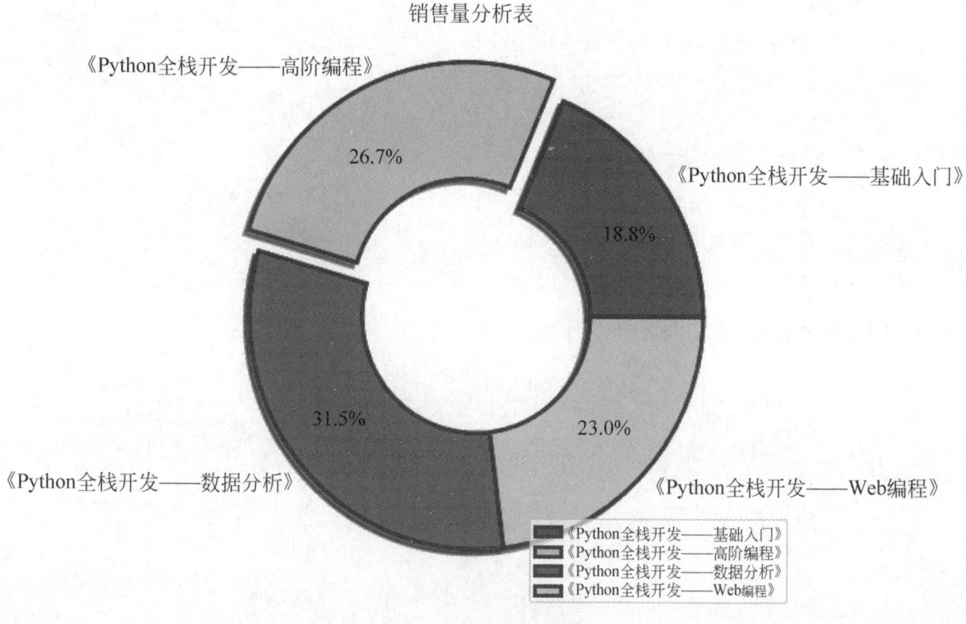

图 4-8　圆环饼状图

4.9　绘制散点图

散点图主要用于展现数据的分布情况或相关性。可以通过 matplotlib. pyplot 模块中的 scatter()函数绘制散点图，其语法格式如下：

```
scatter(x,y,s,c,marker,alpha)
```

其中，参数 x 表示 x 轴对应的数据；参数 y 表示 y 轴对应的数据；参数 s 表示点的大小；参数 c 表示点的颜色；参数 marker 表示点的类型；参数 alpha 表示点的透明度，示例代码如下：

```
#资源包\Code\chapter4\4.9\0408.py
import matplotlib.pyplot as plt
#显示中文
plt.rcParams['font.sans-serif'] = 'SimHei'
#显示负号
plt.rcParams['axes.unicode_minus'] = False
#x 轴的刻度线向内显示
plt.rcParams['xtick.direction'] = 'in'
#y 轴的刻度线向外显示
plt.rcParams['ytick.direction'] = 'out'
#创建画布
```

```
plt.figure(figsize = (10, 8))
#散点图标题
plt.title('销售量与购买者年龄分析表')
#数据
x = [28544, 32541, 10245, 8561, 6511, 9621, 10141, 34754, 12556]
y = [18, 23, 28, 33, 38, 43, 48, 53, 58]
plt.xticks(range(5000, 40000, 5000))
#绘制散点图
plt.scatter(x, y, s = 30, c = 'red', marker = ' + ', alpha = 0.8)
```

上面代码的运行结果如图 4-9 所示。

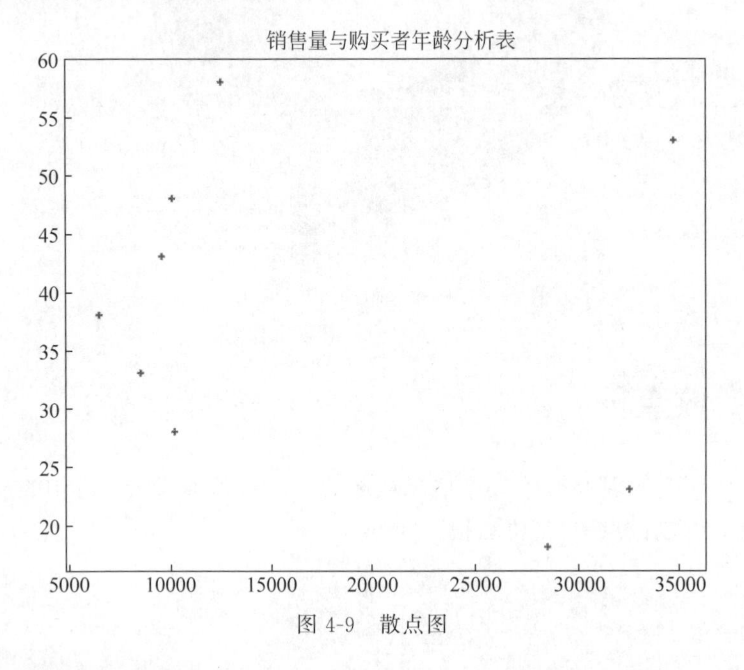

图 4-9 散点图

4.10 绘制直方图

直方图,又称作质量分布图,是一种统计报告图,由一系列高度不等的纵向条纹或线段表示数据分布的情况。可以通过 matplotlib. pyplot 模块中的 hist()函数绘制直方图,其语法格式如下:

```
hist(x,bins,range,histtype,rwidth,color)
```

其中,参数 x 表示数据集;参数 bins 表示数据的区间分布;参数 range 表示数据的上下界;参数 histtype 表示直方图的类型;参数 rwidth 表示柱体宽度的百分比;参数 color 表示直方图的颜色,示例代码如下:

```
#资源包\Code\chapter4\4.10\0409.py
import matplotlib.pyplot as plt
import numpy as np
#显示中文
plt.rcParams['font.sans-serif'] = 'SimHei'
#显示负号
plt.rcParams['axes.unicode_minus'] = False
#x轴的刻度线向内显示
plt.rcParams['xtick.direction'] = 'in'
#y轴的刻度线向外显示
plt.rcParams['ytick.direction'] = 'out'
#创建画布
plt.figure(figsize=(10, 8))
#直方图标题
plt.title('Python期末考试成绩分析表')
#数据
x=np.random.randint(40, 100, (100,))
#绘制直方图
plt.hist(x, bins=10, color='green')
#设置x轴标题
plt.xlabel('成绩')
#设置y轴标题
plt.ylabel('人数')
```

上面代码的运行结果如图 4-10 所示。

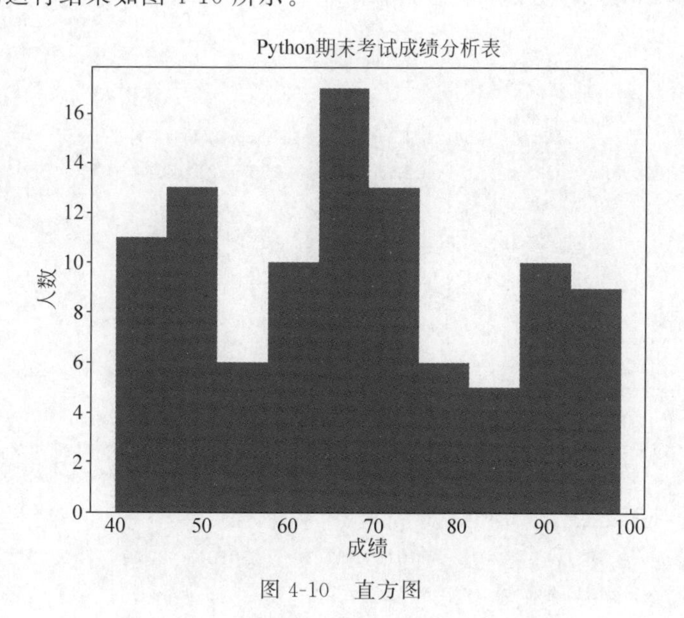

图 4-10 直方图

4.11 绘制面积图

面积图强调数量随时间的变化而变化的程度，也可用于引起人们对总值趋势的注意。可以通过 matplotlib.pyplot 模块中的 stackplot()函数绘制面积图，其语法格式如下：

```
stackplot(x,y,labels,colors,alpha)
```

其中，参数 x 表示 x 轴对应的数据；参数 y 表示 y 轴对应的数据；参数 colors 表示面积的背景颜色；参数 alpha 表示面积的透明度，示例代码如下：

```
#资源包\Code\chapter4\4.11\0410.py
import matplotlib.pyplot as plt
#显示中文
plt.rcParams['font.sans-serif'] = 'SimHei'
#显示负号
plt.rcParams['axes.unicode_minus'] = False
#x轴的刻度线向内显示
plt.rcParams['xtick.direction'] = 'in'
#y轴的刻度线向外显示
plt.rcParams['ytick.direction'] = 'out'
#创建画布
plt.figure(figsize=(10, 8))
#面积图标题
plt.title('《Python 全栈开发——基础入门》各平台销售量分析表')
#数据
x=[0, 1, 2, 3, 4, 5, 6, 7]
y={
    '老夏学院': [1234, 4255, 3454, 6522, 2566, 4175, 5125, 6674],
    '当当': [785, 3584, 3254, 2351, 3522, 2541, 1255, 5254],
    '天猫': [2155, 3587, 4233, 3451, 6258, 5444, 6331, 6123],
    '京东': [1200, 4344, 2236, 2666, 2588, 1186, 2631, 4122],
    '新华书店': [2508, 2123, 3211, 2167, 3255, 5123, 4611, 5621]
}
#绘制面积图
plt.stackplot(x, y.values())
#设置 x 轴标题
plt.xlabel('年份')
#设置 y 轴标题
plt.ylabel('销售量/本')
plt.xticks(range(0, 8, 1), ['2015', '2016', '2017', '2018', '2019', '2020', '2021', '2022'])
plt.legend(labels=['老夏学院', '当当', '天猫', '京东', '新华书店'], loc=2)
```

上面代码的运行结果如图 4-11 所示。

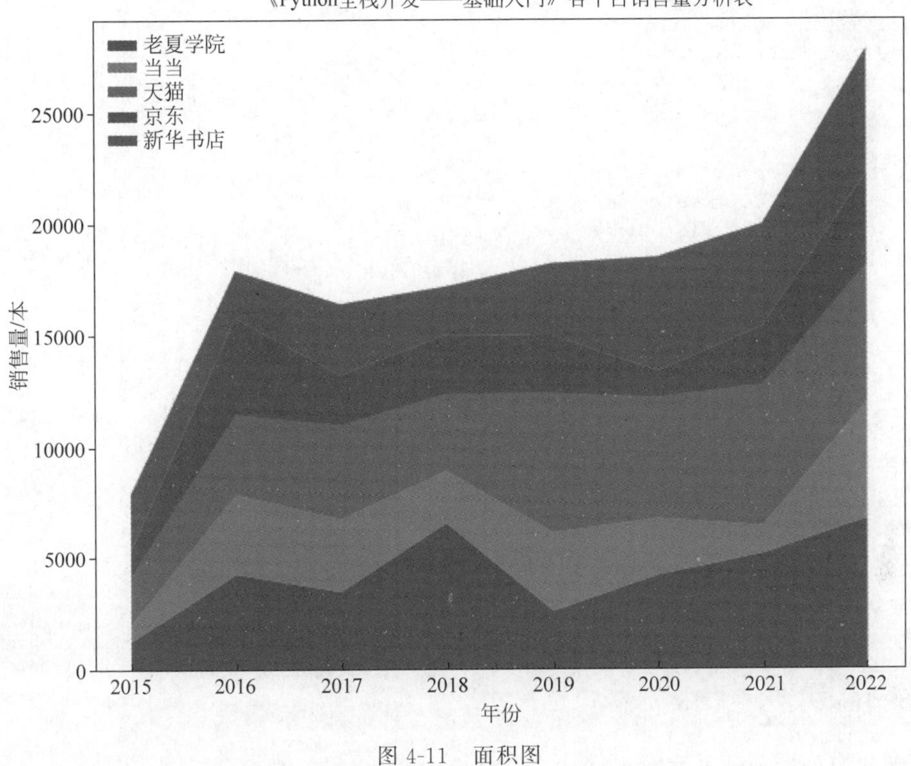

图 4-11 面积图

4.12 绘制箱形图

箱形图又称为盒须图、盒式图或箱线图，因形状如箱子而得名，是一种用于显示一组数据分散情况的统计图，其在各种领域经常被使用，常见于品质管理。可以通过 matplotlib.pyplot 模块中的 boxplot()函数绘制箱形图，其语法格式如下：

```
boxplot(x, notch, sym, vert, whis, positions, widths, patch_artist, meanline, showmeans, showcaps,
showbox, showfliers, boxprops, labels, filerprops, medianprops, meanprops, capprops, whiskerprops)
```

其中，参数 x 表示数据；参数 notch 表示是否以凹口的形式展现箱体；参数 sym 表示异常点的形状；参数 vert 表示是否垂直摆放箱体；参数 whis 表示上下须与上下四分位的距离；参数 positions 表示箱体的位置；参数 widths 表示箱体的宽度；参数 patch_artist 表示是否填充箱体的颜色；参数 meanline 表示是否用线的形式表示均值；参数 showmeans 表示是否显示均值；参数 showcaps 表示是否显示箱体顶端和末端两条线；参数 showbox 表示是否显示箱体；参数 showfliers 表示是否显示异常值；参数 boxprops 用于设置箱体的属性；参数 labels 表示箱体的标签；参数 filerprops 用于设置异常值的属性；参数 medianprops 用于设置中位数的属性；参数 meanprops 用于设置均值的属性；参数 capprops 用于设置箱体顶端和末端线条的属性；参数 whiskerprops 用于设置须的属性，示例代码如下：

```
#资源包\Code\chapter4\4.12\0411.py
import matplotlib.pyplot as plt
import numpy as np
#显示中文
plt.rcParams['font.sans-serif'] = 'SimHei'
#显示负号
plt.rcParams['axes.unicode_minus'] = False
#x轴的刻度线向内显示
plt.rcParams['xtick.direction'] = 'in'
#y轴的刻度线向外显示
plt.rcParams['ytick.direction'] = 'out'
#创建画布
plt.figure(figsize = (10, 8))
#箱形图标题
plt.title('箱形图')
#数据
spread = np.random.rand(50) * 100
center = np.ones(25) * 50
flier_high = np.random.rand(10) * 100 + 100
flier_low = np.random.rand(10) * -100
data = np.concatenate((spread, center, flier_high, flier_low), axis = 0)
#绘制箱形图
plt.boxplot(data, patch_artist = True, showmeans = True, boxprops = {'facecolor': 'green'},
medianprops = {'linestyle': '-.', 'color': 'red'}, meanprops = {'markerfacecolor': 'red',
'markersize': 10})
```

上面代码的运行结果如图4-12所示。

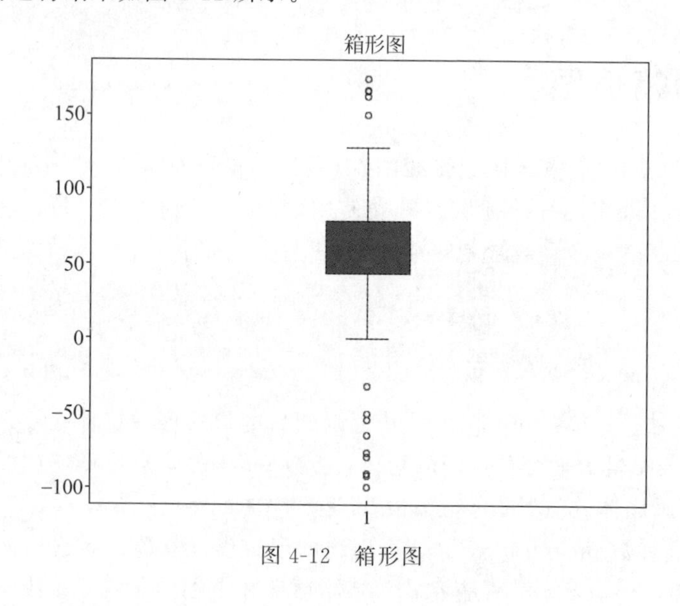

图4-12　箱形图

4.13　绘制小提琴图

小提琴图是用来展示数据分布状态及概率密度的图表。可以通过matplotlib.pyplot模块中的violinplot()函数绘制小提琴图，其语法格式如下：

```
violinplot(dataset, positions, vert, widths, showmeans, showextrema, showmedians, quantiles,
points,bw_method)
```

其中,参数 dataset 表示数据;参数 positions 表示小提琴体的位置;参数 vert 表示小提琴体的方向;参数 widths 表示小提琴体的宽度;参数 showmeans 表示是否显示算术平均值;参数 showextrema 表示是否显示极值;参数 showmedians 表示是否显示中位数;参数 quantiles 表示分位数的位置;参数 points 表示定义计算核密度估计的点的数量;参数 bw_method 表示估算带宽的方法,示例代码如下:

```
#资源包\Code\chapter4\4.13\0412.py
import matplotlib.pyplot as plt
import numpy as np
#显示中文
plt.rcParams['font.sans-serif'] = 'SimHei'
#显示负号
plt.rcParams['axes.unicode_minus'] = False
#x轴的刻度线向内显示
plt.rcParams['xtick.direction'] = 'in'
#y轴的刻度线向外显示
plt.rcParams['ytick.direction'] = 'out'
#创建画布
plt.figure(figsize = (12, 10))
#小提琴标题
plt.title('正态分布')
#数据
data = np.random.normal(size = 10000)
#绘制小提琴图
plt.violinplot(dataset = data)
```

上面代码的运行结果如图 4-13 所示。

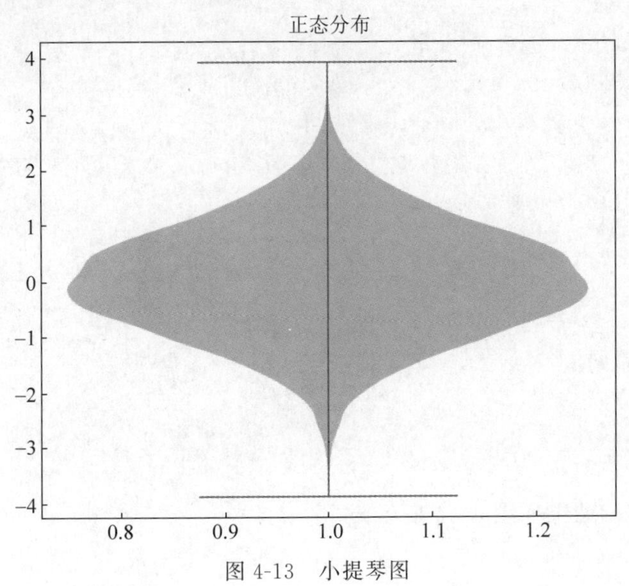

图 4-13 小提琴图

4.14 绘制热力图

热力图是一种用于展示密度函数的图。可以通过 matplotlib.pyplot 模块中的 imshow() 函数绘制热力图,其语法格式如下:

```
imshow(X,cmap,aspect,alpha,origin)
```

其中,参数 X 表示数据;参数 cmap 表示单元格的渐变色;参数 aspect 表示单元格的大小;参数 alpha 表示单元格的透明度,示例代码如下:

```
#资源包\Code\chapter4\4.14\0413.py
import matplotlib.pyplot as plt
import numpy as np
#显示中文
plt.rcParams['font.sans-serif'] = 'SimHei'
#显示负号
plt.rcParams['axes.unicode_minus'] = False
#x轴的刻度线向内显示
plt.rcParams['xtick.direction'] = 'in'
#y轴的刻度线向外显示
plt.rcParams['ytick.direction'] = 'out'
#创建画布
plt.figure(figsize=(12, 10))
#热力图标题
plt.title('线上平台销售量分析表')
#数据
x=['老夏学院', '当当', '天猫', '京东']
y=['《Python全栈开发——基础入门》', '《Python全栈开发——高阶编程》', '《Python全栈开发——数据分析》', '《Python全栈开发——Web编程》']
data=np.array([[84511, 75884, 56887, 95774], [75488, 87454, 66874, 58777], [98544, 58744, 68544, 42544], [101147, 95220, 78554, 68744]])
#绘制热力图
plt.imshow(data)
plt.xticks(np.arange(len(x)), labels=x)
plt.yticks(np.arange(len(y)), labels=y)
#设置颜色条
plt.colorbar()
```

上面代码的运行结果如图 4-14 所示。

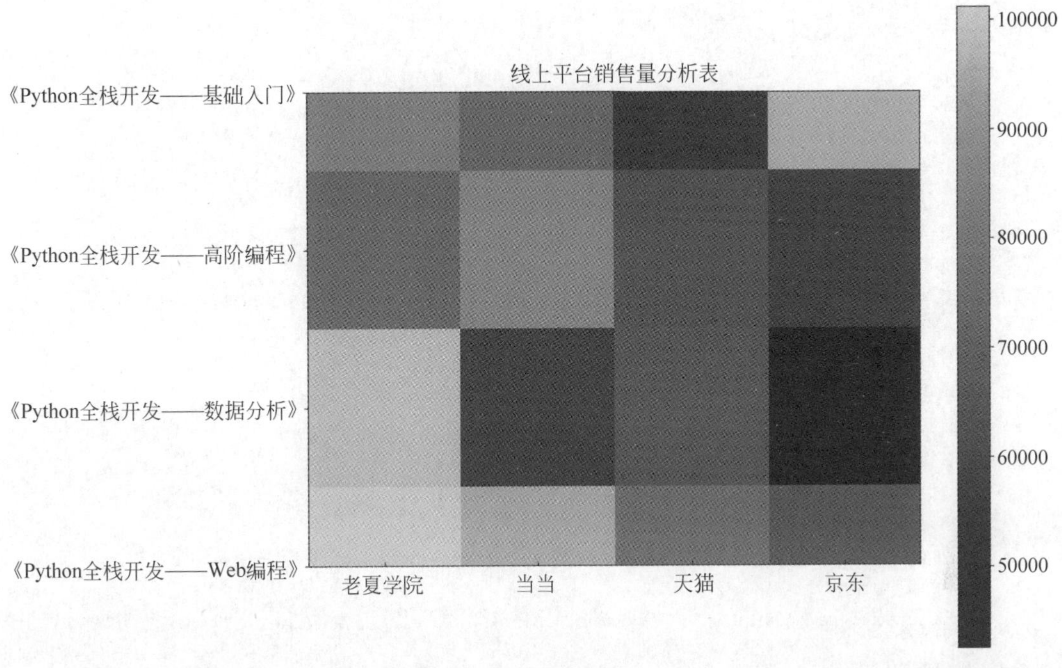

图 4-14 热力图

4.15 绘制子图

在绘制图表时，往往需要将一张画布划分为若干个子区域，以达到绘制不同图表的目的。可以通过 matplotlib.pyplot 模块中的 subplot()函数绘制子图，其语法格式如下：

```
subplot(nrows,ncols,index)
```

其中，参数 nrows 表示子区域的行数；参数 ncols 表示子区域的列数；参数 index 用于指定绘制图表的子区域位置，示例代码如下：

```
#资源包\Code\chapter4\4.15\0414.py
import matplotlib.pyplot as plt
#显示中文
plt.rcParams['font.sans-serif'] = 'SimHei'
#显示负号
plt.rcParams['axes.unicode_minus'] = False
#x 轴的刻度线向内显示
plt.rcParams['xtick.direction'] = 'in'
#y 轴的刻度线向外显示
plt.rcParams['ytick.direction'] = 'out'
#创建画布
plt.figure(figsize = (12, 10))
#子图标题
plt.title('子图')
```

```
def drowsubline():
    """绘制线图"""
#数据
    x = [0, 1, 2, 3, 4, 5, 6, 7]
    y1 = [70, 86, 79, 84, 66, 79, 92, 64]
    y2 = [81, 75, 61, 59, 85, 76, 79, 91]
    #绘制折线图
    plt.plot(x, y1, label = '张三', color = 'red', marker = 'H', linestyle = '--', linewidth = 3,
alpha = 0.6)
    plt.plot(x, y2, label = '李四', color = 'green', marker = '*', linestyle = '-', linewidth =
2, alpha = 0.8, mfc = 'red', ms = 8,
             mec = 'blue')
    #创建隐藏y轴的网格线
    plt.grid(axis = 'y')
    #设置x轴标题
    plt.xlabel('学科')
    #设置y轴标题
    plt.ylabel('分数')
    #创建x轴刻度
    plt.xticks(range(0, 8, 1), ['Python', 'Linux', 'Java', 'JavaScript', 'C', 'C++', 'HTML + CSS',
'PHP'])
    #创建y轴刻度
    plt.yticks(range(50, 101, 10))
    #创建文本标签
    for a, b in zip(x, y1):
        plt.text(a, b + 1, '%.1f' % b, ha = 'center', va = 'bottom', fontsize = 9)
    #创建注释
    plt.annotate('最高分数', xy = (6, 92), xytext = (6.5, 92.5), xycoords = 'data', arrowprops
= dict(facecolor = 'yellow', shrink = 0.05))
    #创建图例
    plt.legend(labels = ['张三', '李四'], loc = 2)
def drowsubbar():
    """绘制柱状图"""
    x = [0, 1, 2, 3, 4, 5, 6, 7]
    y = [25140, 68541, 36584, 35864, 57841, 78520, 46333, 35844]
    #绘制柱状图
    plt.bar(x, y, color = 'green', label = '销售量')
    #创建隐藏y轴的网格线
    plt.grid(axis = 'y')
    #设置x轴标题
    plt.xlabel('年份')
    #设置y轴标题
    plt.ylabel('销售量/本')
    #创建x轴刻度
    plt.xticks(range(0, 8, 1), ['2015', '2016', '2017', '2018', '2019', '2020', '2021', '2022'])
    #创建y轴刻度
    plt.yticks(range(10000, 100000, 10000))
    #创建文本标签
    for a, b in zip(x, y):
```

```
        plt.text(a, b + 1, '%.1f' % b, ha='center', va='bottom', fontsize=9)
    #创建图例
    plt.legend(labels=['销售量'], loc=2)
def drowsubpie():
    """绘制饼图"""
    #扇面标签
    book=['《Python全栈开发——基础入门》', '《Python全栈开发——高阶编程》', '《Python全栈开发——数据分析》', '《Python全栈开发——Web编程》']
    #扇面数据
    data=[510001, 725458, 854777, 625455]
    #扇面颜色
    colors=['green', 'pink', 'red', 'gold']
    #绘制饼图
    plt.pie(data, labels = book, colors = colors, shadow = True, explode = (0, 0.1, 0, 0), autopct='%.1f%%')
    #创建图例
    plt.legend(labels=['《Python全栈开发——基础入门》', '《Python全栈开发——高阶编程》', '《Python全栈开发——数据分析》', '《Python全栈开发——Web编程》'], loc=4)
def drowssubstackplot():
    """绘制面积图"""
    #数据
    x=[0, 1, 2, 3, 4, 5, 6, 7]
    y={
        '老夏学院': [1234, 4255, 3454, 6522, 2566, 4175, 5125, 6674],
        '当当': [785, 3584, 3254, 2351, 3522, 2541, 1255, 5254],
        '天猫': [2155, 3587, 4233, 3451, 6258, 5444, 6331, 6123],
        '京东': [1200, 4344, 2236, 2666, 2588, 1186, 2631, 4122],
        '新华书店': [2508, 2123, 3211, 2167, 3255, 5123, 4611, 5621]
    }
    #绘制面积图
    plt.stackplot(x, y.values())
    #设置x轴标题
    plt.xlabel('年份')
    #设置y轴标题
    plt.ylabel('销售量/本')
    plt.xticks(range(0, 8, 1), ['2015', '2016', '2017', '2018', '2019', '2020', '2021', '2022'])
    plt.legend(labels=['老夏学院', '当当', '天猫', '京东', '新华书店'], loc=2)
plt.subplot(2, 2, 1)
drowsubline()
plt.subplot(2, 2, 2)
drowsubbar()
plt.subplot(2, 2, 3)
drowsubpie()
plt.subplot(2, 2, 4)
drowssubstackplot()
#调用matplotlib.pyplot模块中的tight_layout()函数,以便达到调整子图布局的目的
plt.tight_layout()
plt.savefig('subplot.png',dpi=72)
```

上面代码的运行结果如图4-15所示。

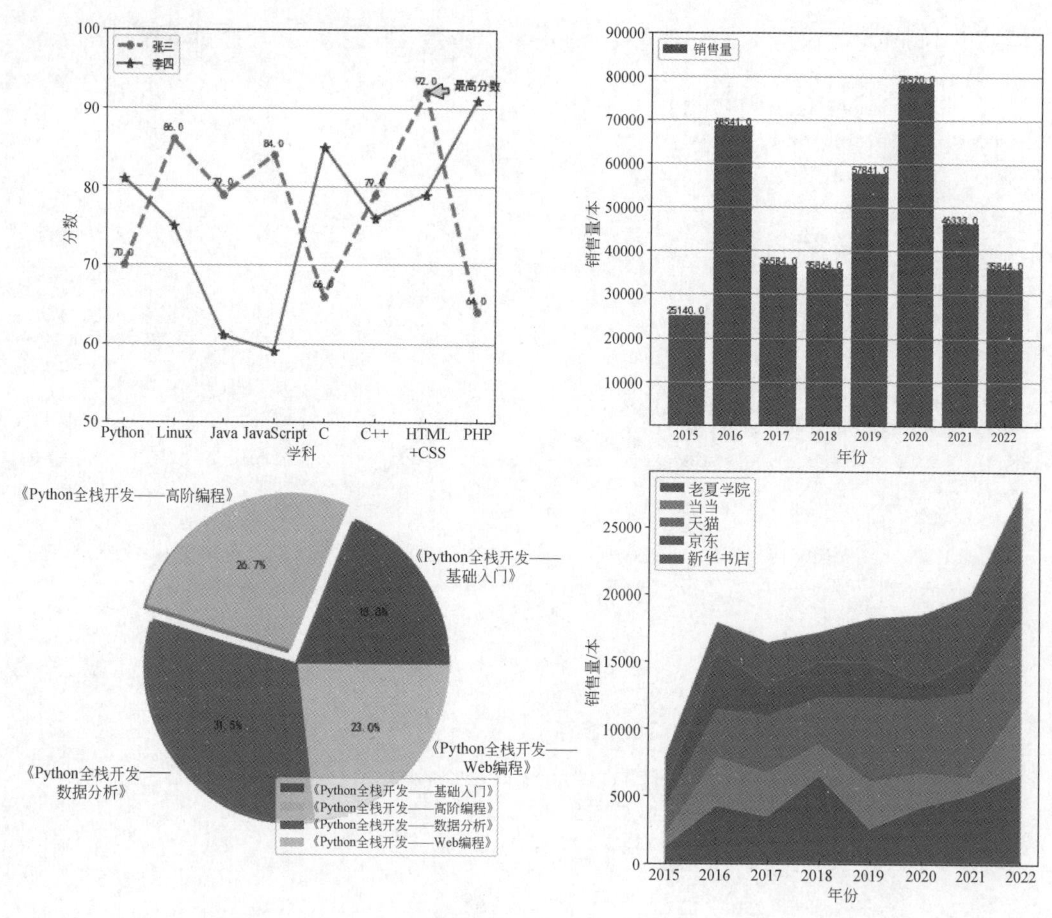
张三
李四
最高分数
分数
学科
Python
Linux
Java
JavaScript
C
C++
HTML +CSS
PHP
销售量
销售量/本
年份
《Python全栈开发——高阶编程》
《Python全栈开发——基础入门》
《Python全栈开发——数据分析》
《Python全栈开发——Web编程》
老夏学院
当当
天猫
京东
新华书店

图 4-15 子图

第5章 Seaborn

5.1 Seaborn 简介

在使用 Matplotlib 库绘制图表时，存在两点问题，一是 Matplotlib 库的绘图风格和 MATLAB 类似，即偏古典；二是 Matplotlib 库不能与 Pandas 进行很好结合，进而会导致需要编写较多代码，才可以进行数据展示。

而 Seaborn 库则是在 Matplotlib 库的基础上进行了更高级的 API 封装，可以有效地解决上述两个问题。在大多数情况下，使用 Seaborn 库可以制作出各种具有吸引力的图表，而使用 Matplotlib 库则能制作出具有更多特色的图表，所以 Seaborn 库是 Matplotlib 库的补充，而不是替代。

5.2 图表的背景

可以通过 seaborn 模块中的 set_style()函数对图表的背景进行设置，其语法格式如下：

```
set_style(style,rc)
```

其中，参数 style 表示背景类型，包括 whitegrid（白色网格背景）、darkgrid（灰色网格背景）、white（白色背景）、dark（灰色背景）和 ticks（带刻度线的白色背景）；参数 rc 表示 rc 参数。

5.3 图表的边框

可以通过 seaborn 模块中的 despine()函数对图表的边框进行设置，其语法格式如下：

```
despine(top,right,left,bottom)
```

其中，参数 top 表示是否移除图表的上边框，默认值为 True；参数 right 表示是否移除图表的右边框，默认值为 True；参数 left 表示是否移除图表的左边框，默认值为 False；参数 bottom 表示是否移除图表的下边框，默认值为 False。

5.4 绘制折线图

可以通过 seaborn 模块中的 lineplot()函数绘制折线图，其语法格式如下：

```
lineplot(data,x,y,hue)
```

其中，参数 data 表示数据集；参数 x 为可选参数，并且当参数 data 为长型数据时，用于指定 x 轴对应的数据；参数 y 为可选参数，并且当参数 data 为长型数据时，用于指定 y 轴对应的数据；参数 hue 为可选参数，并且当参数 data 为长型数据时，用于指定数据的分组，其语法格式如下：

```
#资源包\Code\chapter5\5.4\0501.py
import pandas as pd
import matplotlib.pyplot as plt
import seaborn as sns
#设置背景类型
sns.set_style('darkgrid')
#显示中文
plt.rcParams['font.sans-serif'] = 'SimHei'
#显示负号
plt.rcParams['axes.unicode_minus'] = False
#数据集
df_data = pd.read_csv('flights.csv')
flights_wide = df_data.pivot(index = "year", columns = "month", values = "passengers")
#绘制折线图(宽型数据)
#sns.lineplot(data = flights_wide, dashes = False)
#绘制折线图(长型数据)
sns.lineplot(x = "year", y = "passengers", hue = 'month', data = df_data)
```

上面代码的运行结果如图 5-1 和图 5-2 所示。

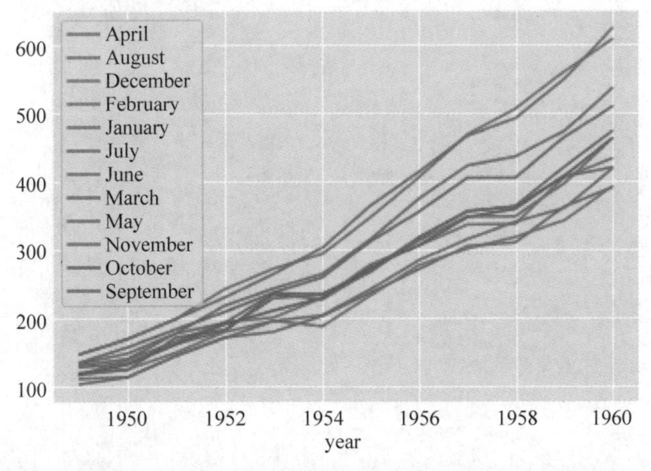

图 5-1 折线图(宽型数据)

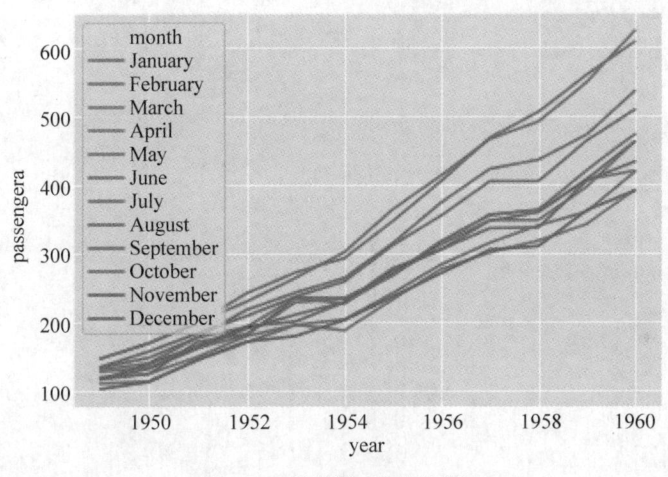

图 5-2 折线图(长型数据)

5.5 绘制柱状图

可以通过 seaborn 模块中的 barplot()函数绘制柱状图,其语法格式如下:

```
barplot(data ,x,y,hue)
```

其中,参数 data 表示数据集;参数 x 为可选参数,并且当参数 data 为长型数据时,用于指定 x 轴对应的数据;参数 y 为可选参数,并且当参数 data 为长型数据时,用于指定 y 轴对应的数据;参数 hue 为可选参数,并且当参数 data 为长型数据时,用于指定数据的分组,其语法格式如下:

```
#资源包\Code\chapter5\5.5\0502.py
import pandas as pd
```

```
import matplotlib.pyplot as plt
import seaborn as sns
#设置背景类型
sns.set_style('darkgrid')
#显示中文
plt.rcParams['font.sans-serif'] = 'SimHei'
#显示负号
plt.rcParams['axes.unicode_minus'] = False
#创建画布
plt.figure(figsize = (10, 8))
#折线图标题
plt.title('flights 数据集')
#数据集
df_data = pd.read_csv('flights.csv')
flights_wide = df_data.pivot(index = "year", columns = "month", values = "passengers")
#绘制柱状图(宽型数据)
#sns.barplot(data = flights_wide)
#绘制柱状图(长型数据)
sns.barplot(x = "year", y = "passengers", hue = 'month', data = df_data)
```

上面代码的运行结果如图 5-3 和图 5-4 所示。

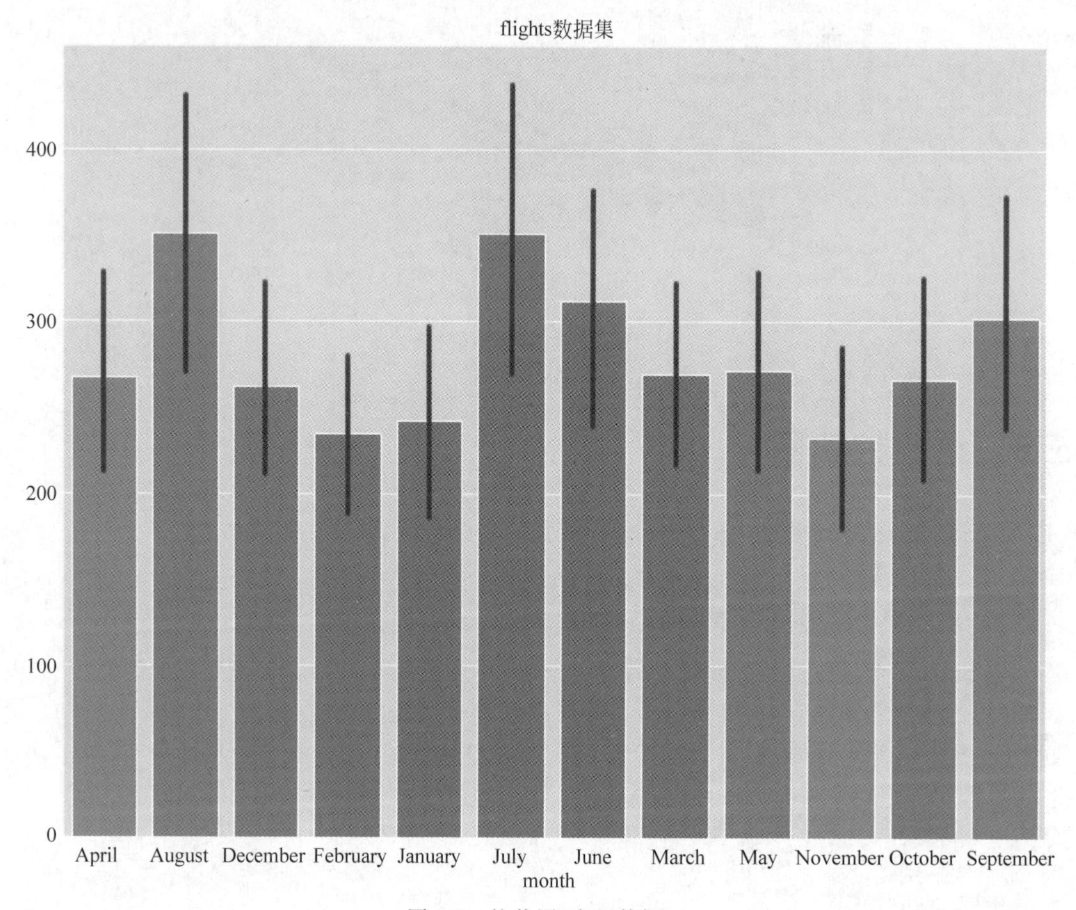

图 5-3　柱状图(宽型数据)

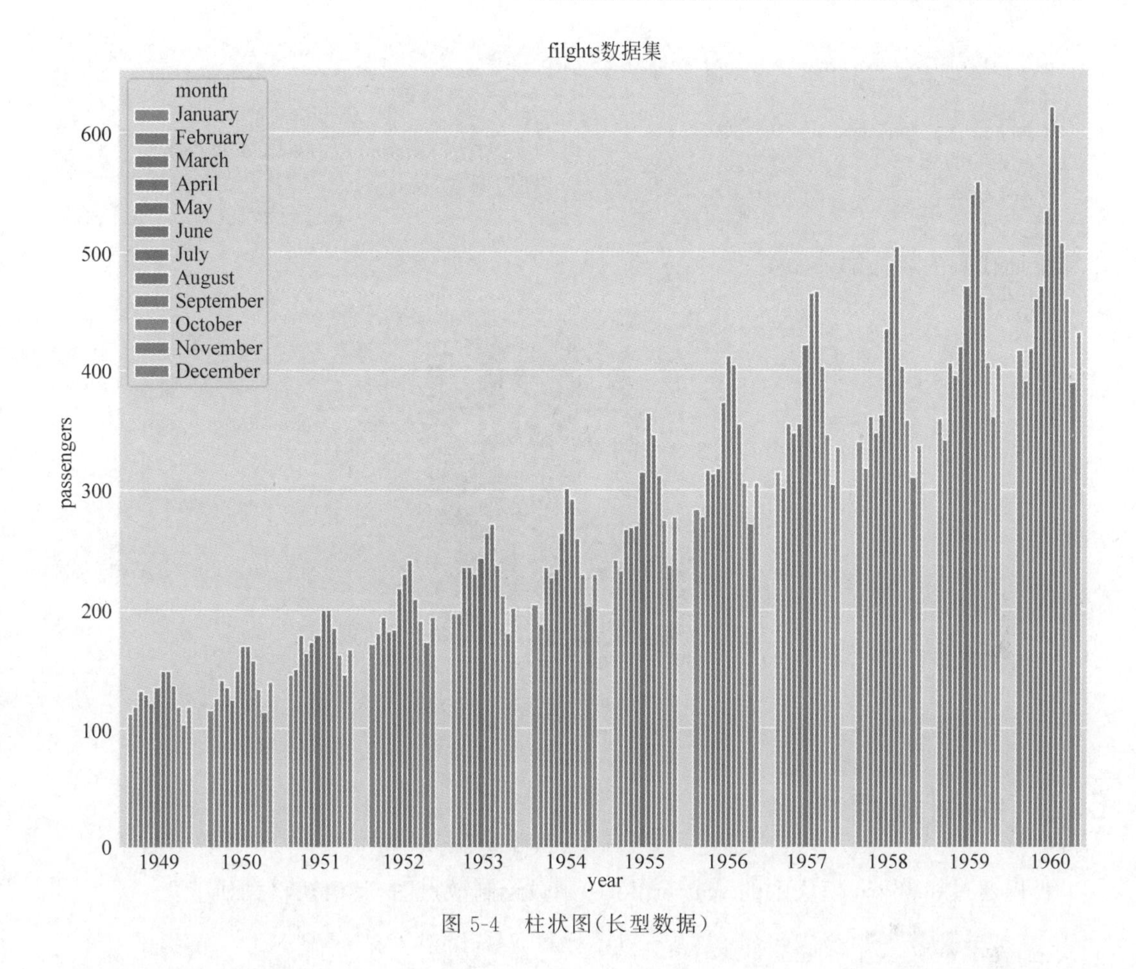

图 5-4 柱状图(长型数据)

5.6 绘制直方图

可以通过 seaborn 模块中的 distplot()函数绘制直方图,其语法格式如下:

```
distplot(a,bins,hist,kde,rug)
```

其中,参数 a 表示数据; 参数 bins 表示柱体的数量; 参数 hist 表示是否显示柱体; 参数 kde 表示是否绘制核密度曲线; 参数 rug 表示是否在 x 轴上显示观测值竖线,示例代码如下:

```
#资源包\Code\chapter5\5.6\0503.py
import numpy as np
import matplotlib.pyplot as plt
import seaborn as sns
#设置背景类型
sns.set_style('darkgrid')
#显示中文
plt.rcParams['font.sans-serif'] = 'SimHei'
#显示负号
```

```
plt.rcParams['axes.unicode_minus'] = False
#数据集
data = np.random.randint(40, 100, (100,))
#绘制直方图
sns.distplot(data, bins = 10)
```

上面代码的运行结果如图 5-5 所示。

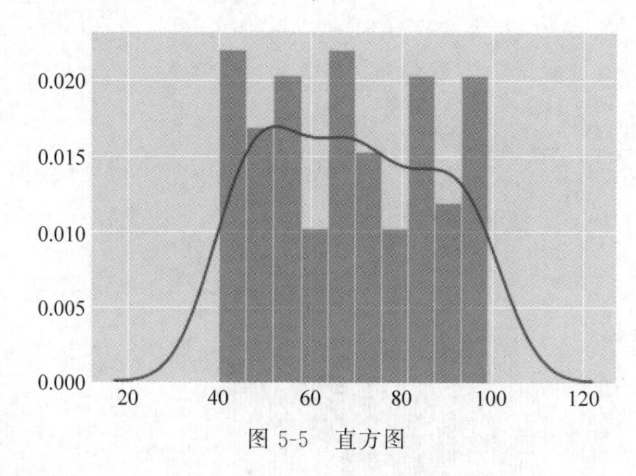

图 5-5　直方图

5.7　绘制散点图

可以通过 seaborn 模块中的 scatterplot()函数绘制散点图，其语法格式如下：

```
scatterplot(data, x, y, hue)
```

其中，参数 data 表示数据集；参数 x 为可选参数，并且当参数 data 为长型数据时，用于指定 x 轴对应的数据；参数 y 为可选参数，并且当参数 data 为长型数据时，用于指定 y 轴对应的数据；参数 hue 为可选参数，并且当参数 data 为长型数据时，用于指定数据的分组，示例代码如下：

```
#资源包\Code\chapter5\5.7\0504.py
import pandas as pd
import matplotlib.pyplot as plt
import seaborn as sns
#设置背景类型
sns.set_style('darkgrid')
#显示中文
plt.rcParams['font.sans-serif'] = 'SimHei'
#显示负号
plt.rcParams['axes.unicode_minus'] = False
#创建画布
plt.figure(figsize = (10, 8))
#数据集
df_data = pd.read_csv('tips.csv')
#绘制散点图
sns. scatterplot(x = "total_bill", y = "tip", hue = 'sex', data = df_data)
```

上面代码的运行结果如图 5-6 所示。

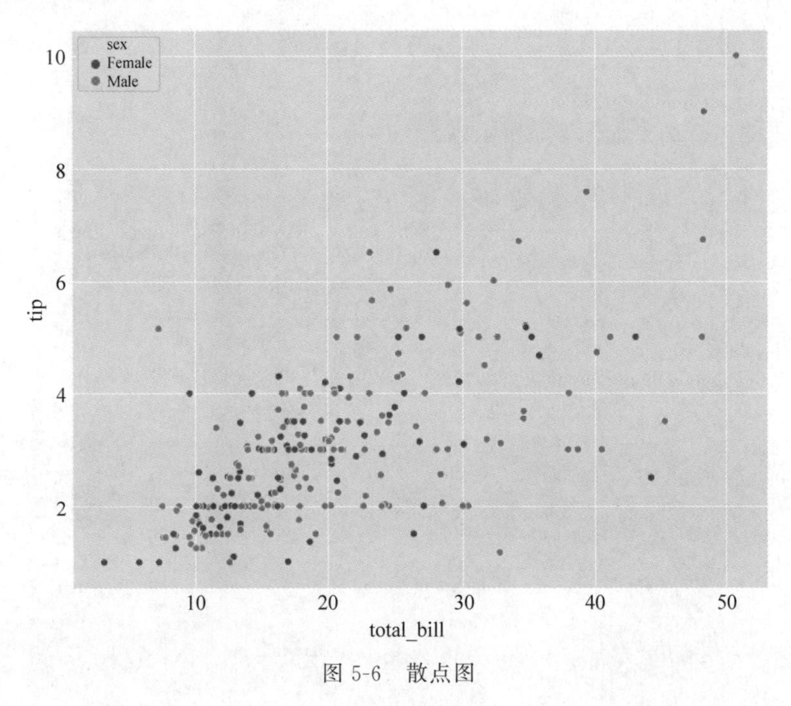

图 5-6 散点图

5.8 绘制分布散点图

可以通过 seaborn 模块中的 stripplot()函数绘制分布散点图,其语法格式如下:

```
stripplot(data,x,y,hue)
```

其中,参数 data 表示数据集;参数 x 为可选参数,并且当参数 data 为长型数据时,用于指定 x 轴对应的数据;参数 y 为可选参数,并且当参数 data 为长型数据时,用于指定 y 轴对应的数据;参数 hue 为可选参数,并且当参数 data 为长型数据时,用于指定数据的分组,示例代码如下:

```
#资源包\Code\chapter5\5.8\0505.py
import pandas as pd
import matplotlib.pyplot as plt
import seaborn as sns
#设置背景类型
sns.set_style('darkgrid')
#显示中文
plt.rcParams['font.sans-serif'] = 'SimHei'
#显示负号
plt.rcParams['axes.unicode_minus'] = False
#创建画布
plt.figure(figsize = (10, 8))
#数据集
```

```
df_data = pd.read_csv('tips.csv')
#绘制小提琴图
sns.stripplot(x = "day", y = "tip", hue = 'sex', data = df_data)
```

上面代码的运行结果如图5-7所示。

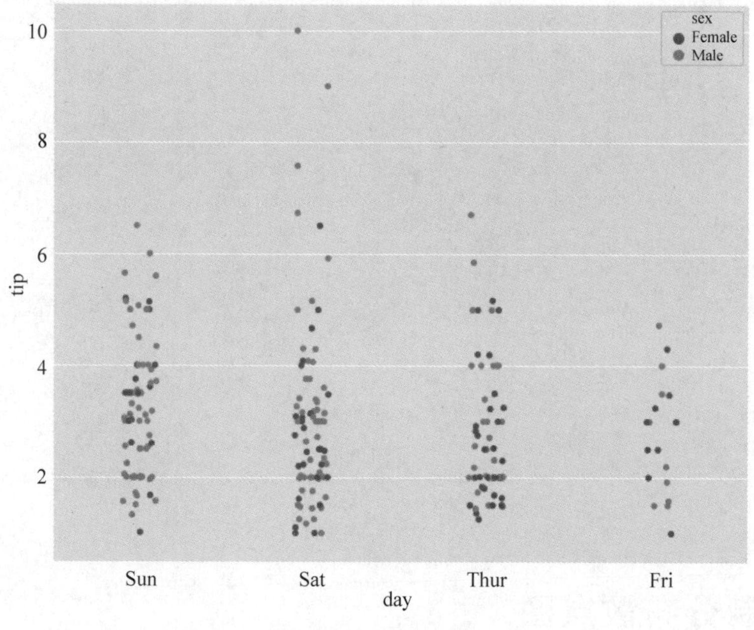

图5-7 分布散点图

5.9 绘制分簇散点图

可以通过seaborn模块中的swarmplot()函数绘制分簇散点图，其语法格式如下：

```
swarmplot(data,x,y,hue)
```

其中，参数data表示数据集；参数x为可选参数，并且当参数data为长型数据时，用于指定x轴对应的数据；参数y为可选参数，并且当参数data为长型数据时，用于指定y轴对应的数据；参数hue为可选参数，并且当参数data为长型数据时，用于指定数据的分组，示例代码如下：

```
#资源包\Code\chapter5\5.9\0506.py
import pandas as pd
import matplotlib.pyplot as plt
import seaborn as sns
#设置背景类型
sns.set_style('darkgrid')
#显示中文
plt.rcParams['font.sans-serif'] = 'SimHei'
#显示负号
```

```
plt.rcParams['axes.unicode_minus'] = False
#创建画布
plt.figure(figsize = (10, 8))
#数据集
df_data = pd.read_csv('tips.csv')
#绘制散点图
sns.swarmplot(x = "day", y = "tip", hue = 'sex', data = df_data)
```

上面代码的运行结果如图 5-8 所示。

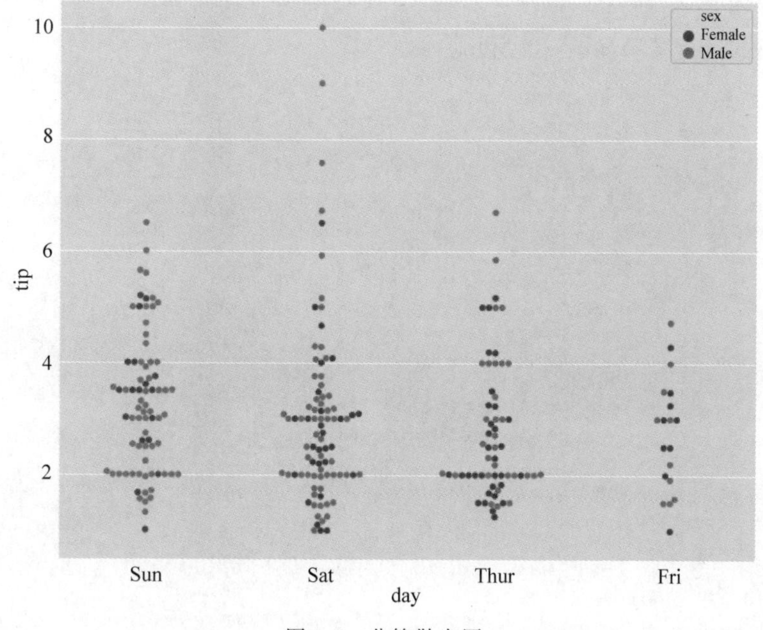

图 5-8　分簇散点图

5.10　绘制箱形图

可以通过 seaborn 模块中的 boxplot()函数绘制箱形图，其语法格式如下：

```
boxplot(data,x,y,hue)
```

其中，参数 data 表示数据集；参数 x 为可选参数，并且当参数 data 为长型数据时，用于指定 x 轴对应的数据；参数 y 为可选参数，并且当参数 data 为长型数据时，用于指定 y 轴对应的数据；参数 hue 为可选参数，并且当参数 data 为长型数据时，用于指定数据的分组，示例代码如下：

```
#资源包\Code\chapter5\5.10\0507.py
import pandas as pd
import matplotlib.pyplot as plt
import seaborn as sns
#设置背景类型
sns.set_style('darkgrid')
```

```
#显示中文
plt.rcParams['font.sans-serif'] = 'SimHei'
#显示负号
plt.rcParams['axes.unicode_minus'] = False
#创建画布
plt.figure(figsize = (10, 8))
#数据集
df_data = pd.read_csv('tips.csv')
#绘制箱形图
sns.boxplot(x = "day", y = "tip", hue = 'sex', data = df_data)
```

上面代码的运行结果如图 5-9 所示。

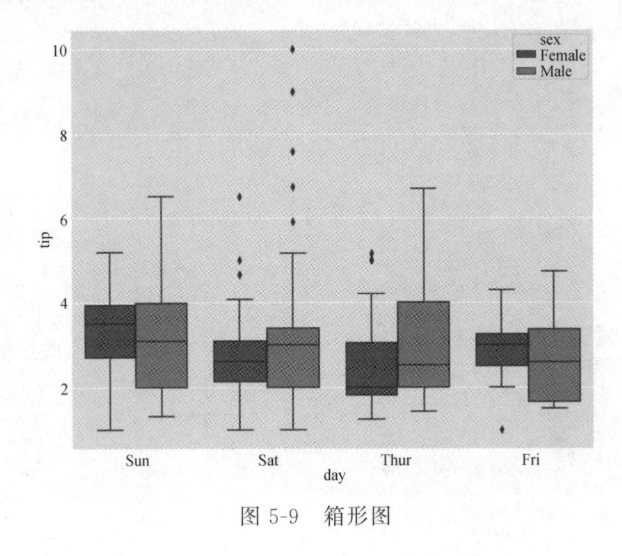

图 5-9 箱形图

5.11 绘制小提琴图

可以通过 seaborn 模块中的 violinplot()函数绘制小提琴图，其语法格式如下：

```
violinplot(data,x,y,hue)
```

其中，参数 data 表示数据集；参数 x 为可选参数，并且当参数 data 为长型数据时，用于指定 x 轴对应的数据；参数 y 为可选参数，并且当参数 data 为长型数据时，用于指定 y 轴对应的数据；参数 hue 为可选参数，并且当参数 data 为长型数据时，用于指定数据的分组，示例代码如下：

```
#资源包\Code\chapter5\5.11\0508.py
import pandas as pd
import matplotlib.pyplot as plt
import seaborn as sns
#设置背景类型
sns.set_style('darkgrid')
#显示中文
```

```
plt.rcParams['font.sans-serif'] = 'SimHei'
#显示负号
plt.rcParams['axes.unicode_minus'] = False
#创建画布
plt.figure(figsize=(10, 8))
#数据集
df_data = pd.read_csv('tips.csv')
#绘制小提琴图
sns.violinplot(x="day", y="tip", hue='sex', data=df_data)
```

上面代码的运行结果如图5-10所示。

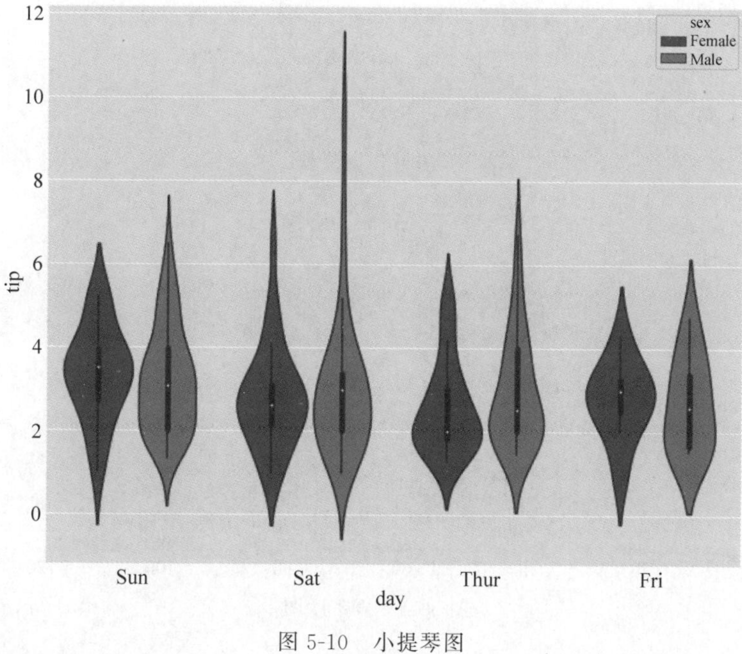

图5-10 小提琴图

5.12 绘制核密度图

可以通过seaborn模块中的kdeplot()函数绘制核密度图，其语法格式如下：

```
kdeplot(data,shade)
```

其中，参数data表示数据集；参数shade表示是否绘制阴影，示例代码如下：

```
#资源包\Code\chapter5\5.12\0509.py
import numpy as np
import matplotlib.pyplot as plt
import seaborn as sns
#设置背景类型
sns.set_style('darkgrid')
#显示中文
```

```
plt.rcParams['font.sans-serif'] = 'SimHei'
#显示负号
plt.rcParams['axes.unicode_minus'] = False
#创建画布
plt.figure(figsize = (10, 8))
#数据集
data = np.random.randint(40, 100, (100,))
#绘制核密度图
sns.kdeplot(data = data, shade = True)
```

上面代码的运行结果如图 5-11 所示。

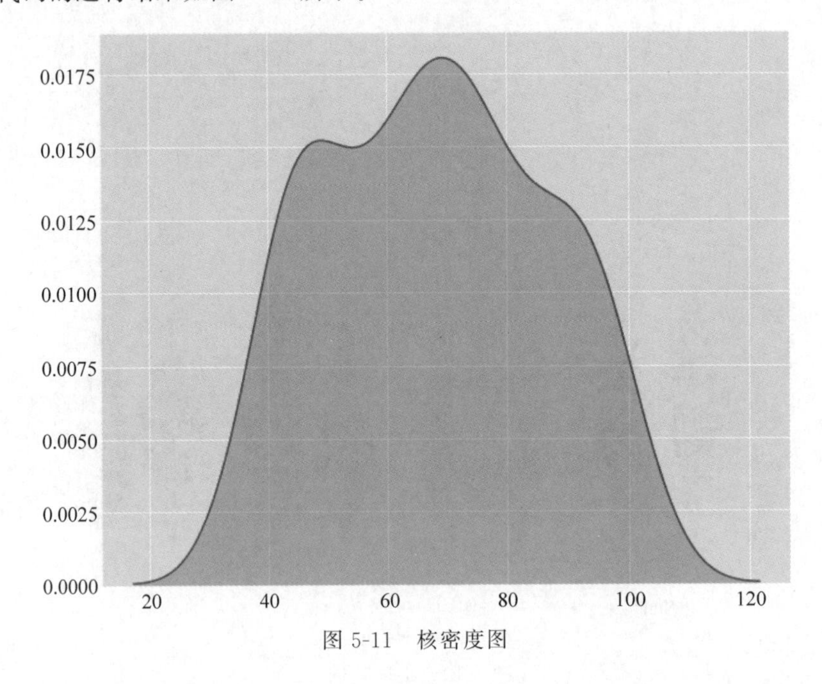

图 5-11　核密度图

5.13　绘制热力图

可以通过 seaborn 模块中的 heatmap()函数绘制热力图,其语法格式如下:

```
heatmap(data,cmap,annot)
```

其中,参数 data 表示数据集;参数 cmap 表示单元格的颜色;参数 annot 表示是否显示单元格中的数据值,示例代码如下:

```
#资源包\Code\chapter5\5.13\0510.py
import numpy as np
import pandas as pd
import matplotlib.pyplot as plt
import seaborn as sns
#设置背景类型
```

```
sns.set_style('darkgrid')
#显示中文
plt.rcParams['font.sans-serif'] = 'SimHei'
#显示负号
plt.rcParams['axes.unicode_minus'] = False
#创建画布
plt.figure(figsize = (10, 8))
#数据集
df = pd.DataFrame(np.random.rand(10, 10), columns = list('abcdefghij'))
#绘制热力图
sns.heatmap(data = df, cmap = "Greens", annot = True)
```

上面代码的运行结果如图 5-12 所示。

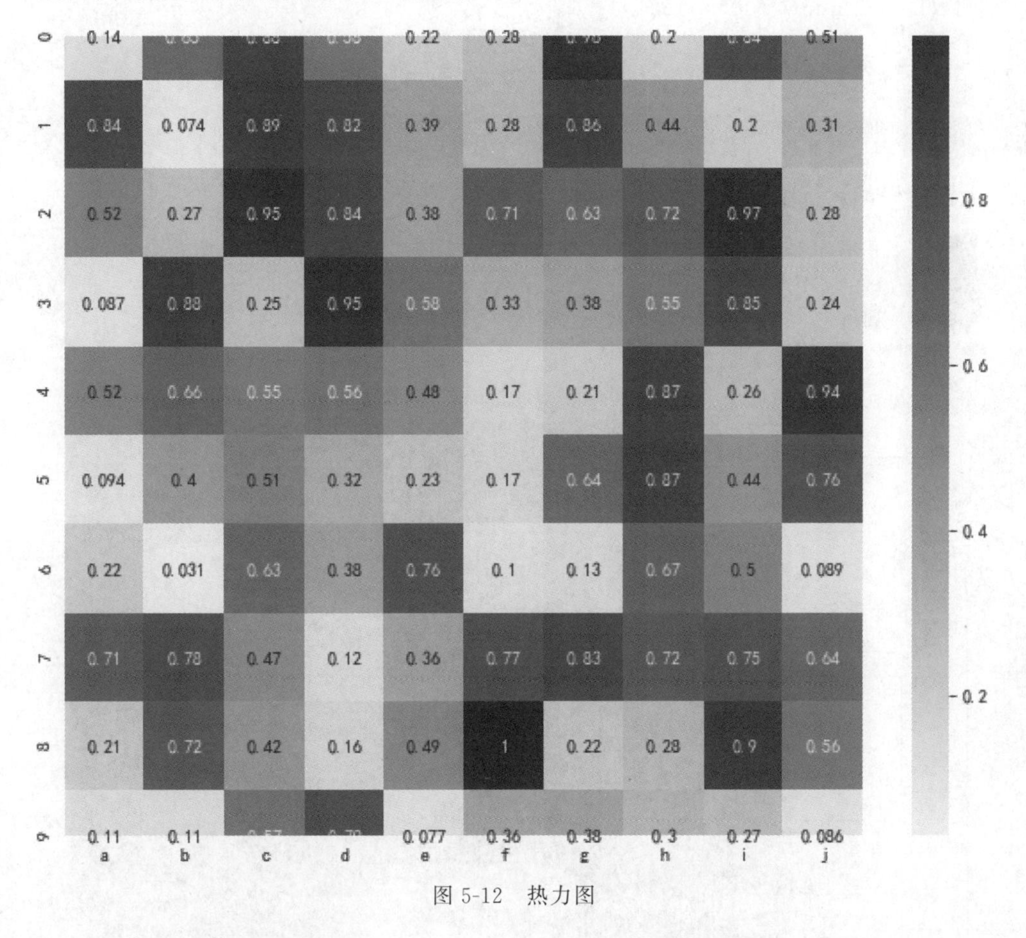

图 5-12 热力图

5.14 绘制聚类热图

可以通过 seaborn 模块中的 clustermap()函数绘制聚类热图,其语法格式如下:

```
clustermap(data,cmap,annot,method)
```

其中,参数 data 表示数据集;参数 cmap 表示单元格的颜色;参数 annot 表示是否显示单元格中的数据值；参数 method 表示聚类算法，示例代码如下：

```
#资源包\Code\chapter5\5.14\0511.py
import numpy as np
import pandas as pd
import matplotlib.pyplot as plt
import seaborn as sns
#设置背景类型
sns.set_style('darkgrid')
#显示中文
plt.rcParams['font.sans-serif'] = 'SimHei'
#显示负号
plt.rcParams['axes.unicode_minus'] = False
#创建画布
plt.figure(figsize = (10, 8))
#数据集
df = pd.DataFrame(np.random.rand(10, 10), columns = list('abcdefghij'))
#绘制聚类热图
sns.clustermap(data = df, cmap = "Greens", annot = True)
```

上面代码的运行结果如图 5-13 所示。

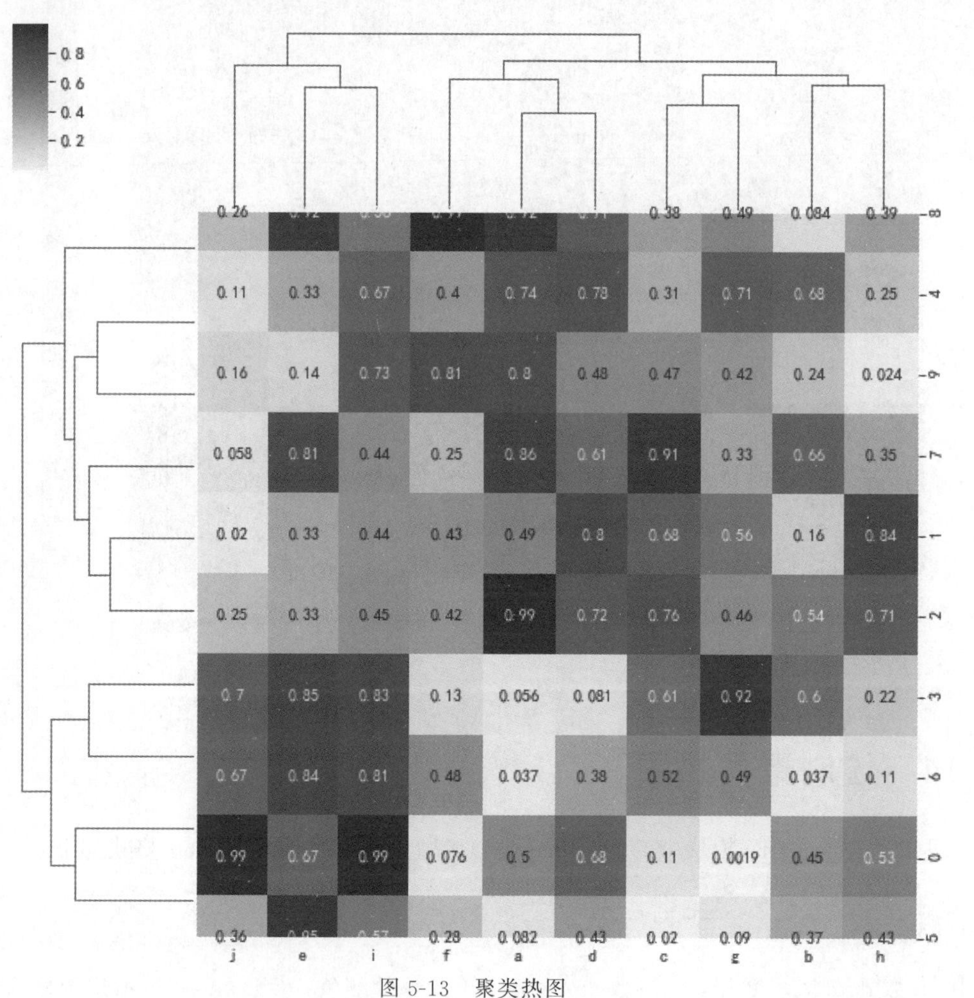

图 5-13 聚类热图

5.15　绘制线性回归图

可以通过 seaborn 模块中的 regplot()函数绘制线性回归图，其语法格式如下：

```
regplot(data,x,y)
```

其中，参数 data 表示数据集；参数 x 表示 x 轴对应的数据；参数 y 表示 y 轴对应的数据，示例代码如下：

```
#资源包\Code\chapter5\5.15\0512.py
import pandas as pd
import matplotlib.pyplot as plt
import seaborn as sns
#设置背景类型
sns.set_style('darkgrid')
#显示中文
plt.rcParams['font.sans-serif'] = 'SimHei'
#显示负号
plt.rcParams['axes.unicode_minus'] = False
#创建画布
plt.figure(figsize=(10, 8))
#数据集
df_data = pd.read_csv('tips.csv')
#绘制线性回归图
sns.regplot(x='total_bill', y='tip', data=df_data)
```

上面代码的运行结果如图 5-14 所示。

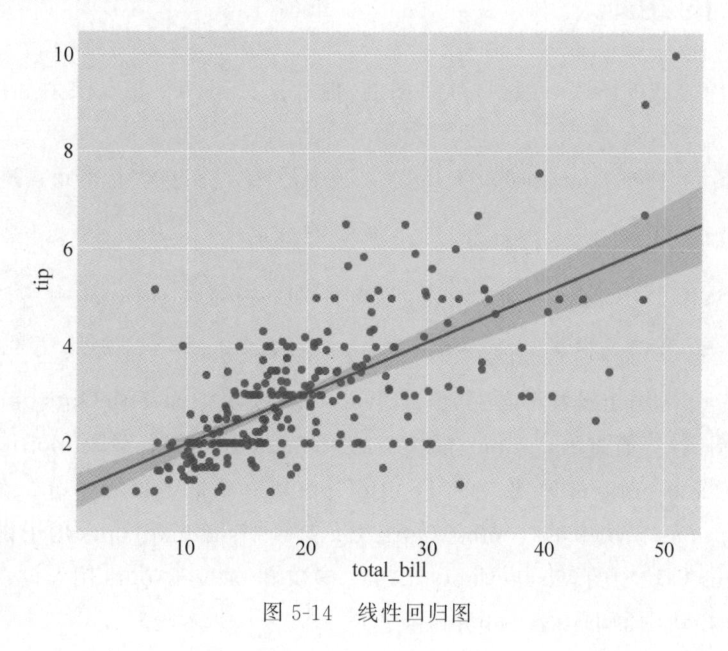

图 5-14　线性回归图

第 6 章

pyecharts

6.1 pyecharts 简介

pyecharts 是一个将 Python 和 Echarts 图表进行结合的数据可视化库。通过 pyecharts 可以绘制多种常用的图表，包括折线图、柱状图、饼图、箱形图、涟漪散点图、水球图、仪表盘图、K 线图和地图等。

6.2 pyecharts 的安装

安装 pyecharts 的方法很简单，打开“命令提示符”，输入命令 pip install pyecharts 即可。

6.3 图表的组成

pyecharts 库生成的图表一般由标题、图例、提示框、工具箱、视觉映射和区域缩放等元素组成，如图 6-1 所示。

可以通过图表对象的 set_global_opts()方法中的相关参数对上述元素进行设置，其语法格式如下：

```
set_global_opts(title_opts,legend_opts,tooltip_opts,toolbox_opts,visualmap_opts,datazoom_
opts)
```

其中，参数 title_opts 用于设置标题，其值需为 options 模块中的 TitleOpts 类；参数 legend_opts 用于设置图例，其值需为 options 模块中的 LegendOpts 类；参数 tooltip_opts 用于设置提示框，其值需为 options 模块中的 TooltipOpts 类；参数 toolbox_opts 用于设置工具箱，其值需为 options 模块中的 ToolboxOpts 类；参数 visualmap_opts 用于设置视觉映射，其值需为 options 模块中的 VisualMapOpts 类；参数 datazoom_opts 用于设置区域缩放，其值需为 options 模块中的 DataZoomOpts 类。

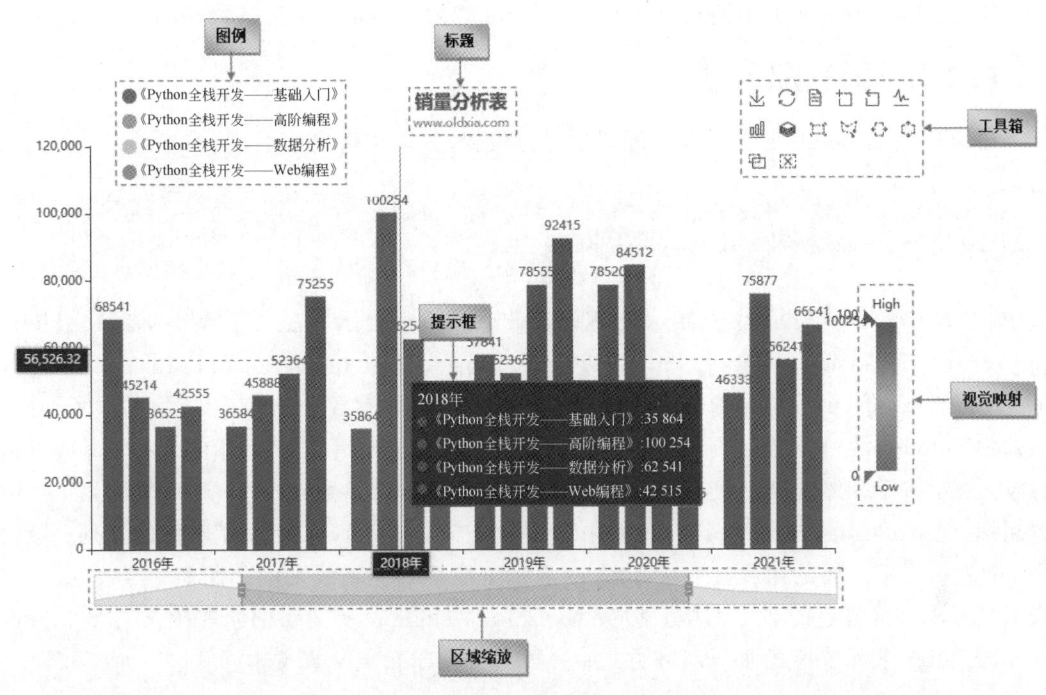

图 6-1　pyecharts 图表的组成

6.4　options 模块

options 模块是 pyecharts 中非常重要的模块之一，该模块中提供了多个类，用于设置文字样式、标签、标记点、线样式、标记线、分割线、区域填充样式、涟漪特效、分隔区域、初始化、标题、图例、提示框、工具箱、视觉映射和区域缩放等配置项。

6.4.1　文字样式配置项

可以通过 TextStyleOpts 类对文字样式配置项进行设置，其语法格式如下：

```
TextStyleOpts(color,font_style,font_weight,font_family,font_size,align,vertical_align,line_height,background_color,border_color,border_width,border_radius,padding,shadow_color,shadow_blur,height,width)
```

其中，参数 color 表示文字的颜色；参数 font_style 表示文字字体的风格，包括 normal、italic 和 oblique；参数 font_weight 表示主标题文字字体的粗细，包括 normal、bold、bolder 和 lighter；参数 font_family 表示文字字体的系列；参数 font_size 表示文字字体的大小；参数 align 表示文字的水平对齐方式；参数 vertical_align 表示文字的垂直对齐方式；参数 line_height 表示行高；参数 background_color 表示文字块的背景颜色；参数 border_color 表示文字块的边框颜色；参数 border_width 表示文字块的边框宽度；参数 border_radius 表示文字块的圆角；参数 padding 表示文字块的内边距；参数 shadow_color 表示文字块的背景阴影颜色；参数 shadow_blur 表示文字块的背景阴影长度；参数 height 表示文字块的高度；参数 width 表示文字块的宽度。

6.4.2 标签配置项

可以通过 LabelOpts 类对标签配置项进行设置，其语法格式如下：

```
LabelOpts(is_show, position, color, font_size, font_style, font_weight, font_family, rotate,
margin, interval, horizontal_align, vertical_align, rich)
```

其中，参数 is_show 表示是否显示标签；参数 position 表示标签的位置，包括 top、left、right、bottom、inside、insideLeft、insideRight、insideTop、insideBottom、insideTopLeft、insideBottomLeft、insideTopRight 和 insideBottomRight；参数 color 表示文字的颜色，并且当值为 auto 时，为视觉映射所得到的颜色；参数 font_size 表示文字字体的大小；参数 font_style 表示文字字体的风格，包括 normal、italic 和 oblique；参数 font_weight 表示文字字体的粗细，包括 normal、bold、bolder 和 lighter；参数 font_family 表示文字字体的系列；参数 rotate 表示标签旋转的角度；参数 margin 表示刻度标签与轴线之间的距离；参数 interval 表示坐标轴刻度标签的显示间隔；参数 horizontal_align 表示文字的水平对齐方式；参数 vertical_align 表示文字的垂直对齐方式；参数 rich 用于自定义富文本样式。

6.4.3 标记点配置项

可以通过 MarkPointOpts 类对标记点配置项进行设置，其语法格式如下：

```
MarkPointOpts(data, symbol, symbol_size, label_opts)
```

其中，参数 data 表示标记点数据；参数 symbol 表示标记的图形，包括 circle、rect、roundRect、triangle、diamond、pin、arrow 和 none；参数 symbol_size 表示标记的大小；参数 label_opts 表示标签配置项。

6.4.4 线样式配置项

可以通过 LineStyleOpts 类对线样式配置项进行设置，其语法格式如下：

```
LineStyleOpts(is_show, width, opacity, curve, type_, color)
```

其中，参数 is_show 表示是否显示线；参数 width 表示线宽；参数 opacity 表示线的透明度；参数 curve 表示线的弯曲度；参数 type_ 表示线的类型，包括 solid、dashed 和 dotted；参数 color 表示线的颜色。

6.4.5 标记线配置项

可以通过 MarkLineOpts 类对标记线配置项进行设置，其语法格式如下：

```
MarkLineOpts(is_silent, data, symbol, symbol_size, precision, label_opts, linestyle_opts)
```

其中，参数 is_silent 表示标记线是否不响应和触发鼠标事件，其默认值为 False，即响应和触发鼠标时间；参数 data 表示标记线数据；参数 symbol 表示标记线两端的标记类型；参数 symbol_size 表示标记线两端的标记大小；参数 precision 表示标记线数值的精度；参数 label_opts 表示标签配置项；参数 linestyle_opts 表示线样式配置项。

6.4.6 分割线配置项

可以通过 SplitLineOpts 类对分割线配置项进行设置，其语法格式如下：

```
SplitLineOpts(is_show,linestyle_opts)
```

其中，参数 is_show 表示是否显示分割线；参数 linestyle_opts 表示线样式配置项。

6.4.7 区域填充样式配置项

可以通过 AreaStyleOpts 类对区域填充样式配置项进行设置，其语法格式如下：

```
AreaStyleOpts(opacity,color)
```

其中，参数 opacity 表示区域填充的透明度；参数 color 表示区域填充的颜色。

6.4.8 涟漪特效配置项

可以通过 EffectOpts 类对涟漪特效配置项进行设置，其语法格式如下：

```
EffectOpts(is_show,brush_type,scale,period,color,symbol,symbol_size,trail_length)
```

其中，参数 is_show 表示是否显示涟漪特效；参数 brush_type 表示波纹的绘制方式；参数 scale 表示动画中波纹的最大缩放比例；参数 period 表示动画的周期；参数 color 表示涟漪特效标记的颜色；参数 symbol 表示涟漪特效的标记；参数 symbol_size 表示涟漪特效标记的大小；参数 trail_length 表示涟漪特效尾迹的长度。

6.4.9 分隔区域配置项

可以通过 SplitAreaOpts 类对分隔区域配置项进行设置，其语法格式如下：

```
SplitAreaOpts(is_show,areastyle_opts)
```

其中，参数 is_show 表示是否显示分隔区域；参数 areastyle_opts 表示区域填充样式配置项。

6.4.10 初始化配置项

可以通过 InitOpts 类对初始化配置项进行设置，其语法格式如下：

```
InitOpts(width,height,chart_id,page_title,theme,bg_color)
```

其中，参数 width 表示图表的宽度；参数 height 表示图表的高度；参数 chart_id 表示图表的唯一标识；参数 page_title 表示网页标题；参数 theme 表示图表的主题，其值须为 ThemeType 模块中的相关变量，如表 6-1 所示；参数 bg_color 表示图表的背景颜色。

表 6-1 图表的主题

变　量	描　述	变　量	描　述
WHITE	洁白风格主题，默认	ROMA	罗马假日主题
LIGHT	明亮风格主题	ROMANTIC	浪漫风格主题
DARK	深色风格主题	SHINE	闪耀风格主题
CHALK	粉笔风格主题	VINTAGE	复古风格主题
ESSOS	厄索斯大陆主题	WALDEN	瓦尔登湖主题
INFOGRAPHIC	信息图主题	WESTEROS	维斯特洛大陆主题
MACARONS	马卡龙主题	WONDERLAND	仙境主题
PURPLE_PASSION	紫色激情主题		

6.4.11 标题配置项

可以通过 TitleOpts 类对标题配置项进行设置，其语法格式如下：

```
TitleOpts(title,title_link,title_target,subtitle,subtitle_link,subtitle_target,pos_left,
pos_right,pos_top,pos_bottom,padding,item_gap,title_textstyle_opts,subtitle_textstyle_
opts)
```

其中，参数 title 表示主标题的文本内容；参数 title_link 表示主标题的跳转链接；参数 title_target 表示主标题跳转链接的方式；参数 subtitle 表示副标题的文本内容；参数 subtitle_link 表示副标题的跳转链接；参数 subtitle_target 表示副标题跳转链接的方式；参数 pos_left 表示标题距左侧的距离；参数 pos_right 表示标题距右侧的距离；参数 pos_top 表示标题距顶端的距离；参数 pos_bottom 表示标题距底端的距离；参数 padding 表示标题的内边距；参数 item_gap 表示主标题与副标题之间的间距；参数 title_textstyle_opts 表示主标题的文字样式配置项；参数 subtitle_textstyle_opts 表示副标题的文字样式配置项。

6.4.12 图例配置项

可以通过 LegendOpts 类对图例配置项进行设置，其语法格式如下：

```
LegendOpts(is_show,selected_mode,pos_left,pos_right,pos_top,pos_bottom,orient,align,
padding,item_gap,item_width,item_height,textstyle_opts,legend_icon)
```

其中，参数 is_show 表示是否显示图例；参数 selected_mode 表示图例选择的模式，即是否可以通过单击图例改变系列的显示状态；参数 pos_left 表示图例距左侧的距离；参数 pos_right 表示图例距右侧的距离；参数 pos_top 表示图例距顶端的距离；参数 pos_bottom 表示图例距底端的距离；参数 orient 表示图例的布局朝向；参数 align 表示图例标记和文本的对齐方式；参数 padding 表示图例的内边距；参数 item_gap 表示图例每项之间的间隔；参数 item_width 表示图例标记的宽度；参数 item_height 表示图例标记的高度；参数

textstyle_opts 表示图例的文字样式配置项；参数 legend_icon 表示图例的标记样式，包括 circle、rect、roundRect、triangle、diamond、pin、arrow 和 none。

6.4.13 提示框配置项

可以通过 TooltipOpts 类对提示框配置项进行设置，其语法格式如下：

```
TooltipOpts(is_show, trigger, trigger_on, axis_pointer_type, background_color, border_color,
border_width, textstyle_opts)
```

其中，参数 is_show 表示是否显示提示框；参数 trigger 表示提示框触发的类型，包括 item、axis 和 none；参数 trigger_on 表示提示框触发的条件，包括 mousemove、click、mousemove|click 和 none；参数 axis_pointer_type 表示指示器的类型，包括 line、shadow、none 和 cross；参数 background_color 表示提示框浮层的背景颜色；参数 border_color 表示提示框浮层的边框颜色；参数 border_width 表示提示框浮层的边框宽度；参数 textstyle_opts 表示提示框的文字样式配置项。

6.4.14 工具箱配置项

可以通过 ToolboxOpts 类对工具箱配置项进行设置，其语法格式如下：

```
ToolboxOpts(is_show,orient,pos_left,pos_right,pos_top,pos_bottom,feature)
```

其中，参数 is_show 表示是否显示工具箱；参数 orient 表示工具箱的布局朝向；参数 pos_left 表示工具箱距左侧的距离；参数 pos_right 表示工具箱距右侧的距离；参数 pos_top 表示工具箱距顶端的距离；参数 pos_bottom 表示工具箱距底端的距离；参数 feature 表示工具箱中各工具的配置项。

6.4.15 视觉映射配置项

可以通过 VisualMapOpts 类对视觉映射配置项进行设置，其语法格式如下：

```
VisualMapOpts(is_show, type_, min_, max_, range_text, range_color, range_size, orient, pos_left,
pos_right, pos_top, pos_bottom, dimension, is_calculable, is_piecewise, textstyle_opts)
```

其中，参数 is_show 表示是否显示视觉映射；参数 type_ 表示视觉映射的过渡类型，包括 color 和 size；参数 min_ 表示视觉映射颜色条的最小值；参数 max_ 表示视觉映射颜色条的最大值；参数 range_text 表示视觉映射颜色条两端的文本内容；参数 range_color 表示视觉映射的过渡颜色；参数 range_size 表示视觉映射的尺寸；参数 orient 表示视觉映射的布局朝向；参数 pos_left 表示视觉映射距左侧的距离；参数 pos_right 表示视觉映射距右侧的距离；参数 pos_top 表示视觉映射距顶端的距离；参数 pos_bottom 表示视觉映射距底端的距离；参数 dimension 表示视觉映射的维度；参数 is_calculable 表示是否显示拖曳用的手柄；参数 is_piecewise 表示是否分段显示数据；参数 textstyle_opts 表示视觉映射的文字样式配置项。

6.4.16 区域缩放配置项

可以通过 DataZoomOpts 类对区域缩放配置项进行设置，其语法格式如下：

```
DataZoomOpts(is_show, type_, is_realtime, range_start, range_end, start_value, end_value,
orient,pos_left,pos_right,pos_top,pos_bottom)
```

其中，参数 is_show 表示是否显示区域缩放；参数 type_表示区域缩放的类型，包括 slider 和 inside；参数 is_realtime 表示当拖曳时，是否实时更新系列的视图；参数 range_start 表示数据窗口范围的起始百分比；参数 range_end 表示数据窗口范围的结束百分比；参数 start_value 表示数据窗口范围的起始值；参数 end_value 表示数据窗口范围的结束值；参数 orient 表示区域缩放的布局朝向；参数 pos_left 表示区域缩放距左侧的距离；参数 pos_right 表示区域缩放距右侧的距离；参数 pos_top 表示区域缩放距顶端的距离；参数 pos_bottom 表示区域缩放距底端的距离。

6.5 链式调用

pyecharts 中提供了一种特殊的调用方式，即链式调用，其可以将所有需要调用的方法写在一种方法中，进而使代码更加简洁易懂，示例代码如下：

```
#资源包\Code\chapter6\6.5\0601.py
from pyecharts.charts import Line
#普通调用
line1 = Line()
line1.add_xaxis(xaxis_data = ['2018年', '2019年', '2020年', '2021年', '2022年'])
line1.add_yaxis(series_name = '老夏学院', y_axis = [35864, 57841, 78520, 46333, 35844])
line1.render('line1.html')
#链式调用
line2 = (
    Line()
        .add_xaxis(xaxis_data = ['2018年', '2019年', '2020年', '2021年', '2022年'])
        .add_yaxis(series_name = '老夏学院', y_axis = [35864, 57841, 78520, 46333, 35844])
)
line2.render('line2.html')
```

6.6 绘制折线图

可以通过 pyecharts.charts 模块中的 Line 类绘制折线图，其语法格式如下：

```
Line(init_opts)
```

其中，参数 init_opts 表示初始化配置项，其值需为 options 模块中的 InitOpts 类。

Line 类的相关方法如下。

1. add_xaxis()方法

该方法主要用于添加 x 轴数据，其语法格式如下：

```
add_xaxis(xaxis_data)
```

其中，参数 xaxis_data 表示 x 轴数据。

2. add_yaxis()方法

该方法主要用于添加 y 轴数据，其语法格式如下：

```
add_yaxis(series_name, y_axis, color, is_symbol_show, symbol, symbol_size, is_smooth, is_step,
markpoint_opts, linestyle_opts, areastyle_opts)
```

其中，参数 series_name 表示系列名称；参数 y_axis 表示系列数据；参数 color 表示系列标签颜色；参数 is_symbol_show 表示是否显示标记；参数 symbol 表示标记的图形，包括 circle、rect、roundRect、triangle、diamond、pin、arrow 和 none；参数 symbol_size 表示标记的大小；参数 is_smooth 表示是否平滑曲线；参数 is_step 表示是否显示成阶梯图；参数 markpoint_opts 表示标记点配置项；参数 linestyle_opts 表示线样式配置项；参数 areastyle_opts 表示区域填充样式配置项。

示例代码如下：

```
#资源包\Code\chapter6\6.6\0602.py
from pyecharts.charts import Line
from pyecharts import options as opts
from pyecharts.globals import ThemeType
#绘制折线图
line = Line(init_opts = opts.InitOpts(theme = ThemeType.WONDERLAND))
#设置图表标题、图例、提示框、工具箱、视觉映射和区域缩放
line.set_global_opts(
    title_opts = opts.TitleOpts('各平台销量分析表', pos_left = 'center', padding = [10, 4, 5,
90], subtitle = 'www.oldxia.com', item_gap = 5, title_textstyle_opts = opts.TextStyleOpts
(color = 'red', font_size = 18)),
    legend_opts = opts.LegendOpts(pos_left = 120, orient = 'vertical', legend_icon = 'circle'),
    tooltip_opts = opts.TooltipOpts(trigger = 'axis', trigger_on = 'click', axis_pointer_type =
'cross', background_color = 'blue', border_width = 2, border_color = 'red'),
    toolbox_opts = opts.ToolboxOpts(is_show = True),
    visualmap_opts = opts.VisualMapOpts(orient = 'vertical', pos_right = 20, pos_top = 200, max_
= 100000, range_text = ['High', 'Low']),
    datazoom_opts = opts.DataZoomOpts(is_show = True)
    )
#数据
x = ['2015年', '2016年', '2017年', '2018年', '2019年', '2020年', '2021年', '2022年']
y1 = [25140, 68541, 36584, 35864, 57841, 78520, 46333, 35844]
y2 = [35221, 45214, 45888, 100254, 52365, 84512, 75877, 75845]
y3 = [75222, 36525, 52364, 62541, 78555, 35214, 56241, 62541]
```

```
y4 = [35985, 42555, 75255, 42515, 92415, 12545, 66541, 44525]
line.add_xaxis(xaxis_data = x)
line.add_yaxis(series_name = '老夏学院', y_axis = y1, linestyle_opts = opts.LineStyleOpts(type
_ = 'dashed'))
line.add_yaxis(series_name = '当当', y_axis = y2)
line.add_yaxis(series_name = '天猫', y_axis = y3)
line.add_yaxis(series_name = '京东', y_axis = y4)
line.render('line.html')
```

上面代码的运行结果如图 6-2 所示。

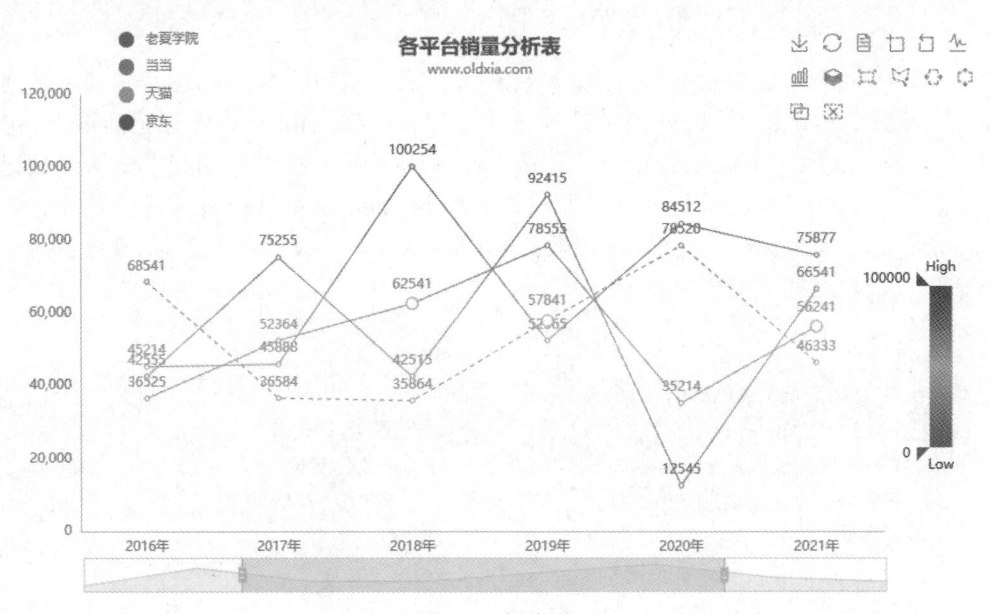

图 6-2 折线图

6.7 绘制柱状图

可以通过 pyecharts.charts 模块中的 Bar 类绘制柱状图，其语法格式如下：

```
Bar(init_opts)
```

其中，参数 init_opts 表示初始化配置项，其值需为 options 模块中的 InitOpts 类。

Bar 类的相关方法如下。

1. add_xaxis()方法

该方法主要用于添加 x 轴数据，其语法格式如下：

```
add_xaxis(xaxis_data)
```

其中，参数 xaxis_data 表示 x 轴数据。

2. add_yaxis()方法

该方法主要用于添加 y 轴数据，其语法格式如下：

```
add_yaxis(series_name,y_axis,color,catcgory_gap,markpoint_opts,markline_opts)
```

其中，参数 series_name 表示系列名称；参数 y_axis 表示系列数据；参数 color 表示系列标签颜色；参数 category_gap 表示同一系列的柱体间距离；参数 markpoint_opts 表示标记点配置项；参数 markline_opts 表示标记线配置项。

示例代码如下：

```
#资源包\Code\chapter6\6.7\0603.py
from pyecharts.charts import Bar
from pyecharts import options as opts
from pyecharts.globals import ThemeType
#绘制柱状图
bar = Bar(init_opts = opts.InitOpts(theme = ThemeType.MACARONS))
#设置图表标题、图例、提示框和工具箱
bar.set_global_opts(
    title_opts = opts.TitleOpts('各书籍销量分析表', pos_left = 'center', padding = [10, 4, 5,
90], subtitle = 'www.oldxia.com', item_gap = 5, title_textstyle_opts = opts.TextStyleOpts
(color = 'red', font_size = 18)),
    legend_opts = opts.LegendOpts(pos_left = 120, orient = 'vertical', legend_icon = 'circle'),
    tooltip_opts = opts.TooltipOpts(trigger = 'axis', trigger_on = 'click', axis_pointer_type =
'cross', background_color = 'blue', border_width = 2, border_color = 'red'),
    toolbox_opts = opts.ToolboxOpts(is_show = True)
    )
#数据
x = ['2015 年', '2016 年', '2017 年', '2018 年', '2019 年', '2020 年', '2021 年', '2022 年']
y1 = [25140, 68541, 36584, 35864, 57841, 78520, 46333, 35844]
y2 = [35221, 45214, 45888, 100254, 52365, 84512, 75877, 75845]
y3 = [75222, 36525, 52364, 62541, 78555, 35214, 56241, 62541]
y4 = [35985, 42555, 75255, 42515, 92415, 12545, 66541, 44525]
bar.add_xaxis(x)
bar.add_yaxis('《Python 全栈开发——基础入门》', y1)
bar.add_yaxis('《Python 全栈开发——高阶编程》', y2)
bar.add_yaxis('《Python 全栈开发——数据分析》', y3)
bar.add_yaxis('《Python 全栈开发——Web 编程》', y4)
bar.render('bar.html')
```

上面代码的运行结果如图 6-3 所示。

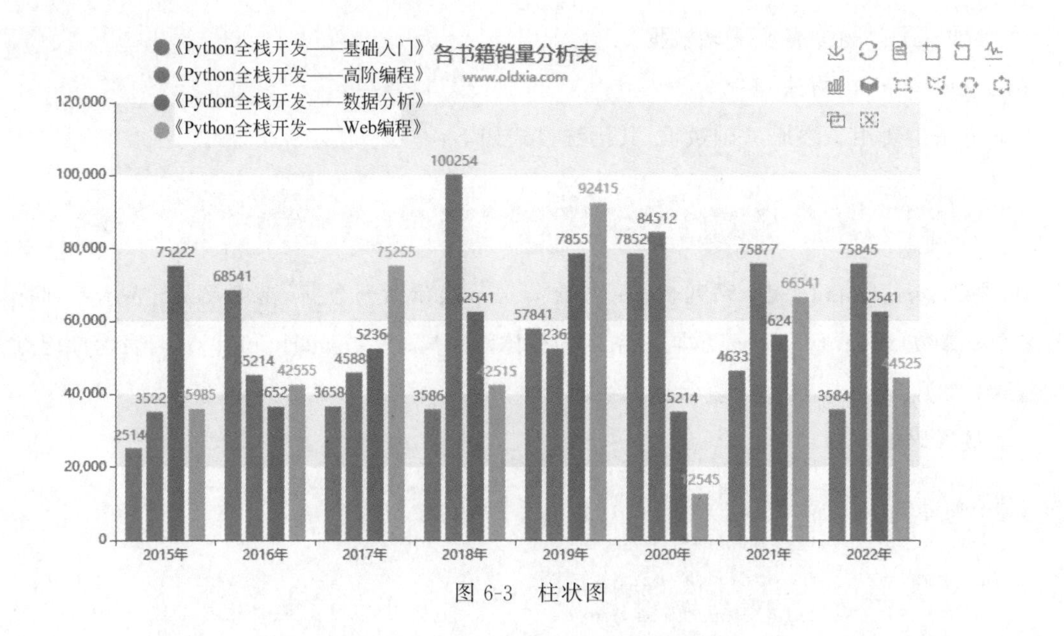

图 6-3　柱状图

6.8　绘制饼图

可以通过 pyecharts. charts 模块中的 Pie 类绘制饼图，其语法格式如下：

```
Pie(init_opts)
```

其中，参数 init_opts 表示初始化配置项，其值需为 options 模块中的 InitOpts 类。

Pie 类的相关方法为 add()，其语法格式如下：

```
add(series_name,data_pair,color,radius,rosetype)
```

其中，参数 series_name 表示系列名称；参数 data_pair 表示系列数据项；参数 color 表示系列标签颜色；参数 radius 表示饼图的半径；参数 rosetype 表示是否展示成南丁格尔图。

示例代码如下：

```
#资源包\Code\chapter6\6.8\0604.py
from pyecharts.charts import Pie
from pyecharts import options as opts
from pyecharts.globals import ThemeType
#绘制饼图
pie = Pie(init_opts = opts.InitOpts(theme = ThemeType.MACARONS))
#设置图表标题、图例、提示框和工具箱
pie.set_global_opts(
    title_opts = opts.TitleOpts('各书籍销量分析表', pos_left = 'center', padding = [10, 4, 5,
90], subtitle = 'www.oldxia.com', item_gap = 5, title_textstyle_opts = opts.TextStyleOpts
(color = 'red', font_size = 18)),
```

```
    legend_opts = opts.LegendOpts(is_show = False),
    tooltip_opts = opts.TooltipOpts(trigger = 'item', trigger_on = 'mousemove', axis_pointer_
type = 'shadow', background_color = 'pink')
)
# 数据
book = ['《Python 全栈开发——基础入门》', '《Python 全栈开发——高阶编程》', '《Python 全栈开
发——数据分析》', '《Python 全栈开发——Web 编程》']
# 扇面数据
data = [510001, 725458, 854777, 625455]
final_data = [list(z) for z in zip(book, data)]
pie.add('书籍名称', final_data)
pie.render('pie.html')
```

上面代码的运行结果如图 6-4 所示。

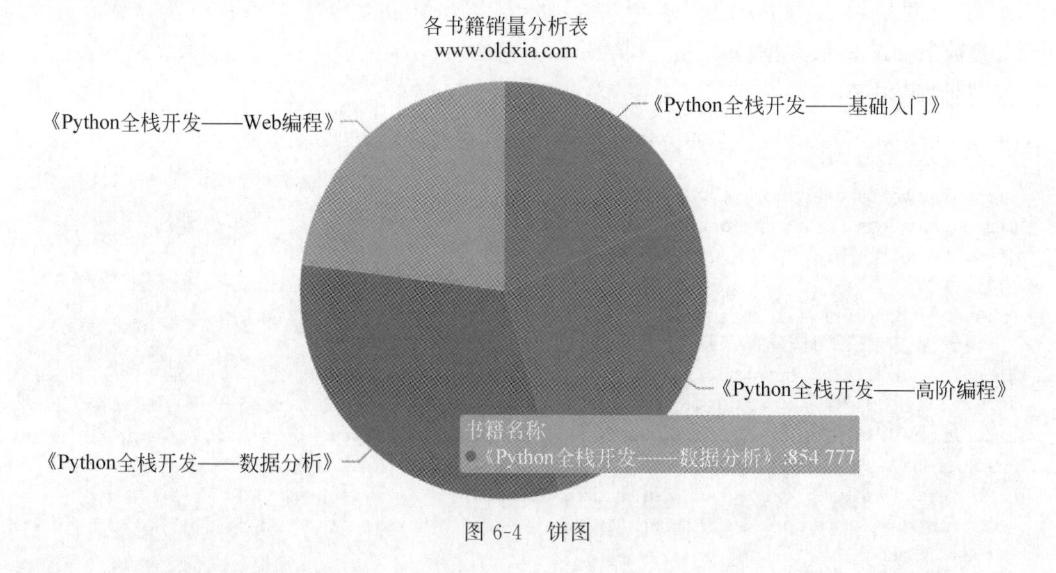

图 6-4 饼图

6.9 绘制箱形图

可以通过 pyecharts.charts 模块中的 Boxplot 类绘制箱形图，其语法格式如下：

```
Boxplot(init_opts)
```

其中，参数 init_opts 表示初始化配置项，其值需为 options 模块中的 InitOpts 类。

Boxplot 类的相关方法如下。

1. add_xaxis()方法

该方法主要用于添加 x 轴数据，其语法格式如下：

```
add_xaxis(xaxis_data)
```

其中，参数 xaxis_data 表示 x 轴数据。

2. add_yaxis()方法

该方法主要用于添加 y 轴数据，其语法格式如下：

```
add_yaxis(series_name,y_axis,markpoint_opts,markline_opts)
```

其中，参数 series_name 表示系列名称；参数 y_axis 表示系列数据；参数 markpoint_opts 表示标记点配置项；参数 markline_opts 表示标记线配置项。

3. prepare_data()方法

该方法可以将指定的数据转换为箱形图的 5 个特征值(最大值、最小值、中位数、上四分位数和下四分位数)所组成的列表，其语法格式如下：

```
prepare_data(items)
```

其中，参数 items 表示数据。

示例代码如下：

```
#资源包\Code\chapter6\6.9\0605.py
from pyecharts.charts import Boxplot
from pyecharts import options as opts
from pyecharts.globals import ThemeType
#绘制箱形图
boxplot = Boxplot(init_opts = opts.InitOpts(theme = ThemeType.MACARONS))
#设置图表标题、图例和提示框
boxplot.set_global_opts(
    title_opts = opts.TitleOpts('箱形图', pos_left = 'center', padding = [10, 4, 5, 90],
subtitle = 'www.oldxia.com', item_gap = 5, title_textstyle_opts = opts.TextStyleOpts(color = '
red', font_size = 18)),
    legend_opts = opts.LegendOpts(is_show = False),
    tooltip_opts = opts.TooltipOpts(trigger = 'item', trigger_on = 'mousemove', axis_pointer_
type = 'shadow', background_color = 'pink')
)
#数据
data = [[850, 740, 900, 1070, 930, 850, 950, 980, 980, 880, 1000, 980, 930, 650, 760, 810,
1000, 1000, 960, 960],
        [960, 940, 960, 940, 880, 800, 850, 880, 900, 840, 830, 790, 810, 880, 880, 830, 800,
790, 760, 800],
        [880, 880, 880, 860, 720, 720, 620, 860, 970, 950, 880, 910, 850, 870, 840, 840, 850,
840, 840, 840],
        [890, 810, 810, 820, 800, 770, 760, 740, 750, 760, 910, 920, 890, 860, 880, 720, 840,
850, 850, 780],
        [890, 840, 780, 810, 760, 810, 790, 810, 820, 850, 870, 870, 810, 740, 810, 940, 950,
800, 810, 870]]
boxplot.add_xaxis(['expr1', 'expr2', 'expr3', 'expr4', 'expr5'])
boxplot.add_yaxis('', y_axis = boxplot.prepare_data(data))
print(boxplot.prepare_data(data))
boxplot.render('boxplot.html')
```

上面代码的运行结果如图 6-5 所示。

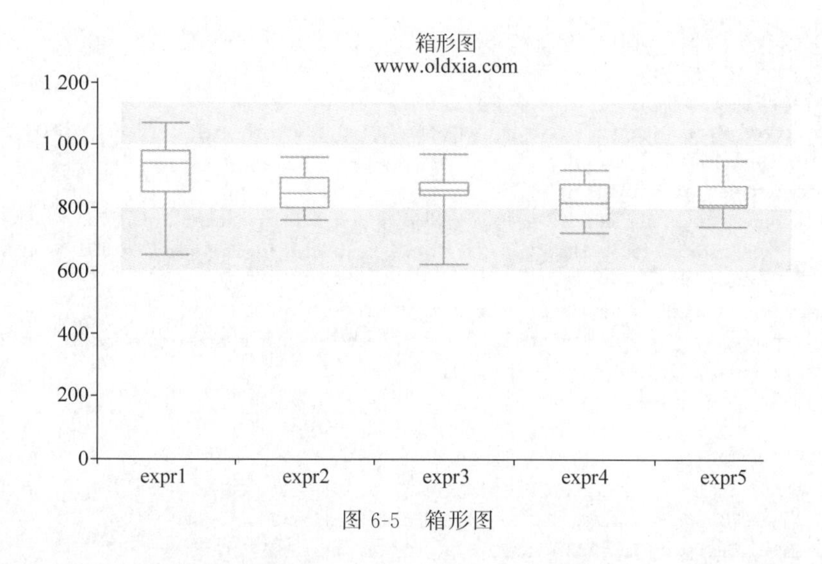

图 6-5 箱形图

6.10 绘制涟漪散点图

可以通过 pyecharts.charts 模块中的 EffectScatter 类绘制涟漪散点图，其语法格式如下：

```
EffectScatter(init_opts)
```

其中，参数 init_opts 表示初始化配置项，其值需为 options 模块中的 InitOpts 类。

Boxplot 类的相关方法如下。

1. add_xaxis()方法

该方法主要用于添加 x 轴数据，其语法格式如下：

```
add_xaxis(xaxis_data)
```

其中，参数 xaxis_data 表示 x 轴数据。

2. add_yaxis()方法

该方法主要用于添加 y 轴数据，其语法格式如下：

```
add_yaxis(series_name,y_axis,markpoint_opts,markline_opts)
```

其中，参数 series_name 表示系列名称；参数 y_axis 表示系列数据；参数 markpoint_opts 表示标记点配置项；参数 markline_opts 表示标记线配置项。

示例代码如下：

```
#资源包\Code\chapter6\6.10\0606.py
from pyecharts.charts import EffectScatter
from pyecharts import options as opts
```

```
from pyecharts.globals import ThemeType
import pandas as pd
#绘制涟漪散点图
effectscatter = EffectScatter(init_opts = opts.InitOpts(theme = ThemeType.MACARONS))
#设置图表标题、图例和提示框
effectscatter.set_global_opts(
    title_opts = opts.TitleOpts('销售量分析表', pos_left = 'center', padding = [10, 4, 5, 90],
subtitle = 'www.oldxia.com', item_gap = 5, title_textstyle_opts = opts.TextStyleOpts(color =
'red', font_size = 18)),
    legend_opts = opts.LegendOpts(is_show = False),
    tooltip_opts = opts.TooltipOpts(trigger = 'item', trigger_on = 'mousemove', axis_pointer_
type = 'shadow', background_color = 'pink')
)
#数据
x = ['2015 年', '2016 年', '2017 年', '2018 年', '2019 年', '2020 年', '2021 年', '2022 年']
y = {'老夏学院': [1234, 4255, 3454, 6522, 2566, 4175, 5125, 6674],
     '当当': [785, 3584, 3254, 2351, 3522, 2541, 1255, 5254],
     '天猫': [2155, 3587, 4233, 3451, 6258, 5444, 6331, 6123],
     '京东': [1200, 4344, 2236, 2666, 2588, 1186, 2631, 4122],
     '新华书店': [2508, 2123, 3211, 2167, 3255, 5123, 4611, 5621]}
df = pd.DataFrame(y, index = ['2015 年', '2016 年', '2017 年', '2018 年', '2019 年', '2020 年',
'2021 年', '2022 年'])
effectscatter.add_xaxis(x)
effectscatter.add_yaxis('', df['老夏学院'])
effectscatter.add_yaxis('', df['当当'])
effectscatter.add_yaxis('', df['天猫'])
effectscatter.add_yaxis('', df['京东'])
effectscatter.add_yaxis('', df['新华书店'])
effectscatter.render('effectscatter.html')
```

上面代码的运行结果如图 6-6 所示。

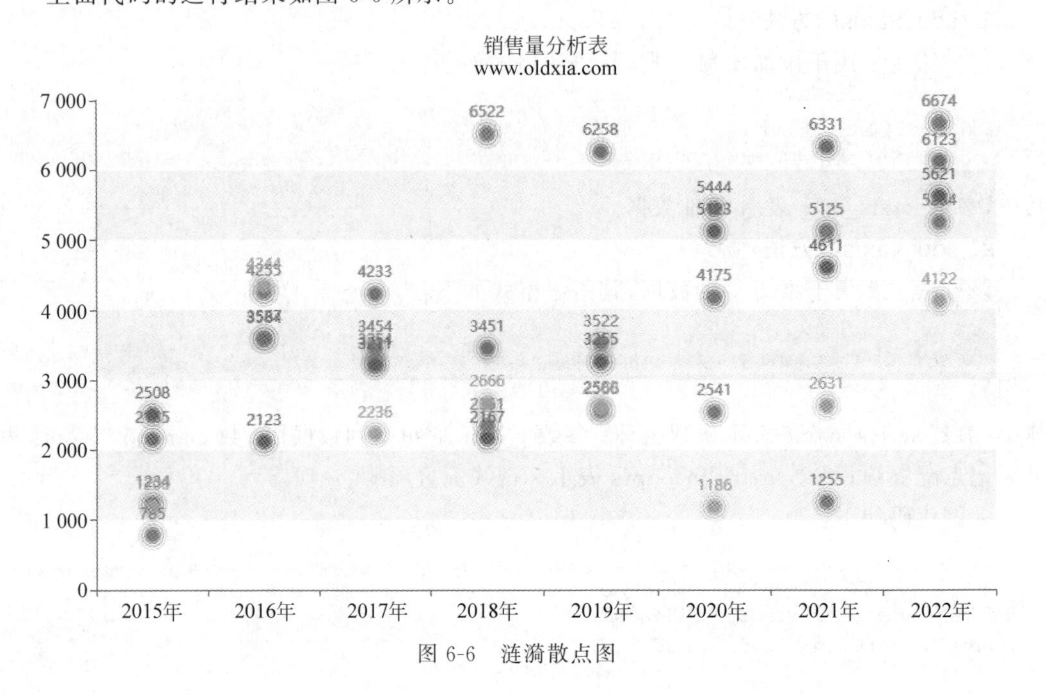

图 6-6　涟漪散点图

6.11 绘制水球图

可以通过 pyecharts.charts 模块中的 Liquid 类绘制水球图，其语法格式如下：

```
Liquid(init_opts)
```

其中，参数 init_opts 表示初始化配置项，其值需为 options 模块中的 InitOpts 类。

Liquid 类的相关方法为 add()，其语法格式如下：

```
add(series_name, data, shape, color, background_color, is_animation, is_outline_show, outline_
border_distance, label_opts)
```

其中，参数 series_name 表示系列名称；参数 data 表示系列数据；参数 shape 表示水球的类型，包括 circle、rect、roundRect、triangle、diamond、pin 和 arrow；参数 color 表示波浪的颜色；参数 background_color 表示背景颜色；参数 is_animation 表示是否显示波浪动画；参数 is_outline_show 表示是否显示边框；参数 outline_border_distance 表示边框宽度；参数 label_opts 表示标签配置项。

示例代码如下：

```
#资源包\Code\chapter6\6.11\0607.py
from pyecharts.charts import Liquid
#绘制水球图
liquid = Liquid()
liquid.add("data", [0.34, 0.66], is_outline_show = True)
liquid.render('liquid.html')
```

上面代码的运行结果如图 6-7 所示。

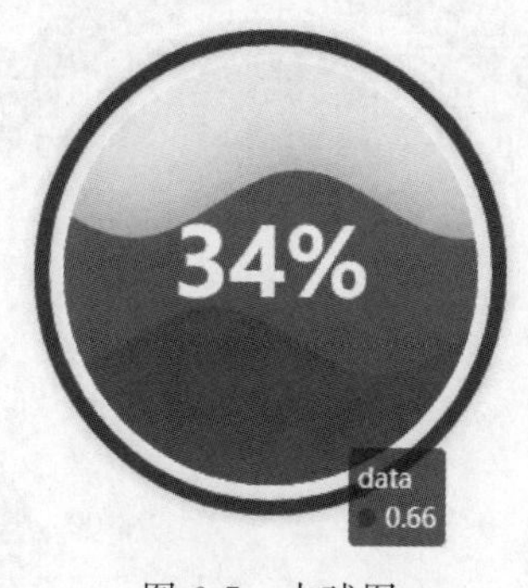

图 6-7 水球图

6.12 绘制仪表盘图

可以通过 pyecharts.charts 模块中的 Gauge 类绘制仪表盘图，其语法格式如下：

```
Gauge(init_opts)
```

其中,参数 init_opts 表示初始化配置项,其值需为 options 模块中的 InitOpts 类。

Gauge 类的相关方法为 add(),其语法格式如下:

```
add(series_name, data_pair, min_, max_, split_number, radius, start_angle, end_angle, detail_
label_opts)
```

其中,参数 series_name 表示系列名称;参数 data_pair 表示系列数据项;参数 min_表示最小数据值;参数 max_表示最大数据值;参数 split_number 表示仪表盘平均分割的段数;参数 radius 表示仪表盘的半径;参数 start_angle 表示仪表盘的起始角度;参数 end_angle 表示仪表盘的结束角度;参数 detail_label_opts 表示标签配置项。

示例代码如下:

```
#资源包\Code\chapter6\6.12\0608.py
from pyecharts.charts import Gauge
from pyecharts import options as opts
#绘制仪表盘图
gauge = Gauge()
gauge.set_global_opts(title_opts = opts.TitleOpts('仪表盘图', pos_left = 'center', padding =
[10, 4, 5, 90], subtitle = 'www.oldxia.com', item_gap = 5, title_textstyle_opts = opts.
TextStyleOpts(color = 'red', font_size = 18)))
gauge.add('', [('成功率', 92.5)], detail_label_opts = opts.LabelOpts(is_show = False))
gauge.render('gauge.html')
```

上面代码的运行结果如图 6-8 所示。

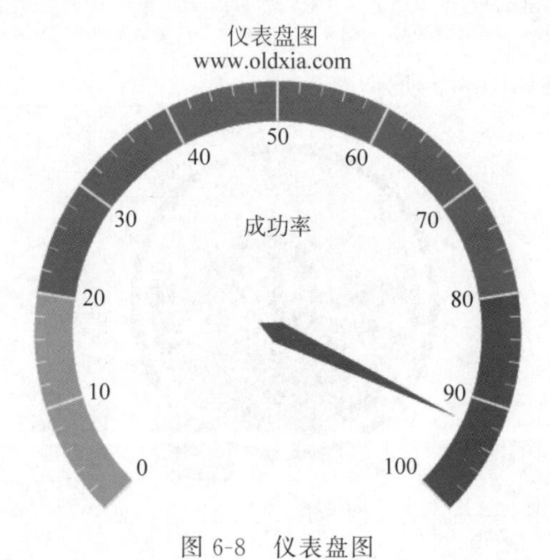

图 6-8 仪表盘图

6.13 绘制 K 线图

可以通过 pyecharts.charts 模块中的 Kline 类绘制 K 线图,其语法格式如下:

```
Kline(init_opts)
```

其中,参数 init_opts 表示初始化配置项,其值需为 options 模块中的 InitOpts 类。

Kline 类的相关方法如下。

1. add_xaxis()方法

该方法主要用于添加 x 轴数据,其语法格式如下:

```
add_xaxis(xaxis_data)
```

其中,参数 xaxis_data 表示 x 轴数据。

2. add_yaxis()方法

该方法主要用于添加 y 轴数据,其语法格式如下:

```
add_yaxis(series_name,y_axis,markpoint_opts,markline_opts)
```

其中,参数 series_name 表示系列名称;参数 y_axis 表示系列数据;参数 markpoint_opts 表示标记点配置项;参数 markline_opts 表示标记线配置项。

示例代码如下:

```
#资源包\Code\chapter6\6.13\0609.py
import pandas as pd
from pyecharts.charts import Kline
from pyecharts import options as opts
#绘制K线图
kline = Kline()
kline.set_global_opts(
    title_opts = opts.TitleOpts('贵州茅台 K 线图', pos_left = 'center', padding = [10, 4, 5,
90], subtitle = 'www.oldxia.com', item_gap = 5, title_textstyle_opts = opts.TextStyleOpts
(color = 'red', font_size = 18)),
    legend_opts = opts.LegendOpts(pos_left = 120, orient = 'vertical', legend_icon = 'circle'),
    datazoom_opts = opts.DataZoomOpts(is_show = True)
)
df = pd.read_excel('shares.xls')
df_ohlc = pd.DataFrame(df, columns = ['日期', '开盘', '收盘', '最低', '最高'])
x_data = df_ohlc['日期'].astype('str').tolist()
y_data = [df_ohlc.loc[i, ['开盘', '收盘', '最低', '最高']].tolist() for i in range(df_ohlc.last
_valid_index() + 1)]
x_data.reverse()
y_data.reverse()
kline.add_xaxis(x_data)
kline.add_yaxis('贵州茅台', y_data)
kline.render('kline.html')
```

上面代码的运行结果如图 6-9 所示。

图 6-9 K 线图

6.14 绘制地图

可以通过 pyecharts.charts 模块中的 Map 类绘制地图，其语法格式如下：

```
Gauge(init_opts)
```

其中，参数 init_opts 表示初始化配置项，其值需为 options 模块中的 InitOpts 类。

Map 类的相关方法为 add()，其语法格式如下：

```
add(series_name,data_pair,maptype)
```

其中，参数 series_name 表示系列名称；参数 data_pair 表示系列数据项；参数 maptype 表示地图的类型。

示例代码如下：

```
#资源包\Code\chapter6\6.14\0610.py
import pandas as pd
from pyecharts.charts import Map
from pyecharts import options as opts
house_data = pd.read_csv('house_data.csv', encoding = 'gbk')
house_data_v0 = house_data.copy()
def filterfunc(x):
    if x == '庄河' or x == '瓦房店':
```

```
        return x + '市'
    else:
        return x + '区'
house_data_v0['addr'] = house_data_v0['addr'].map(filterfunc)
grouped_house_df = house_data_v0.groupby(['addr'])
#各城区房屋平均面积和单价
df = grouped_house_df.mean()
df['unit'] = df['unit'].map(lambda x: int(x))
map = Map()
map.set_global_opts(
    title_opts = opts.TitleOpts(title = "大连各地区二手房单价", pos_left = 'center', padding
= [10, 4, 5, 90], subtitle = 'www.oldxia.com', item_gap = 5, title_textstyle_opts = opts.
TextStyleOpts(color = 'red', font_size = 18)),
    legend_opts = opts.LegendOpts(pos_left = 120, orient = 'vertical', legend_icon = 'circle'),
    visualmap_opts = opts.VisualMapOpts(orient = 'vertical', pos_right = 20, pos_top = 200, max
_ = 50000))
map.add('每平方米房价', [list(z) for z in zip(df.index.values, house_data['unit'])], maptype
= '大连')
#不显示城区名称
map.set_series_opts(label_opts = opts.LabelOpts(is_show = False))
map.render('map.html')
```

上面代码的运行结果如图 6-10 所示。

图 6-10 地图

第7章

项 目 实 战

本章将通过一个实战项目，即使用图表展示二手房网站中的相关数据，以帮助读者更加全面、深入地理解数据分析的一般过程。

7.1 项目概述

本项目将对二手房网站中的文章标题、户型、面积、朝向、楼层、建造时间、小区名称、城区、总房价、单价、发布人、评分和中介公司等数据进行分析，其一般过程包括数据搜集、数据存取、数据清洗、数据分析和数据可视化。

7.1.1 数据搜集

1. 数据来源

数据的来源千差万别，但必须考虑数据的真实性和质量，即数据是否可靠，以及数据后期是否需要进行大量清洗。

数据一般来源于自有数据、第三方数据和网络数据等。

2. 数据结构

数据结构通常包括结构化数据、半结构化数据和非结构化数据。

(1) 结构化数据，该类型数据具有固定的字段和固定的格式，进而方便程序进行后续的存取与分析。

(2) 半结构化数据，该类型数据介于结构化数据与非结构化数据之间，其同样具有字段，也可以依据字段进行查找，但该类型数据的字段可能不一致。

(3) 非结构化数据，该类型数据没有固定的格式，并且必须经过整理之后才能进行后续的存取与分析。

3. 采集数据

采集数据一般可以通过手动或自动的方式进行采集。

7.1.2 数据存取

根据数据结构的特性，数据存取一般可以分为结构化数据存取和半结构化数据存取。

7.1.3 数据清洗

在获取的数据中，经常会包含不完整的数据、错误的数据、重复的数据及数据格式不统一的数据，这些数据统称为“脏数据”，而这些“脏数据”必须按照一定的规则进行清洗。

7.1.4　数据分析

数据分析就是对数据进行统计分析，其目的包括：根据不完整的信息做决定；可以把不确定的程度量化，进而用精确的方式来表达掌握不确定的程度；分析数据，将数据做出摘要，得出结论；评估决策的效果。

7.1.5　数据可视化

数据可视化是数据分析结果的展示，可以使人们更加直观地观察数据。

7.2　程序编写

7.2.1　数据搜集和数据存取

首先，通过 requests 库爬取二手房网站的 HTML 源代码，然后，使用 lxml 库对网页进行解析，以达到获取所需数据的目的；最后，将获取的数据存储在 CSV 文件中。

示例代码如下：

```
#资源包\Code\chapter7\7.2\0701.py
import time
import requests
from lxml import etree
def collect_data(url, headers, num):
    response = requests.get(url = url, headers = headers)
    response.encoding = 'utf - 8'
    res = response.text
    with open(f'data/58_page{num}.html', 'w', encoding = 'utf - 8') as f:
        f.write(res)
def parse_data():
    with open(f'data/58_page{num}.html', 'r', encoding = 'utf - 8') as f:
        res = f.read()
    html = etree.html(res)
    house_info_list = html.xpath('//div[@class = "property"]/a/div[@class = "property - 
content"]')
    page_info_list = []
    for house_info in house_info_list:
        info_list = []
        #文章标题
        try:
            house_title = house_info.xpath('.//div[@class = "property - content - title"]/h3
[@class = "property - content - title - name"]/text()')[0]
            info_list.append(house_title)
        except:
            info_list.append('')
        #户型
```

```
        try:
            house_type = house_info.xpath('.//div[@class = "property - content - info"]/p[@
class = "property - content - info - text property - content - info - attribute"]/span/text()')
            house_type = ''.join(house_type)
            info_list.append(house_type)
        except:
            info_list.append('')
        #面积
        try:
            house_area = house_info.xpath('.//div[@class = "property - content - info"]/p[@
class = "property - content - info - text"]/text()')[0].strip()
            info_list.append(house_area)
        except:
            info_list.append('')
        #朝向
        try:
            house_face = house_info.xpath('.//div[@class = "property - content - info"]/p[@
class = "property - content - info - text"]/text()')[1]
            info_list.append(house_face)
        except:
            info_list.append('')
        #楼层
        try:
            house_floor = house_info.xpath('.//div[@class = "property - content - info"]/p
[@class = "property - content - info - text"]/text()')[2].strip()
            info_list.append(house_floor)
        except:
            info_list.append('')
        #建造时间
        try:
            house_time = house_info.xpath('.//div[@class = "property - content - info"]/p[@
class = "property - content - info - text"]/text()')[3].strip()
            info_list.append(house_time)
        except:
            info_list.append('')
        #小区名称
        try:
            house_name = house_info.xpath('.//div[@class = "property - content - info
property - content - info - comm"]/p[@class = "property - content - info - comm - name"]/text()'
)[0].strip()
            info_list.append(house_name)
        except:
            info_list.append('')
        #城区
        try:
            house_addr = house_info.xpath('.//div[@class = "property - content - info
property - content - info - comm"]/p[@class = "property - content - info - comm - address"]/
span/text()')[0].strip()
            info_list.append(house_addr)
        except:
```

```
                info_list.append('')
            #总房价
            try:
                house_price = house_info.xpath('.//div[@class = "property - price"]/p/span[@
class = "property - price - total - num"]/text()')[0]
                info_list.append(house_price)
            except:
                info_list.append('')
            #单价
            try:
                house_unit_price = house_info.xpath('.//div[@class = "property - price"]/p[@
class = "property - price - average"]/text()')[0]
                info_list.append(house_unit_price)
            except:
                info_list.append('')
            #发布人
            try:
                house_person = house_info.xpath('.//div[@class = "property - extra - wrap"]/div/
span[@class = "property - extra - text"]/text()')[0]
                info_list.append(house_person)
            except:
                info_list.append('')
            #评分
            try:
                house_score = house_info.xpath('.//div[@class = "property - extra - wrap"]/div/
span[@class = "property - extra - text"]/text()')[1]
                info_list.append(house_score)
            except:
                info_list.append('')
            #中介公司
            try:
                house_agent = house_info.xpath('.//div[@class = "property - extra - wrap"]/div/
span[@class = "property - extra - text"]/text()')[2]
                info_list.append(house_agent)
            except:
                info_list.append('')
            page_info_list.append(info_list)
        return page_info_list
if __name__ == '__main__':
    page = input('请输入要爬取的页数:')
    total_list = []
    for num in range(1, int(page) + 1):
        url = f'https://dl.58.com/ershoufang/p{num}/'
        print(url)
        headers = {'user - agent': 'Mozilla/5.0 (Windows NT 10.0; WOW64) AppleWebKit/537.36
(KHTML, like Gecko) Chrome/77.0.3865.120 Safari/537.36 Core/1.77.106.400 QQBrowser/10.9.
4626.400'}
        try:
            time.sleep(3)
            #采集数据:获取 HTML 源代码
```

```
            collect_data(url, headers, num)
            #采集数据:获取指定数据
            new_list = parse_data()
            total_list.extend(new_list)
        except Exception as e:
            print(e)
            time.sleep(5)
#TODO 待完成功能:数据清洗
#TODO 待完成功能:数据分析
#TODO 待完成功能:数据可视化
```

7.2.2 数据清洗

通过网络爬虫所获取的数据中包含了众多"脏数据",所以必须按照一定的规则进行清洗,具体如下。

1. 不完整的数据

在本项目中,"建造时间"存在缺失值的情况。根据实际情况,既可以使用 DataFrame 对象的 fillna()方法对缺失值进行填充,也可以使用 DataFrame 对象的 dropna()方法将缺失值所对应的行或列删除,还可以使用 DataFrame 对象的 replace()方法对缺失值进行替换。

2. 重复的数据

在本项目中,存在大量的重复数据。首先,可以通过 DataFrame 对象的 duplicated()方法判断当前的数据中是否存在重复的行数据,然后,使用 DataFrame 对象的 drop_duplicates()方法将重复的行数据删除,或使用 DataFrame 对象的 pop()方法删除指定的列数据。

3. 数据格式不统一的数据

在本项目中,"房屋面积""单价""评分"和"建造时间"的数据类型需要进行统一转换,即将字符串类型的数据转换为整数或浮点数类型的数据。

此外,由于在"评分"中存在特殊的数据,即"房东",所以需要通过 Series 对象的 replace()方法进行替换。

示例代码如下:

```
#资源包\Code\chapter7\7.2\0702.py
import time
import requests
from lxml import etree
import pandas as pd
def collect_data(url, headers, num):
    response = requests.get(url = url, headers = headers)
    response.encoding = 'utf - 8'
    res = response.text
    with open(f'data/58_page{num}.html', 'w', encoding = 'utf - 8') as f:
        f.write(res)
def parse_data():
```

```
    with open(f'data/58_page{num}.html', 'r', encoding = 'utf - 8') as f:
        res = f.read()
    html = etree.html(res)
    house_info_list = html.xpath( '//div[ @class = "property"]/a/div[ @class = "property - 
content"]')
    page_info_list = [ ]
    for house_info in house_info_list:
        info_list = [ ]
        # 文章标题
        try:
            house_title = house_info.xpath('.//div[ @class = "property - content - title"]/h3
[ @class = "property - content - title - name" ]/text()')[0]
            info_list.append(house_title)
        except:
            info_list.append('')
        # 户型
        try:
            house_type = house_info.xpath('.//div[ @class = "property - content - info"]/p[ @
class = "property - content - info - text property - content - info - attribute"]/span/text()')
            house_type = ''.join(house_type)
            info_list.append(house_type)
        except:
            info_list.append('')
        # 面积
        try:
            house_area = house_info.xpath('.//div[ @class = "property - content - info"]/p[ @
class = "property - content - info - text"]/text()')[0].strip()
            info_list.append(house_area)
        except:
            info_list.append('')
        # 朝向
        try:
            house_face = house_info.xpath('.//div[ @class = "property - content - info"]/p[ @
class = "property - content - info - text"]/text()')[1]
            info_list.append(house_face)
        except:
            info_list.append('')
        # 楼层
        try:
            house_floor = house_info.xpath('.//div[ @class = "property - content - info"]/p
[ @class = "property - content - info - text"]/text()')[2].strip()
            info_list.append(house_floor)
        except:
            info_list.append('')
        # 建造时间
        try:
            house_time = house_info.xpath('.//div[ @class = "property - content - info"]/p[ @
class = "property - content - info - text"]/text()')[3].strip()
            info_list.append(house_time)
        except:
```

```
            info_list.append('')
        #小区名称
        try:
            house_name = house_info.xpath('.//div[@class = "property - content - info
property - content - info - comm"]/p[@class = "property - content - info - comm - name"]/text()'
)[0].strip()
            info_list.append(house_name)
        except:
            info_list.append('')
        #城区
        try:
            house_addr = house_info.xpath('.//div[@class = "property - content - info
property - content - info - comm"]/p[@class = "property - content - info - comm - address"]/
span/text()')[0].strip()
            info_list.append(house_addr)
        except:
            info_list.append('')
        #总房价
        try:
            house_price = house_info.xpath('.//div[@class = "property - price"]/p/span[@
class = "property - price - total - num"]/text()')[0]
            info_list.append(house_price)
        except:
            info_list.append('')
        #单价
        try:
            house_unit_price = house_info.xpath('.//div[@class = "property - price"]/p[@
class = "property - price - average"]/text()')[0]
            info_list.append(house_unit_price)
        except:
            info_list.append('')
        #发布人
        try:
            house_person = house_info.xpath('.//div[@class = "property - extra - wrap"]/div/
span[@class = "property - extra - text"]/text()')[0]
            info_list.append(house_person)
        except:
            info_list.append('')
        #评分
        try:
            house_score = house_info.xpath('.//div[@class = "property - extra - wrap"]/div/
span[@class = "property - extra - text"]/text()')[1]
            info_list.append(house_score)
        except:
            info_list.append('')
        #中介公司
        try:
            house_agent = house_info.xpath('.//div[@class = "property - extra - wrap"]/div/
span[@class = "property - extra - text"]/text()')[2]
            info_list.append(house_agent)
```

```
            except:
                info_list.append('')
            page_info_list.append(info_list)
    return page_info_list
def data_cleaning(data):
    colsname = ['文章标题', '户型', '面积', '朝向', '楼层', '建造时间', '小区名称', '城区', '总
房价', '单价', '发布人', '评分', '中介公司']
    df = pd.DataFrame(total_list, columns = colsname)
    df.to_csv('data/house_data.csv', index = False, encoding = 'utf - 8')
    house_data = pd.read_csv('data/house_data.csv')
    # 原始数据:house_data_v0
    house_data_v0 = house_data.rename(
        columns = {'文章标题': 'title', '户型': 'type', '面积': 'area', '朝向': 'face', '楼层':
'floor', '建造时间': 'time',
                   '小区名称': 'name', '城区': 'addr', '总房价': 'total', '单价': 'unit', '发布人':
'person', '评分': 'score',
                   '中介公司': 'agent'})
    print('——————————————数据清洗:Start————————————————')
    print('1———————————————处理重复数据————————————————————————')
    # 查找重复行
    house_data_repeat = house_data_v0.duplicated()
    # 查看重复行的数据
    house_data_repeat = house_data_v0[house_data_repeat]
    print('重复行的数据↓↓↓↓↓↓↓')
    print(house_data_repeat)
    print('重复行的数量↓↓↓↓↓↓↓')
    # 重复行的数量
    print(house_data_repeat.count())
    # 复制数据
    house_data_v1 = house_data_v0.copy()
    # 删除重复行
    house_data_row_norepeat = house_data_v1.drop_duplicates()
    print('删除重复行之后的数量↓↓↓↓↓↓↓')
    # 删除重复行之后的数量
    print(house_data_row_norepeat.count())
    # 复制数据
    house_data_norepeat = house_data_row_norepeat.copy()
    # 删除重复列:总房价
    house_data_norepeat.pop('total')
    print('2——————————处理数据格式不统一的数据————————————————')
    # 房屋面积数据格式转换
    house_data_norepeat['area'] = house_data_norepeat['area'].map(lambda x: float(x[0: - 1]))
    print('转换后的【面积】↓↓↓↓↓↓↓')
    print(house_data_norepeat['area'])
    # 房屋单价数据格式转换
    house_data_norepeat['unit'] = house_data_norepeat['unit'].map(lambda x: float(x[0: - 3]))
    print('转换后的【单价】↓↓↓↓↓↓↓')
    print(house_data_norepeat['unit'])
    # 评分数据格式转换
```

```
house_data_norepeat['score'] = house_data_norepeat['score'].replace('房东', '0 分')
    house_data_norepeat['score'] = house_data_norepeat['score'].map(lambda x: float(x[0: -1]))
    print('转换后的【评分】↓ ↓ ↓ ↓ ↓ ↓ ')
    print(house_data_norepeat['score'])
    # 建造时间数据格式转换,需要注意的是,建造时间存在不完整的数据,需要额外处理
    house_data_norepeat['time'] = house_data_norepeat['time'].fillna('0000 年建造')
    house_data_norepeat['time'] = house_data_norepeat['time'].map(lambda x: int(x[0:4]))
    print('转换后的【建造时间】↓ ↓ ↓ ↓ ↓ ↓ ')
    print(house_data_norepeat['time'])
    return house_data_norepeat
if __name__ == '__main__':
    page = input('请输入要爬取的页数:')
    total_list = []
    for num in range(1, int(page) + 1):
        url = f'https://dl.58.com/ershoufang/p{num}/'
        print(url)
        headers = {'user-agent': 'Mozilla/5.0 (Windows NT 10.0; WOW64) AppleWebKit/537.36 (KHTML, like Gecko) Chrome/77.0.3865.120 Safari/537.36 Core/1.77.106.400 QQBrowser/10.9.4626.400'}
        try:
            time.sleep(3)
            # 采集数据:获取 HTML 源代码
            collect_data(url, headers, num)
            # 采集数据:获取指定数据
            new_list = parse_data()
            total_list.extend(new_list)
        except Exception as e:
            print(e)
            time.sleep(5)
    # 数据清洗
    data = data_cleaning(total_list)
    # TODO 待完成功能:数据分析
    # TODO 待完成功能:数据可视化
```

7.2.3 数据分析

在数据分析中,经常需要将数据根据指定字段划分为不同的群体进行分析。

在本项目中,可以通过 DataFrame 对象的 groupby()方法将数据按照城区分组,然后使用 DataFrame 对象的 count()方法和 mean()方法,分别计算各城区二手房文章的数量,以及各城区二手房单价的平均值。

示例代码如下:

```
# 资源包\Code\chapter7\7.2\0703.py
import time
import requests
from lxml import etree
import pandas as pd
```

```
def collect_data(url, headers, num):
    response = requests.get(url = url, headers = headers)
    response.encoding = 'utf-8'
    res = response.text
    with open(f'data/58_page{num}.html', 'w', encoding = 'utf-8') as f:
        f.write(res)
def parse_data():
    with open(f'data/58_page{num}.html', 'r', encoding = 'utf-8') as f:
        res = f.read()
    html = etree.html(res)
    house_info_list = html.xpath('//div[@class = "property"]/a/div[@class = "property-
content"]')
    page_info_list = []
    for house_info in house_info_list:
        info_list = []
        #文章标题
        try:
            house_title = house_info.xpath('.//div[@class = "property-content-title"]/h3
[@class = "property-content-title-name"]/text()')[0]
            info_list.append(house_title)
        except:
            info_list.append('')
        #户型
        try:
            house_type = house_info.xpath('.//div[@class = "property-content-info"]/p[@
class = "property-content-info-text property-content-info-attribute"]/span/text()')
            house_type = ''.join(house_type)
            info_list.append(house_type)
        except:
            info_list.append('')
        #面积
        try:
            house_area = house_info.xpath('.//div[@class = "property-content-info"]/p[@
class = "property-content-info-text"]/text()')[0].strip()
            info_list.append(house_area)
        except:
            info_list.append('')
        #朝向
        try:
            house_face = house_info.xpath('.//div[@class = "property-content-info"]/p[@
class = "property-content-info-text"]/text()')[1]
            info_list.append(house_face)
        except:
            info_list.append('')
        #楼层
        try:
            house_floor = house_info.xpath('.//div[@class = "property-content-info"]/p
[@class = "property-content-info-text"]/text()')[2].strip()
            info_list.append(house_floor)
        except:
```

```
            info_list.append('')
        #建造时间
        try:
            house_time = house_info.xpath('.//div[@class = "property - content - info"]/p[@
class = "property - content - info - text"]/text()')[3].strip()
            info_list.append(house_time)
        except:
            info_list.append('')
        #小区名称
        try:
             house_name = house_info.xpath('.//div[@class = "property - content - info
property - content - info - comm"]/p[@class = "property - content - info - comm - name"]/text()'
)[0].strip()
            info_list.append(house_name)
        except:
            info_list.append('')
        #城区
        try:
             house_addr = house_info.xpath('.//div[@class = "property - content - info
property - content - info - comm"]/p[@class = "property - content - info - comm - address"]/
span/text()')[0].strip()
            info_list.append(house_addr)
        except:
            info_list.append('')
        #总房价
        try:
            house_price = house_info.xpath('.//div[@class = "property - price"]/p/span[@
class = "property - price - total - num"]/text()')[0]
            info_list.append(house_price)
        except:
            info_list.append('')
        #单价
        try:
            house_unit_price = house_info.xpath('.//div[@class = "property - price"]/p[@
class = "property - price - average"]/text()')[0]
            info_list.append(house_unit_price)
        except:
            info_list.append('')
        #发布人
        try:
            house_person = house_info.xpath('.//div[@class = "property - extra - wrap"]/div/
span[@class = "property - extra - text"]/text()')[0]
            info_list.append(house_person)
        except:
            info_list.append('')
        #评分
        try:
            house_score = house_info.xpath('.//div[@class = "property - extra - wrap"]/div/
span[@class = "property - extra - text"]/text()')[1]
            info_list.append(house_score)
```

```
            except:
                info_list.append('')
            # 中介公司
            try:
                house_agent = house_info.xpath('.//div[@class = "property - extra - wrap"]/div/span[@class = "property - extra - text"]/text()')[2]
                info_list.append(house_agent)
            except:
                info_list.append('')
            page_info_list.append(info_list)
        return page_info_list
def data_cleaning(data):
    colsname = ['文章标题', '户型', '面积', '朝向', '楼层', '建造时间', '小区名称', '城区', '总房价', '单价', '发布人', '评分', '中介公司']
    df = pd.DataFrame(total_list, columns = colsname)
    df.to_csv('data/house_data.csv', index = False, encoding = 'utf - 8')
    house_data = pd.read_csv('data/house_data.csv')
    # 原始数据:house_data_v0
    house_data_v0 = house_data.rename(
        columns = {'文章标题': 'title', '户型': 'type', '面积': 'area', '朝向': 'face', '楼层': 'floor', '建造时间': 'time',
                   '小区名称': 'name', '城区': 'addr', '总房价': 'total', '单价': 'unit', '发布人': 'person', '评分': 'score',
                   '中介公司': 'agent'})
    print('--------------------数据清洗:Start--------------------')
    print('1--------------------处理重复数据--------------------')
    # 查找重复行
    house_data_repeat = house_data_v0.duplicated()
    # 查看重复行的数据
    house_data_repeat = house_data_v0[house_data_repeat]
    print('重复行的数据↓↓↓↓↓↓')
    print(house_data_repeat)
    print('重复行的数量↓↓↓↓↓↓')
    # 重复行的数量
    print(house_data_repeat.count())
    # 复制数据
    house_data_v1 = house_data_v0.copy()
    # 删除重复行
    house_data_row_norepeat = house_data_v1.drop_duplicates()
    print('删除重复行之后的数量↓↓↓↓↓↓')
    # 删除重复行之后的数量
    print(house_data_row_norepeat.count())
    # 复制数据
    house_data_norepeat = house_data_row_norepeat.copy()
    # 删除重复列:总房价
    house_data_norepeat.pop('total')
    print('2--------------------处理数据格式不统一的数据--------------------')
    # 房屋面积数据格式转换
```

```
    house_data_norepeat['area'] = house_data_norepeat['area'].map(lambda x: float(x[0: - 1]))
    print('转换后的【面积】↓↓↓↓↓↓↓')
    print(house_data_norepeat['area'])
    # 房屋单价数据格式转换
    house_data_norepeat['unit'] = house_data_norepeat['unit'].map(lambda x: float(x[0: - 3]))
    print('转换后的【单价】↓↓↓↓↓↓↓')
    print(house_data_norepeat['unit'])
    # 评分数据格式转换
house_data_norepeat['score'] = house_data_norepeat['score'].replace('房东', '0 分')
    house_data_norepeat['score'] = house_data_norepeat['score'].map(lambda x: float(x[0: -
1]))
    print('转换后的【评分】↓↓↓↓↓↓↓')
    print(house_data_norepeat['score'])
    # 建造时间数据格式转换,需要注意的是,建造时间存在不完整的数据,需要额外处理
    house_data_norepeat['time'] = house_data_norepeat['time'].fillna('0000 年建造')
    house_data_norepeat['time'] = house_data_norepeat['time'].map(lambda x: int(x[0:4]))
    print('转换后的【建造时间】↓↓↓↓↓↓↓')
    print(house_data_norepeat['time'])
    return house_data_norepeat
def data_analysis(data):
    # 按照城区分组
    house_data_norepeat_v1 = data.groupby(['addr'])
    print('——————————————数据分析:Start——————————————')
    # 各个城区二手房文章的数量
    print('各个城区二手房文章的数量↓↓↓↓↓↓↓')
    print(house_data_norepeat_v1.count())
    # 各个城区二手房单价的平均值,返回类型为 Series
    print('各个城区二手房单价的平均值↓↓↓↓↓↓↓')
    print(house_data_norepeat_v1["unit"].mean())
    # 各个城区二手房单价的平均值,返回类型为 DataFrame
    print('各个城区二手房单价的平均值↓↓↓↓↓↓↓')
    print(house_data_norepeat_v1.mean()[["unit"]])
    # 各个城区二手房单价的平均值,并进行排序
    print('各个城区二手房单价的平均值↓↓↓↓↓↓↓')
    print(house_data_norepeat_v1.mean()[["unit"]].sort_values(by = "unit", ascending =
False))
if __name__ == '__main__':
    page = input('请输入要爬取的页数:')
    total_list = []
    for num in range(1, int(page) + 1):
        url = f'https://dl.58.com/ershoufang/p{num}/'
        print(url)
        headers = {'user - agent': 'Mozilla/5.0 (Windows NT 10.0; WOW64) AppleWebKit/537.36
(KHTML, like Gecko) Chrome/77.0.3865.120 Safari/537.36 Core/1.77.106.400 QQBrowser/10.9.
4626.400'}
        try:
            time.sleep(3)
            # 采集数据:获取 HTML 源代码
            collect_data(url, headers, num)
            # 采集数据:获取指定数据
```

```
            new_list = parse_data()
            total_list.extend(new_list)
        except Exception as e:
            print(e)
            time.sleep(5)
    #数据清洗
    data = data_cleaning(total_list)
    #数据分析
    data_analysis(data)
    #TODO 待完成功能:数据可视化
```

7.2.4 数据可视化

在本项目中,可以通过 Seaborn 库和 pyecharts 库绘制各城区二手房平均单价的柱状图和地图。

示例代码如下:

```
#资源包\Code\chapter7\7.2\0704.py
import time
import requests
from lxml import etree
import pandas as pd
import matplotlib.pyplot as plt
import seaborn as sns
from pyecharts.charts import Map
from pyecharts import options as opts
def collect_data(url, headers, num):
    response = requests.get(url = url, headers = headers)
    response.encoding = 'utf - 8'
    res = response.text
    with open(f'data/58_page{num}.html', 'w', encoding = 'utf - 8') as f:
        f.write(res)
def parse_data():
    with open(f'data/58_page{num}.html', 'r', encoding = 'utf - 8') as f:
        res = f.read()
    html = etree.html(res)
    house_info_list = html.xpath('//div[@class = "property"]/a/div[@class = "property -
content"]')
    page_info_list = []
    for house_info in house_info_list:
        info_list = []
        #文章标题
        try:
            house_title = house_info.xpath('.//div[@class = "property - content - title"]/h3
[@class = "property - content - title - name"]/text()')[0]
            info_list.append(house_title)
        except:
```

```
                info_list.append('')
            #户型
            try:
                house_type = house_info.xpath('.//div[@class = "property - content - info"]/p[@
class = "property - content - info - text property - content - info - attribute"]/span/text()')
                house_type = ''.join(house_type)
                info_list.append(house_type)
            except:
                info_list.append('')
            #面积
            try:
                house_area = house_info.xpath('.//div[@class = "property - content - info"]/p[@
class = "property - content - info - text"]/text()')[0].strip()
                info_list.append(house_area)
            except:
                info_list.append('')
            #朝向
            try:
                house_face = house_info.xpath('.//div[@class = "property - content - info"]/p[@
class = "property - content - info - text"]/text()')[1]
                info_list.append(house_face)
            except:
                info_list.append('')
            #楼层
            try:
                house_floor = house_info.xpath('.//div[@class = "property - content - info"]/p
[@class = "property - content - info - text"]/text()')[2].strip()
                info_list.append(house_floor)
            except:
                info_list.append('')
            #建造时间
            try:
                house_time = house_info.xpath('.//div[@class = "property - content - info"]/p[@
class = "property - content - info - text"]/text()')[3].strip()
                info_list.append(house_time)
            except:
                info_list.append('')
            #小区名称
            try:
                house_name = house_info.xpath('.//div[@class = "property - content - info
property - content - info - comm"]/p[@class = "property - content - info - comm - name"]/text()'
)[0].strip()
                info_list.append(house_name)
            except:
                info_list.append('')
            #城区
            try:
                house_addr = house_info.xpath('.//div[@class = "property - content - info
property - content - info - comm"]/p[@class = "property - content - info - comm - address"]/
span/text()')[0].strip()
```

```
            info_list.append(house_addr)
        except:
            info_list.append('')
        #总房价
        try:
            house_price = house_info.xpath('.//div[@class = "property - price"]/p/span[@
class = "property - price - total - num"]/text()')[0]
            info_list.append(house_price)
        except:
            info_list.append('')
        #单价
        try:
            house_unit_price = house_info.xpath('.//div[@class = "property - price"]/p[@
class = "property - price - average"]/text()')[0]
            info_list.append(house_unit_price)
        except:
            info_list.append('')
        #发布人
        try:
            house_person = house_info.xpath('.//div[@class = "property - extra - wrap"]/div/
span[@class = "property - extra - text"]/text()')[0]
            info_list.append(house_person)
        except:
            info_list.append('')
        #评分
        try:
            house_score = house_info.xpath('.//div[@class = "property - extra - wrap"]/div/
span[@class = "property - extra - text"]/text()')[1]
            info_list.append(house_score)
        except:
            info_list.append('')
        #中介公司
        try:
            house_agent = house_info.xpath('.//div[@class = "property - extra - wrap"]/div/
span[@class = "property - extra - text"]/text()')[2]
            info_list.append(house_agent)
        except:
            info_list.append('')
        page_info_list.append(info_list)
    return page_info_list
def data_cleaning(data):
    colsname = ['文章标题', '户型', '面积', '朝向', '楼层', '建造时间', '小区名称', '城区', '总
房价', '单价', '发布人', '评分', '中介公司']
    df = pd.DataFrame(total_list, columns = colsname)
    df.to_csv('data/house_data.csv', index = False, encoding = 'utf - 8')
    house_data = pd.read_csv('data/house_data.csv')
    #原始数据:house_data_v0
    house_data_v0 = house_data.rename(
        columns = {'文章标题': 'title', '户型': 'type', '面积': 'area', '朝向': 'face', '楼层':
'floor', '建造时间': 'time',
```

```
                '小区名称': 'name', '城区': 'addr', '总房价': 'total', '单价': 'unit', '发布人':
'person', '评分': 'score',
                '中介公司': 'agent'})
    print('————————————数据清洗:Start————————————')
    print('1————————————处理重复数据————————————')
    #查找重复行
    house_data_repeat = house_data_v0.duplicated()
    #查看重复行的数据
    house_data_repeat = house_data_v0[house_data_repeat]
    print('重复行的数据↓↓↓↓↓↓')
    print(house_data_repeat)
    print('重复行的数量↓↓↓↓↓↓')
    #重复行的数量
    print(house_data_repeat.count())
    #复制数据
    house_data_v1 = house_data_v0.copy()
    #删除重复行
    house_data_row_norepeat = house_data_v1.drop_duplicates()
    print('删除重复行之后的数量↓↓↓↓↓↓')
    #删除重复行之后的数量
    print(house_data_row_norepeat.count())
    #复制数据
    house_data_norepeat = house_data_row_norepeat.copy()
    #删除重复列:总房价
    house_data_norepeat.pop('total')
    print('2————————————处理数据格式不统一的数据————————————')
    #房屋面积数据格式转换
    house_data_norepeat['area'] = house_data_norepeat['area'].map(lambda x: float(x[0: -1]))
    print('转换后的【面积】↓↓↓↓↓↓')
    print(house_data_norepeat['area'])
    #房屋单价数据格式转换
    house_data_norepeat['unit'] = house_data_norepeat['unit'].map(lambda x: float(x[0: -3]))
    print('转换后的【单价】↓↓↓↓↓↓')
    print(house_data_norepeat['unit'])
    #评分数据格式转换
house_data_norepeat['score'] = house_data_norepeat['score'].replace('房东', '0 分')
    house_data_norepeat['score'] = house_data_norepeat['score'].map(lambda x: float(x[0: -
1]))
    print('转换后的【评分】↓↓↓↓↓↓')
    print(house_data_norepeat['score'])
    #建造时间数据格式转换,需要注意的是,建造时间存在不完整的数据,需要额外处理
    house_data_norepeat['time'] = house_data_norepeat['time'].fillna('0000 年建造')
    house_data_norepeat['time'] = house_data_norepeat['time'].map(lambda x: int(x[0:4]))
    print('转换后的【建造时间】↓↓↓↓↓↓')
    print(house_data_norepeat['time'])
    return house_data_norepeat
def data_analysis(data):
    #按照城区分组
    house_data_norepeat_v1 = data.groupby(['addr'])
```

```
    print('————————————数据分析:Start————————————')
    #各个城区二手房文章的数量
    print('各个城区二手房文章的数量↓↓↓↓↓↓↓')
    print(house_data_norepeat_v1.count())
    #各个城区二手房单价的平均值,返回类型为 Series
    print('各个城区二手房单价的平均值↓↓↓↓↓↓↓')
    print(house_data_norepeat_v1["unit"].mean())
    #各个城区二手房单价的平均值,返回类型为 DataFrame
    print('各个城区二手房单价的平均值↓↓↓↓↓↓↓')
    print(house_data_norepeat_v1.mean()[["unit"]])
    #各个城区二手房单价的平均值,并进行排序
    print('各个城区二手房单价的平均值↓↓↓↓↓↓↓')
    print(house_data_norepeat_v1.mean()[["unit"]].sort_values(by = "unit", ascending =
False))
def data_presentation(data):
    #使用 Pecharts 中的地图展示各城区二手房的平均单价
    house_data_v0 = data.copy()
    def filterfunc(x):
        if x == '庄河' or x == '瓦房店':
            return x + '市'
        else:
            return x + '区'
    house_data_v0['addr'] = house_data_v0['addr'].map(filterfunc)
    grouped_house_df = house_data_v0.groupby(['addr'])
    #各城区二手房的平均面积和单价
    df = grouped_house_df.mean()
    df['unit'] = df['unit'].map(lambda x: int(x))
    map = Map()
    map.set_global_opts(
        title_opts = opts.TitleOpts(title = "大连各地区二手房单价", pos_left = 'center',
padding = [10, 4, 5, 90], subtitle = 'www.oldxia.com', item_gap = 5, title_textstyle_opts =
opts.TextStyleOpts(color = 'red', font_size = 18)),
        legend_opts = opts.LegendOpts(pos_left = 120, orient = 'vertical', legend_icon =
'circle'),
        visualmap_opts = opts.VisualMapOpts(orient = 'vertical', pos_right = 20, pos_top =
200, max_ = 50000))
    map.add('每平方米房价', [list(z) for z in zip(df.index.values, df['unit'])], maptype = '大
连')
    #不显示城区名称
    map.set_series_opts(label_opts = opts.LabelOpts(is_show = False))
    map.render('map.html')
    #使用 Seaborn 中的柱状图展示各城区二手房的平均单价
    plt.figure(figsize = (15, 6))
    plt.rcParams['axes.unicode_minus'] = False
    sns.set_style("ticks", {'font.sans - serif': ['SimHei', 'Arial']})
    addr_dist_list = ['中山', '西岗', '沙河口', '甘井子', '高新园区', '开发区', '金州', '旅顺口',
'瓦房店', '普兰店', '庄河', '长兴岛']
```

```
    sns.barplot(data = data, x = 'addr', y = 'unit', order = addr_dist_list, ci = None)
    plt.xlabel('城区')
    plt.ylabel('单价(元/平方米)')
    plt.title('各城区平均单价柱状图')
    plt.show()
if __name__ == '__main__':
    page = input('请输入要爬取的页数:')
    total_list = []
    for num in range(1, int(page) + 1):
        url = f'https://dl.58.com/ershoufang/p{num}/'
        print(url)
        headers = {'user - agent': 'Mozilla/5.0 (Windows NT 10.0; WOW64) AppleWebKit/537.36
(KHTML, like Gecko) Chrome/77.0.3865.120 Safari/537.36 Core/1.77.106.400 QQBrowser/10.9.
4626.400'}
        try:
            time.sleep(3)
            #采集数据:获取 HTML 源代码
            collect_data(url, headers, num)
            #采集数据:获取指定数据
            new_list = parse_data()
            total_list.extend(new_list)
        except Exception as e:
            print(e)
            time.sleep(5)
    #数据清洗
    data = data_cleaning(total_list)
    #数据分析
    data_analysis(data)
    #数据可视化
    data_presentation(data)
```

上面代码的运行结果如图 7-1 和图 7-2 所示。

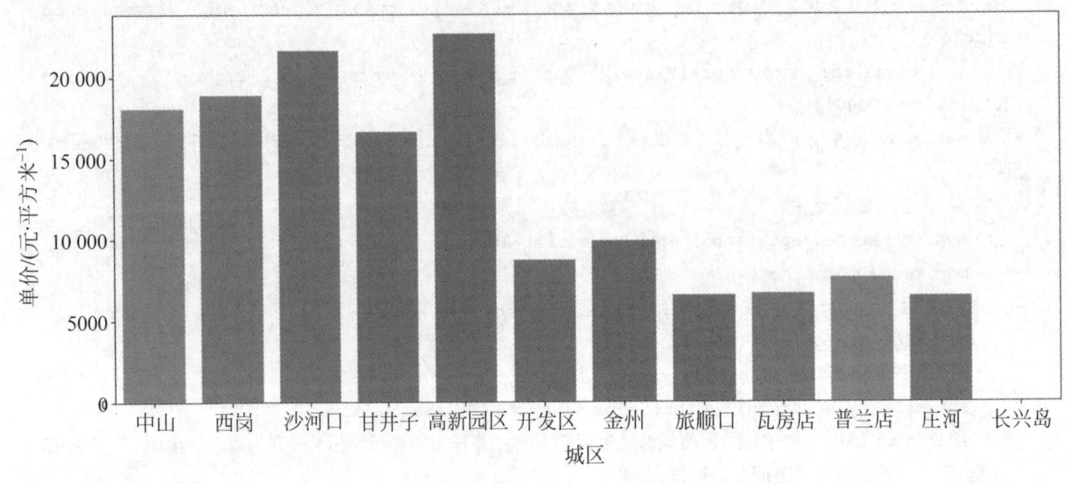

图 7-1　各城区平均单价柱状图

续表

书　　名	作　　者
虚拟化 KVM 极速入门	陈涛
虚拟化 KVM 进阶实践	陈涛
边缘计算	方娟、陆帅冰
物联网——嵌入式开发实战	连志安
动手学推荐系统——基于 PyTorch 的算法实现(微课视频版)	於方仁
人工智能算法——原理、技巧及应用	韩龙、张娜、汝洪芳
跟我一起学机器学习	王成、黄晓辉
TensorFlow 计算机视觉原理与实战	欧阳鹏程、任浩然
分布式机器学习实战	陈敬雷
计算机视觉——基于 OpenCV 与 TensorFlow 的深度学习方法	余海林、翟中华
深度学习——理论、方法与 PyTorch 实践	翟中华、孟翔宇
深度学习原理与 PyTorch 实战	张伟振
AR Foundation 增强现实开发实战(ARCore 版)	汪祥春
ARKit 原生开发入门精粹——RealityKit＋Swift＋SwiftUI	汪祥春
HoloLens 2 开发入门精要——基于 Unity 和 MRTK	汪祥春
Altium Designer 20 PCB 设计实战(视频微课版)	白军杰
Cadence 高速 PCB 设计——基于手机高阶板的案例分析与实现	李卫国、张彬、林超文
Octave 程序设计	于红博
ANSYS 19.0 实例详解	李大勇、周宝
AutoCAD 2022 快速入门、进阶与精通	邵为龙
SolidWorks 2020 快速入门与深入实战	邵为龙
SolidWorks 2021 快速入门与深入实战	邵为龙
UG NX 1926 快速入门与深入实战	邵为龙
西门子 S7-200 SMART PLC 编程及应用(视频微课版)	徐宁、赵丽君
三菱 FX3U PLC 编程及应用(视频微课版)	吴文灵
全栈 UI 自动化测试实战	胡胜强、单镜石、李睿
pytest 框架与自动化测试应用	房荔枝、梁丽丽
软件测试与面试通识	于晶、张丹
智慧教育技术与应用	[澳]朱佳(Jia Zhu)
敏捷测试从零开始	陈霁、王富、武夏
智慧建造——物联网在建筑设计与管理中的实践	[美]周晨光(Timothy Chou)著；段晨东、柯吉译
深入理解微电子电路设计——电子元器件原理及应用(原书第5版)	[美]理查德・C. 耶格(Richard C. Jaeger)、[美]特拉维斯・N. 布莱洛克(Travis N. Blalock)著；宋廷强译
深入理解微电子电路设计——数字电子技术及应用(原书第5版)	[美]理查德・C. 耶格(Richard C. Jaeger)、[美]特拉维斯・N. 布莱洛克(Travis N. Blalock)著；宋廷强译
深入理解微电子电路设计——模拟电子技术及应用(原书第5版)	[美]理查德・C. 耶格(Richard C. Jaeger)、[美]特拉维斯・N. 布莱洛克(Travis N. Blalock)著；宋廷强译

图书资源支持

感谢您一直以来对清华版图书的支持和爱护。为了配合本书的使用，本书提供配套的资源，有需求的读者请扫描下方的“书圈”微信公众号二维码，在图书专区下载，也可以拨打电话或发送电子邮件咨询。

如果您在使用本书的过程中遇到了什么问题，或者有相关图书出版计划，也请您发邮件告诉我们，以便我们更好地为您服务。

我们的联系方式：

地　　址：北京市海淀区双清路学研大厦 A 座 714

邮　　编：100084

电　　话：010-83470236　010-83470237

客服邮箱：2301891038@qq.com

QQ：2301891038（请写明您的单位和姓名）

资源下载：关注公众号“书圈”下载配套资源。

资源下载、样书申请

书圈

图书案例

清华计算机学堂

观看课程直播